普通高等教育“十四五”规划教材

植物学实验

第2版

陈惠萍　主编

中国农业大学出版社
·北京·

内容简介

本书设置了被子植物分类形态学基础知识、被子植物分科、被子植物细胞、被子植物组织、被子植物营养器官结构、被子植物生殖器官结构和植物界类群与特征等项目在内的21个实验和植物学实验技术4个实验。此外，本书还制作了常见被子植物科、属、种的检索表，附有大量的彩色图片，并对与开设实验相关的一些技术及方法进行了介绍。

本书不仅可用作高等院校植物学实验课程的教材，也可作为植物爱好者自学的资料。

图书在版编目(CIP)数据

植物学实验/陈惠萍主编. --2版. -- 北京：中国农业大学出版社，2022.7

ISBN 978-7-5655-2766-1

Ⅰ.①植… Ⅱ.①陈… Ⅲ.①植物学-实验-高等学校-教材 Ⅳ.①Q94-33

中国版本图书馆CIP数据核字(2022)第061780号

书　　名　植物学实验　第2版
　　　　　Zhiwuxue Shiyan

作　　者　陈惠萍　主编

策划编辑　韩元凤　司建新　　责任编辑　韩元凤
封面设计　郑　川
出版发行　中国农业大学出版社
社　　址　北京市海淀区圆明园西路2号　　邮政编码　100193
电　　话　发行部 010-62818525，8625　　读者服务部 010-62732336
　　　　　编辑部 010-62732617，2618　　出　版　部 010-62733440
网　　址　http://www.caupress.cn　　E-mail cbsszs @ cau.edu.cn
经　　销　新华书店
印　　刷　北京时代华都印刷有限公司
版　　次　2022年7月第2版　2022年7月第1次印刷
规　　格　185 mm×260 mm　16开本　14.75印张　370千字　彩插10
定　　价　55.00元

图书如有质量问题本社发行部负责调换

第 2 版编写人员

主　编　陈惠萍（海南大学）

副主编　尤丽莉（海南大学）
　　　　　黄　瑾（海南大学）

第1版编写人员

主　编　陈惠萍（华南热带农业大学）

副主编　黄　瑾（华南热带农业大学）
　　　　尤丽莉（华南热带农业大学）

参　编　罗丽娟（华南热带农业大学）
　　　　单家林（华南热带农业大学）

第 2 版前言

植物学实验是一门实践性及操作性极强的课程，着重培养学生动手能力及分析问题和解决问题的能力。

植物学实验教材是植物学实验与实验教学的依据，是学生获得和巩固植物学知识的客观条件。本教材在编写过程中增强了教与学的互动性，注重学生与教材文本的互动性。在实验选材上，倾向于热带、亚热带特色植物；在教材编写上，避免了依赖统编教材、脱离植物的地域性差异的弊端，也从一定程度上弥补了国内许多教材中实验选材单一的缺憾，使之更符合热带、亚热带地区高校的植物学实验教学所需。

在使用本教材第 1 版的过程中，授课教师发现书中尚有不妥和差错之处需要更正，并且考虑到此教材出版时间已逾 15 年，也应添加新的素材。为此，在“海南大学自编教材资助项目(编号 HDZBJC2102)”及“高等教育教学改革项目(一流本科专业)(编号 RC2100002475、RC2100002476)”的资助下，本教材得以全面修订再版。

本次修订包括：(1)将原来观察部分设置的填空删除，而后将阐述补充完整，并在实验适当的地方设置了思考与讨论，促使学生在做实验时，既要积极动手操作，又必须开动脑筋，思考并回答问题。这将有助于培养学生分析问题和解决问题的能力。(2)在“被子植物分类形态学基础知识(一)”和“被子植物分类形态学基础知识(二)”两个实验的基础上增加内容，并将其细分为“被子植物分类形态学基础知识(一)”“被子植物分类形态学基础知识(二)”和“被子植物分类形态学基础知识(三)”3 个实验。(3)在被子植物分科实验部分删除了 7 个种，相应地添加了 2 个科及 25 个种。(4)替换和增加了大部分的彩图，并重新进行排版。

经过修订的第 2 版教材共包含 21 个实验，分属 5 个板块，分别是“被子植物器官外部形态识别及主要分科概述”“被子植物细胞与组织”“被子植物营养器官结构”“被子植物生殖器官结构”和“植物界类群与特征”。此外，本教材还根据实验涉及的方法和技术，设置了“植物学实验技术”板块；并就被子植物检索表及标本制作，单独设置了“附录部分”板块；且在第 1 版的基础上，大幅度增加了与实验内容相关的彩色图片。

本书实验四、五、六、七、八、九、十、十一、十六、二十、二十一、二十五、附录 1、2、4 和附录 3 中的第 1～23 科由陈惠萍编写；实验一、十四、十五、十七、十八、十九及附录 3 中的第 62～101 科由尤丽莉编写；实验二、三、十二、十三、二十二、二十三、二十四由尤丽莉和黄瑾共同编写；附录 3 中的第 24～61 科由黄瑾编写；彩图由陈惠萍拍摄。

本教材在修订再版过程中，编委们根据多年的一线教学经验并针对本教材第 1 版使用过程中存在的不足，精益求精，力图不断提高编写质量，但限于编者水平，编写中仍有考虑不周全的地方，敬请广大读者批评指正，以便我们再版时可以更好地加以改进。

编　者

2021 年 11 月 11 日

于海南大学

第1版前言

植物学实验是一门实践性及操作性极强的课程，着重培养学生动手能力及分析问题和解决问题的能力。

植物学实验教材是植物学实验教学的依据，是学生获得和巩固植物学知识的客观条件。本教材在编写过程中增强了教与学的互动性，注重学生与教材文本的互动性。在实验选材上，倾向于热带、亚热带特色植物；在教材编写上，避免了依赖统编教材、脱离实际的弊端，也从根本上弥补了国内许多植物学实验教科书选材较单一的缺憾，使之更符合热带、亚热带地区高校的植物学实验教学所需。

本教材共编写了20个实验，内容包括被子植物基础知识，被子植物分科，植物细胞、组织、营养器官和生殖器官的形态结构及低等植物形态特征和蕨类植物、苔藓植物、裸子植物的形态结构。此外，本教材还设置了与实验内容密切相关的8个附录和部分彩色图片。

本书在实验中设置了思考题与填充题，促使学生做实验时，既要积极动手操作，又必须开动脑筋，思考并回答问题。这将有助于培养学生分析问题和解决问题的能力。

本书实验三、四、五、六、七、八、九、十、十五、十九、二十、附录1、6、7、8和附录2中的第1～23科、图版简释由陈惠萍编写；实验一、二、十一、十二及附录3、4、5和附录2中的第24～61科由黄瑾编写；实验十三、十四、十六、十七、十八及附录2中的第62～101科由尤丽莉编写；彩色照片由陈惠萍、黄瑾和尤丽莉共同拍摄。

本教材是在华南热带农业大学植物教研室郑坚端教授、谢石文教授、邱德勃教授等前辈的自编教材《植物学实验指导》的基础上，重新修改并增添了新的内容和编排了新的彩图而成。

限于编者水平，编写中可能有不妥和遗漏之处，敬请广大读者批评指正，以便我们进一步修改。

编　者

2006年9月

植物学实验室规则

1. 学生应提前 5 min 进入实验室，做好实验前的准备工作。迟到 10 min 者，教师有权不让其进入实验室上课，并按旷课论处。

2. 做好实验前的准备工作，如详细阅读实验指导书及课本上有关章节，明确实验目的和要求，了解实验内容和方法，写出预习报告。

3. 实验中，要按照实验指导自行操作，充分发挥独立思考、分析和解答问题的能力。实验指导上所规定的操作步骤需按次序，不可随意忽略。观察、记录和绘图必须认真精确，不得草率或抄袭。

4. 实验室的仪器设备必须按操作规程小心使用，妥加爱护，不能任意与他人调换显微镜或镜头等。如发生故障或破损，切勿自行整修，应报告老师按情况处理，不能隐瞒或诿过于人。

5. 室内应保持严肃、安静，不准大声喧哗，不准吸烟，不准穿背心、拖鞋，要注意室内整洁，不随地吐痰及抛弃纸屑等废物。

6. 实验结束时，应将自用的仪器用具擦拭干净送还原处，另外每组轮流值日。

7. 离开前递交预习报告和实验报告。

目　　录

Ⅰ　被子植物器官外部形态识别及主要分科概述…………………………………………… 1

实验一　被子植物分类形态学基础知识(一)……………………………………………… 1

实验二　被子植物分类形态学基础知识(二)……………………………………………… 8

实验三　被子植物分类形态学基础知识(三) …………………………………………… 13

实验四　被子植物分科(一)

木兰科、番荔枝科、樟科、胡椒科、十字花科、马齿苋科……………………………… 17

实验五　被子植物分科(二)

蓼科、苋科、千屈菜科、紫茉莉科、西番莲科、番木瓜科……………………………… 24

实验六　被子植物分科(三)

桃金娘科、野牡丹科、梧桐科、锦葵科、大戟科 …………………………………… 29

实验七　被子植物分科(四)

含羞草科、苏木科、蝶形花科、桑科、芸香科 ……………………………………… 35

实验八　被子植物分科(五)

无患子科、漆树科、五加科、夹竹桃科、茜草科 …………………………………… 41

实验九　被子植物分科(六)

菊科、茄科、旋花科、马鞭草科、唇形科、爵床科…………………………………… 48

实验十　被子植物分科(七)

鸭跖草科、芭蕉科、姜科、百合科、石蒜科、凤梨科………………………………… 54

实验十一　被子植物分科(八)

天南星科、龙舌兰科、棕榈科、莎草科、禾本科 ………………………………… 58

Ⅱ　被子植物细胞与组织 ……………………………………………………………… 65

实验十二　植物细胞(一) ……………………………………………………………… 65

实验十三　植物细胞(二) ……………………………………………………………… 67

实验十四　植物组织(一) ……………………………………………………………… 70

实验十五　植物组织(二) ……………………………………………………………… 73

Ⅲ　被子植物营养器官结构 …………………………………………………………… 76

实验十六　被子植物根的结构 ………………………………………………………… 76

实验十七　被子植物茎的结构 ………………………………………………………… 83

实验十八　被子植物叶的结构 ………………………………………………………… 87

Ⅳ　被子植物生殖器官结构 …………………………………………………………… 91

实验十九　被子植物雌雄蕊及胚的结构和发育 ……………………………………… 91

Ⅴ 植物界类群与特征 …… 95
实验二十 藻类、菌类、地衣及其代表植物 …… 95
实验二十一 苔藓、蕨类及裸子植物 …… 100
Ⅵ 植物学实验技术 …… 104
实验二十二 普通光学显微镜的构造及使用方法 …… 104
实验二十三 植物临时装片及徒手切片的制作 …… 106
实验二十四 植物学绘图方法及植物形态描述简介 …… 109
实验二十五 花程式与花图式 …… 111
Ⅶ 附录 …… 113
附录 1 植物检索表的使用方法 …… 113
附录 2 常见被子植物分科检索表 …… 116
附录 3 常见被子植物属、种检索表 …… 131
附录 4 植物标本的采集、制作和保存 …… 220
参考文献 …… 226

Ⅰ　被子植物器官外部形态识别及主要分科概述

实验一　被子植物分类形态学基础知识(一)

一、实验目的及要求

1.通过对植物营养器官形态特征进行观察,学会识别方法并掌握相关名词术语,为学习植物分类学做准备。

2.掌握被子植物根、茎、叶的基本形态特征。

二、实验用具

体式显微镜、镊子、刀片、解剖针等。

三、实验材料

白兰、洋蒲桃、软枝黄蝉、柚、秋枫、非洲楝、凤凰木、幌伞枫、鹅掌柴、甘蔗、香蕉等植物的枝条。

一点红、落地生根、飞机草、马唐等植株。

四、实验内容

(一)根的观察

1.根的概念及功能

根是植物在长期演化中适应陆生生活形成的器官,一般构成植物体的地下部分。

根的生理功能:固着、支持作用;吸收、输导作用;合成、分泌作用;繁殖、呼吸和贮藏作用等。

2.根的类型

(1)定根　观察一点红的根。

种子萌发时,由胚根直接发育而来的根是主根。主根产生的各级大小分支,称为侧根。主根和侧根都是由植物体的固定部位生长出来的,均属于定根。

(2)不定根　观察落地生根叶片边缘的根。

许多植物可以由茎、叶、老根上产生根,这些根的位置不固定,称为不定根。

★ 问题与思考

试指出哪些植物在何部位生长不定根?

3. 根系的类型

根系：一株植物地下部分的总和称为根系。分为直根系和须根系。

(1)直根系　观察飞机草的根系。

有明显发达的主根，主根上再生出各级侧根，这种根系称为直根系(图 1-1)。大多数双子叶植物具有直根系的特征。

(2)须根系　观察马唐的根系。

主根生长缓慢，主要由不定根组成的根系，称为须根系(图 1-2)。这是大多数单子叶植物根系的特征。

图 1-1　直根系

(临李扬汉《植物学》)

图 1-2　须根系

(临李扬汉《植物学》)

(二)茎的观察

1. 茎和枝条形态

以木本植物的枝条为例，观察其形态特征。枝条上除去叶和芽外，余下的轴状部分称为茎，可分为节和节间，其上还有芽、皮孔等附属结构(图 1-3)。

节：茎上着生叶的部位，称为节。

节间：相邻两个节之间的部分称为节间。

芽：芽是未发育的枝、花或花序的原始体。

皮孔：皮孔是枝条与外界进行气体交换的通道。

2. 芽的类型

分别观察白兰、洋蒲桃、软枝黄蝉、柚等的芽。

(1)按着生位置分

定芽：着生在枝顶或叶腋处的芽。

不定芽：生长位置不固定的芽。

图 1-3　枝条的形态

(临李扬汉《植物学》)

(2)按发育后形成的器官分

叶芽:发育为营养枝的芽。

花芽:发育为花或花序的芽。

混合芽:同时可发育为枝条、花或花序的芽。

(3)按有无芽鳞分

鳞芽:有芽鳞片包被的芽,称为鳞芽或被芽(芽鳞片是叶的变态)。

裸芽:无芽鳞片包被的芽。

(4)按生理活动状态分

活动芽:能在当年生长季节中萌发的芽。

休眠芽:在生长季节往往是不活动的,暂时保持休眠状态,称为休眠芽。它仍具有生长活动的潜势。

3. 茎的分枝(图 1-4)

(1)单轴分枝 又称总状分枝,顶芽活动始终占优势,形成一个直立的主轴,而侧枝较不发达。

(2)合轴分枝 顶芽活动一段时间后,生长变缓慢甚至死亡,或分化为花芽,而靠近顶芽的腋芽则生长迅速,侧枝代替原来主茎的位置。

(3)假二叉分枝 当顶芽生长一段时间后,停止生长,而顶端两侧对生的两个侧芽同时发育为新枝。

单轴分枝在裸子植物中占优势,合轴分枝及假二叉分枝在被子植物中占优势,一般用作木材的植物茎的分枝方式多为单轴分枝,果树的分枝方式常是合轴分枝。

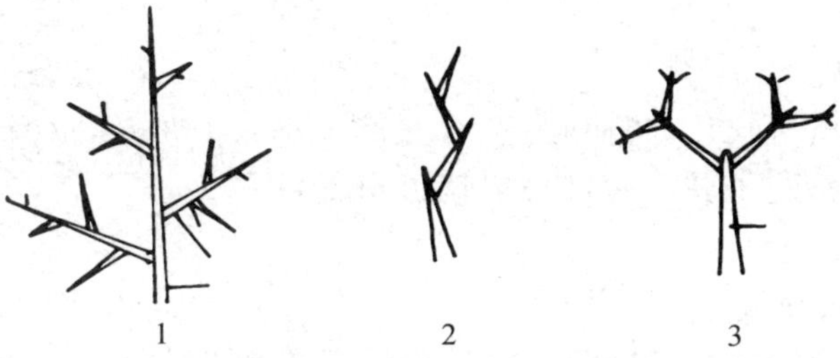

图 1-4 分枝类型(临李扬汉《植物学》)

1. 单轴分枝 2. 合轴分枝 3. 假二叉分枝

★问题与思考

在校园,你见过哪些植物的分枝是属于单轴分枝的?

4. 茎的类型

观察 PPT 展示的图片。

(1)按生长习性分

直立茎:茎背地而生,直立生长于地面上。

平卧茎:茎平卧地面上,但节上不生根。

匍匐茎:茎平卧地面上,节上生有不定根。

攀缘茎:茎干相对柔软纤细,用各种器官攀缘于其他支持物之上,一般有吸器或有卷须。

缠绕茎：茎干支持作用弱，不能直立，螺旋状缠绕于它物生长。

(2)按质地分

①木本　茎中含木质化细胞较多，质地比较坚硬，一般为多年生的植物。依形态不同分为乔木、灌木和木质藤本。

乔木：有明显主干的高大树木，高度达 3 m 以上，分枝距离地面较高，形成各种形状的树冠。

灌木：主干不明显，比较矮小，常由近基部处产生分枝，形成矮小丛生的植株。介于木本和草本之间，仅基部木质化的则称半灌木或亚灌木。

木质藤本：茎长，木质，常缠绕或攀附其他物体向上生长。

②草本(一至多年生)　茎含木质细胞少，质地柔软，分为一年生草本、二年生草本、多年生草本和草质藤本。

一年生草本：在一个年度内完成生命周期，从种子萌发至开花结实后全株死亡。

二年生草本(越年生草本)：生命周期在两个年份内完成。

多年生草本：植物连续生存两年以上，其中有两种类型：一是植物的地上部分每年都枯萎死亡，而地下部分则多年保持生活力，第二年再抽新苗，称宿根草本；二是全株或地上部分常绿、多年不死，称多年生常绿草本。

草质藤本：植物体细长柔弱，草质，常缠绕或攀缘他物而生长。

环境常可改变植物的习性，如棉花在北方为一年生植物，在华南则为多年生植物。

★ 问题与思考

香蕉和芭蕉是草本植物还是木本植物？

(三)叶的观察

1. 双子叶植物叶的组成

双子叶植物的叶包括叶片、叶柄和托叶，三部分都具有的叶称为完全叶(图 1-5)，缺少其中一部分或两部分的叶称为不完全叶。

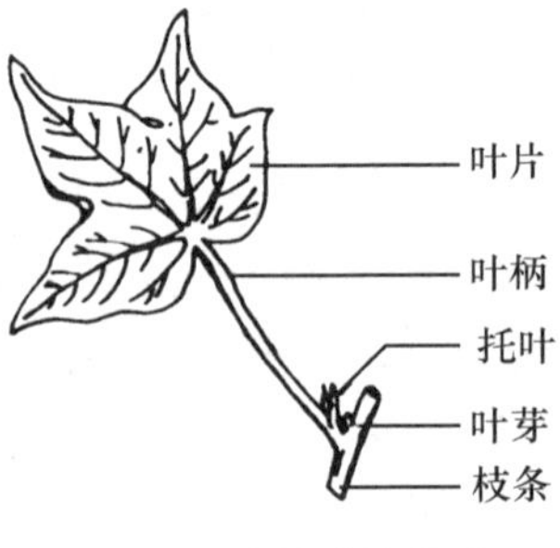

图 1-5　双子叶植物叶

(临李扬汉《植物学》)

2. 禾本科植物叶的组成

单子叶植物禾本科的叶包括叶片、叶鞘、叶舌和叶耳四部分(图 1-6)。

3. 脉序

脉序为叶脉排列的方式(图 1-7)。

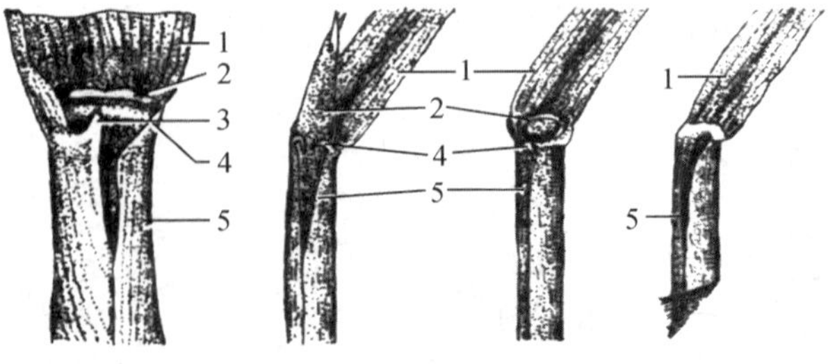

图 1-6　禾本科植物叶(临李扬汉《植物学》)

1. 叶片　2. 叶舌　3. 叶耳　4. 叶环　5. 叶鞘

(1)网状脉 主脉粗大,分出许多侧脉,侧脉再分细脉,彼此连成网状。大多数双子叶植物具有网状脉。分为以下两种。

羽状网脉:侧脉由主脉两侧分出,排成羽毛状。

掌状网脉:由叶基分出多条主脉,排列成手掌状,细脉连成网状。

(2)平行脉 叶脉呈平行或近于平行分布。大多数单子叶植物具有平行脉。常见的平行脉有四种。

直出平行脉:侧脉与中脉平行达叶尖。

侧出平行脉:侧脉从中脉分出平行走向叶缘。

射出平行脉:叶脉从叶基辐射而出。

弧形脉:叶脉从叶基伸向叶端,呈弧状纵行,各脉在叶的中部相距较宽,向两端渐狭窄。

(3)叉状脉 叶脉由叶基部向叶片顶端呈分支状。

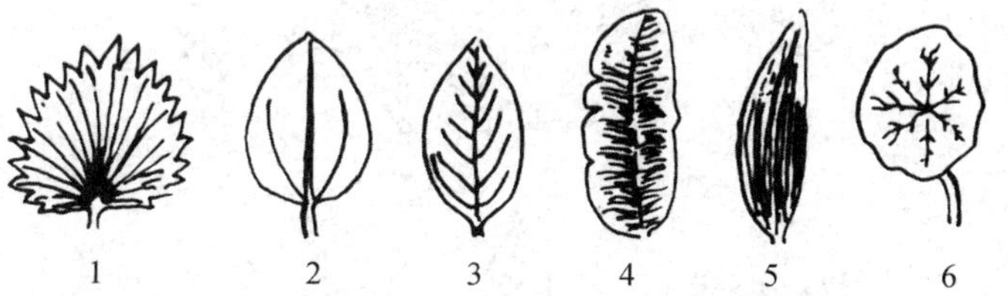

图 1-7 脉序(临李扬汉《植物学》)

1.掌状网脉 2.掌状三出脉 3.羽状网脉 4.侧出平行脉 5.直出平行脉 6.射出平行脉

4.叶序

叶在茎或枝条上排列的方式叫叶序(图 1-8)。

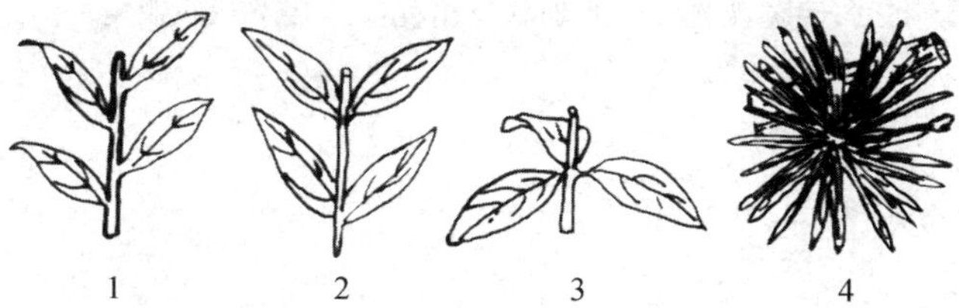

图 1-8 叶序(临李扬汉《植物学》)

1.互生 2.对生 3.轮生 4.簇生

(1)叶互生 每节上只着生一片叶,即叶片交互而生。

(2)叶对生 每节上相对着生两片叶。

(3)叶轮生 三片或三片以上的叶着生于一个节上。

(4)叶簇生 两片或两片以上的叶着生于极度缩短的短枝上。

5.单叶与复叶

观察洋蒲桃、秋枫、凤凰木、幌伞枫的叶。

(1)单叶 是一个叶柄上只有一片叶子。

(2)复叶 指一个总叶柄(叶轴)上着生二至多数小叶的叶,每个小叶的叶柄称为小叶柄,其叶片称为小叶片。

6.复叶的类型(图1-9)

(1)一回羽状复叶　小叶直接着生在总叶柄两端呈羽状排列。

(2)二回羽状复叶　总叶柄的两侧有羽状排列的分枝,分枝上再着生羽状排布的小叶。若有顶生小叶存在,则为奇数羽状复叶。若无顶生小叶,则为偶数羽状复叶。

(3)掌状复叶　小叶都生于总叶柄的顶端。

(4)三出复叶　仅有三小叶生于总叶柄上,分为掌状三出复叶(顶生小叶生于总叶柄顶端,两个侧生小叶生于总叶柄顶端以下)和羽状三出复叶(三小叶都生于总叶柄的顶端)。

(5)单身复叶　两个侧生小叶退化,而其总叶柄与顶生小叶连接处有关节,如柑橘。

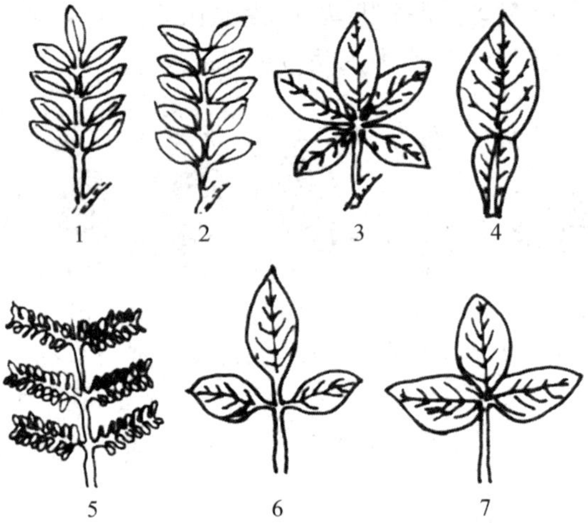

图1-9　复叶类型(临李扬汉《植物学》)

1.奇数羽状复叶　2.偶数羽状复叶　3.掌状复叶　4.单身复叶
5.二回羽状复叶　6.羽状三出复叶　7.掌状三出复叶

★ 问题与思考

如何区别枝条与复叶?

7.叶裂

观察PPT展示的图片。

(1)浅裂　叶片分裂深度不超过或接近叶片宽度的四分之一(叶片分裂不到半个叶片宽度的一半)。

(2)深裂　叶片分裂深于半个叶片宽度的一半,但未到达中脉。

(3)半裂　叶片分裂刚好到达半个叶片宽度的一半。

(4)全裂　叶片分裂达中脉或基部。

★ 问题与思考

如何区别全裂叶与复叶?椰子和大王棕的叶是复叶还是全裂叶?

五、课堂作业

1.观察校园植物,将其茎的形态、质地和生长习性填表总结:

植物名称	茎的形态	茎的质地	生长习性

2.绘出羽状三出复叶和掌状三出复叶的模式图。

实验二　被子植物分类形态学基础知识(二)

一、实验目的及要求

1.通过对植物花的形态特征进行观察,学会识别方法并掌握相关名词术语,为学习植物分类学做准备。

2.掌握被子植物花的基本形态特征。

二、实验用具

体视显微镜、镊子、刀片、解剖针等。

三、实验材料

大红花、猪屎豆、五爪金龙、小白菜、马齿苋、香蕉、黄瓜、西红柿等植物的花和果实。

四、实验内容

(一)花的基本构造的观察

对大红花的花进行观察。

花由花柄(花梗)、花托、花萼、花冠、雄蕊群、雌蕊群等六部分组成。

(二)花冠(花瓣)类型的观察

由于花瓣离合、花冠筒长短、花冠裂片形状和深浅等不同,形成各种类型的花冠(图 2-1),常见有:

(1)十字形花冠　花瓣 4 片,分离,排列呈十字形。

(2)蝶形花冠　由 5 片大小不同的花瓣排列组成蝶形,最上一片最大的为旗瓣,侧面两片较小的称为翼瓣,最下最内两片最小的称为龙骨瓣。

(3)管状(筒状)花冠　花冠管较长,大部分呈管状,花冠裂片向上伸展。

(4)舌状花冠　基部呈一短筒,上部向一边展开的扁舌状。

(5)钟状花冠　花冠筒宽而短,上部扩大呈一钟形。

(6)漏斗状花冠　花冠的下部呈筒形,由基部渐向上扩大呈漏斗状。

(7)唇形花冠　花冠合在一起,略呈二唇形。

(8)轮状花冠　花冠筒短,裂片由基部向四周扩展,形状如车轮。

(9)高脚碟状花冠　花冠筒下部为长圆筒形,上部突然水平扩展成碟状。

(10)坛状花冠　花冠筒膨大成卵形或球形,上部收缩成一短颈,然后短小的冠裂片向四周辐射状伸展。

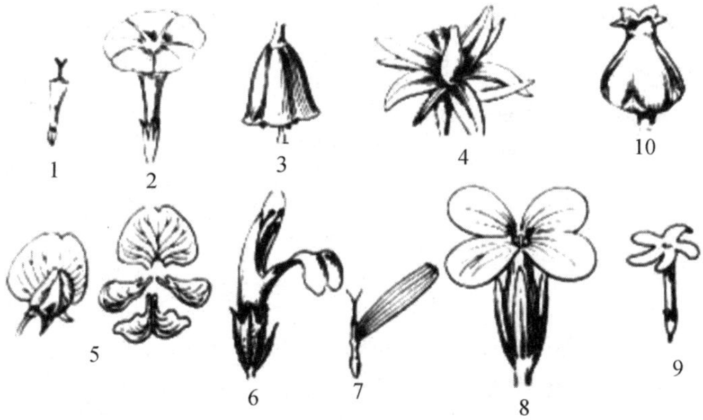

图 2-1 花冠类型(临张宪省《植物学》)

1.管状(向日葵) 2.漏斗状(甘薯) 3.钟状(沙参) 4.轮状(番茄)
5.蝶形(豌豆) 6.唇形(薄荷) 7.舌状(向日葵) 8.十字形(油菜)
9.高脚碟状(丁香) 10.坛状(乌板树)

(三)花的类型的观察

对大红花、猪屎豆、香蕉等的花进行观察。

1.按花各部分排列分

辐射对称:通过花的中心可做出多个对称面的花称为辐射对称花。

两侧对称:通过花的中心只可做出一个对称面的花称为两侧对称花。

不对称:通过花的中心不能做出对称面的花称为不对称花。

2.依花中各部分具备与否分

完全花:花萼、花冠、雄蕊和雌蕊都具有的花称为完全花。

不完全花:缺少任何一部分或几部分的花称为不完全花。

3.依花萼和花冠具备与否分

两被花:花萼和花冠都具备的花。

单被花:花萼和花冠两者缺一的花。

无被花:花萼和花冠均缺的花。

(四)花被片在花芽内排列方式(图 2-2)的观察

(1)镊合状 指花被各片的边缘彼此接触,但彼此不覆盖。

(2)旋转状 指花被各片以一侧边缘盖于相邻一片的边缘,另一侧边缘又被相邻另一片边缘所覆盖。

(3)覆瓦状 跟旋转状有些相似,但在花被片中有 1～2 片完全在外,另有 1～2 片完全在内。

(五)雄蕊类型的观察

对大红花、猪屎豆、小白菜、马齿苋、香蕉、黄瓜、西红柿等花的雄蕊进行观察。

图 2-2 花瓣的排列(临李扬汉《植物学》)

1～3.镊合状 4.旋转状 5.覆瓦状

通常花中的雄蕊是分离的,被称为离生雄蕊,但有些雄蕊、花丝或花药有所连合。根据花丝长短或连合与否常有以下几种类型:

(1)单体雄蕊 花中所有雄蕊、花丝连合成一体,花药分离。

(2)二体雄蕊 花中雄蕊的花丝连成两部分。

(3)多体雄蕊 雄蕊的花丝连合成多部分。

(4)四强雄蕊 花中具有 6 枚雄蕊,4 枚长,2 枚短。

(5)二强雄蕊 雄蕊 4 枚,2 枚长,2 枚短。

(6)聚药雄蕊 花药连合成筒状,花丝分离。

(六)雌蕊类型的观察

对大红花、猪屎豆、小白菜等花的雌蕊进行观察。

雌蕊由心皮组成,即心皮是构成雌蕊的基本单位,是适应于生殖的变态叶。根据心皮的离合与数目,雌蕊可分为以下几种类型:

(1)单雌蕊 一朵花中的雌蕊仅由一个心皮组成,子房一室。

(2)离生心皮雌蕊(离生单雌蕊) 一朵花中的雌蕊由若干彼此分离的单雌蕊组成。

(3)合生心皮雌蕊(复雌蕊) 一朵花中的雌蕊由 2 枚或 2 枚以上的心皮合生而成,可以是子房一室或多室。

对花的构造进行观察。

(1)离瓣花

①整齐花 观察大红花(锦葵科)花的构造。

副萼:5～7 片。

花萼:5 枚萼片组成,合生。

花冠:5 枚花瓣组成,离生。

雄蕊群:多数,花丝合生成雄蕊管(单体雄蕊),花丝顶端分离,花药一室。

雌蕊群:子房上位,花柱细长,顶端 5 裂,子房 5 室,每室胚珠多数,中轴胎座。

观察小白菜(十字花科)花的构造。

花萼:4 枚萼片组成,离生 。

花冠:4 枚花瓣组成,离生,排列成十字形花冠。

雄蕊群:雄蕊 6 枚,4 长 2 短,四强雄蕊。

雌蕊群:2 心皮合生,角果,具假隔膜,侧膜胎座。

②不整齐花 观察猪屎豆(蝶形花科)花的构造。

花萼:5 枚萼片组成,合生。

花冠:5 枚花瓣组成,离生,蝶形花冠(由 1 枚旗瓣、2 枚翼瓣和 2 枚龙骨瓣组成)。

雄蕊群:被两枚龙骨瓣包围着,形状弯曲,10 枚雄蕊,花丝合生,花药彼此分离,称为单体雄蕊。

雌蕊群:花柱弯曲,子房扁平,由一个心皮组成的单雌蕊,子房一室,边缘胎座。

(2)合瓣花 观察五爪金龙(旋花科)花的构造。

花萼:5 枚萼片组成,离生,覆瓦状排列。

花冠:5 枚花瓣组成,合生成漏斗状或钟状,每枚花瓣背后有 5 条厚的垂直带。

雄蕊群:5 枚雄蕊组成,分离,长短不一。

雌蕊群:柱头 2 裂,2 个心皮组成的复雌蕊,中轴胎座。在子房基部四周可见浅黄色的花盘。

(七)子房位置的观察

对猪屎豆、五爪金龙、小白菜、马齿苋、香蕉、黄瓜、西红柿等雌蕊的子房进行观察。

子房位置指的是子房与花托的位置关系,分为以下几种类型(图 2-3)。

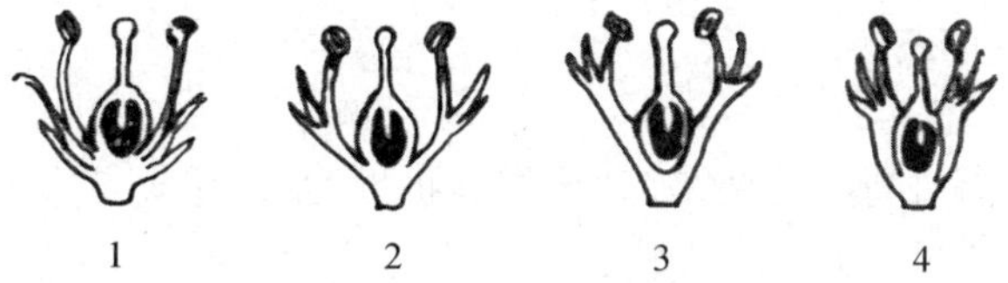

图 2-3 子房位置类型(临李扬汉《植物学》)

1.上位子房下位花 2.上位子房周位花 3.半下位子房周位花 4.下位子房上位花

1.子房上位(上位子房)

子房仅以基部和花托相连,花的其余部分均不与子房相连。其中又分为 2 种情况。

(1)上位子房下位花 子房仅以底部和花托相连,萼片、花瓣和雄蕊着生的位置低于子房。

(2)上位子房周位花 子房仅以底部和杯状萼筒底部的花托相连,花被与雄蕊着生在杯状萼筒的边缘,围绕在子房的周围。

2.半下位子房(中位子房)

子房的下半部陷生于花托中,并与花托愈合,子房上半部仍露在外,花的其余部分着生在子房周围花托的边缘,即为周位花。

3.下位子房(子房下位)

整个子房埋于下陷的花托中,并与花托愈合,花的其余部分着生在子房以上花托的边缘,即为上位花。

★ 问题与思考

观察西红柿、大红花、小白菜和香蕉等植物的花,判断它们的子房位置属于哪种类型。

(八)胎座类型的观察

胎座:胚珠着生的位置称为胎座。胎座有以下几种类型(图 2-4):

（1）侧膜胎座　2个或2个以上心皮构成1个子房室或假数室子房室，胚珠生于心皮的边缘。

（2）边缘胎座　单心皮，子房1室，胚珠生于腹缝线上，如豆类。

（3）中轴胎座　多心皮构成多室子房，心皮边缘于中央形成中轴，胚珠生于中轴上，如柑橘。

（4）特立中央胎座　多心皮构成1室子房或不完全数室子房，子房腔的基部向上有一个中轴，但不达子房顶，胚珠生于此轴上。

（5）顶生胎座　胚珠生于子房室的顶部，如瑞香科植物。

（6）基生胎座　胚珠生于子房室的基部，如菊科植物。

1　2　3　4　5　6　7　8

图 2-4　胎座类型（临李扬汉《植物学》）

1,2. 边缘胎座　3. 侧膜胎座　4. 中轴胎座　5,6. 特立中央胎座

7. 顶生胎座　8. 基生胎座

★ 问题与思考

观察黄瓜、马齿苋、向日葵、豌豆、西红柿等植物的胎座，判断它们分别属于哪种类型。

五、课堂作业

1. 绘边缘胎座横、纵切面模式图。
2. 绘三心皮侧膜胎座和中轴胎座横切面模式图。
3. 绘子房位置模式图，注明各类型名称。

实验三　被子植物分类形态学基础知识(三)

一、实验目的及要求

了解被子植物花序、果实类型和结构，为学习被子植物分类学知识奠定基础。

二、实验用品

体视显微镜、镊子、刀片、解剖针等。

三、实验材料

洋金凤、红桑、龙船花、蟛蜞菊、大叶榕等各类植物的花序；各类干燥果实或新鲜果实标本。

四、实验内容

(一)花序的观察

一朵花单独生于茎的顶端或叶腋叫花单生。被子植物的花可以单生，也可以数朵按一定顺序生长在花序轴上构成花序。

根据花在花轴上排列的方式和花开放顺序，可分为无限花序和有限花序两大类(图 3-1)。

1. 无限花序

形态上是总状分枝方式，在开花期间，花轴顶端继续生长，并不断产生花，花由花轴下部依次向上开放，或由边缘向中心开放，这种花序又称向心花序。

(1)总状花序　花序轴较长且不分枝，其上着生许多花柄近等长的花。

(2)复总状花序　花序轴作总状分枝，每一分枝又形成总状花序，全形似圆锥状，故又称圆锥花序。

(3)穗状花序　花序轴较长，其上着生许多花柄极短或无柄的花。穗状花序轴如膨大，则为肉穗花序，基部常为若干苞片组成的总苞所包围，如果花序外由一片佛焰包片包围，则称佛焰花序。

(4)柔荑花序　单性花排列于一细长的花序轴上，通常柔软下垂，开花或果实成熟后整个花序一齐脱落。

(5)伞房花序　与总状花序相似，但花轴下部的花柄较长，上部的花柄依次渐短，整个花序的花几乎排在一个平面上，又称平顶总状花序。

(6)伞形花序　花序轴缩短，顶端集生许多花柄近等长的花，并向四周放射排列，形如张开的伞。几个分支长短相近的伞形花序集生于花序轴顶端者叫复伞形花序。

(7)头状花序　花序轴顶端缩短膨大成头状或盘状的总花托(花序托)，其上密集着生许

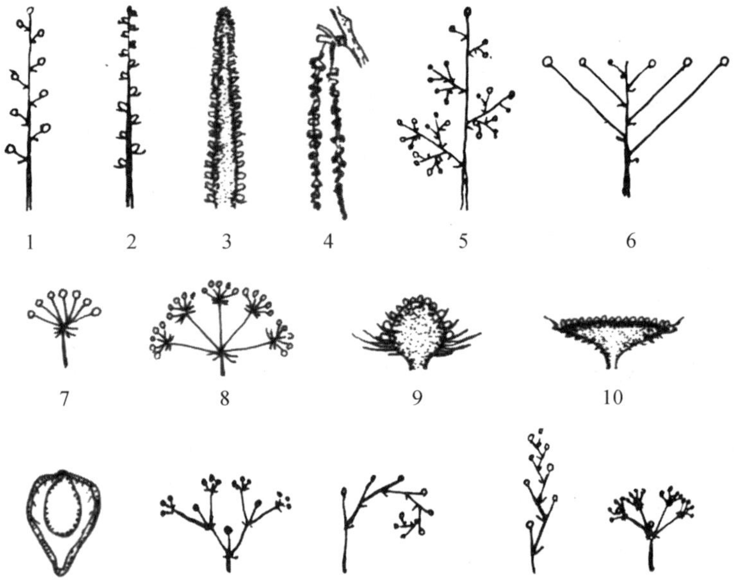

1　2　3　4　5　6　7　8　9　10　11　12　13　14　15

图 3-1　花序类型(临李扬汉《植物学》)

1. 总状花序　2. 穗状花序　3. 肉穗花序　4. 柔荑花序　5. 圆锥花序　6. 伞房花序　7. 伞形花序　8. 复伞形花序　9,10. 头状花序　11. 隐头花序　12. 二歧聚伞花序　13,14. 单歧聚伞花序　15. 多歧聚伞花序

多无柄或近于无柄的花,在盘状的花序托下,有密集的苞片形成的总苞。

(8)隐头花序　花序轴肉质膨大而内陷,许多无柄的花着生在内陷的花轴壁上。

★ 问题与思考

向日葵的花是一朵花还是一个花序? 为什么?

2. 有限花序

形态上属于合轴分枝方式。在开花时,花轴顶端或中心的花先开,因而花轴不能继续延长,只能在顶花下方产生侧枝,侧枝顶端的花又先开,这样发展形成的花序又称为离心花序。

(1)单歧聚伞花序　花序轴顶芽首先发育成花,然后在顶花下的一个侧芽发育成侧枝,其长度超过主枝后,顶芽又形成一朵花。如此侧枝的侧芽连续地分枝后,就形成单歧聚伞花序,如萱草。如果花朵连续地交互左右出现,状如蝎尾,叫蝎尾状聚伞花序,如唐昌蒲。如果花朵出现在同一侧,形成卷曲状,称螺旋状聚伞花序。

(2)二歧聚伞花序　花序轴顶芽形成一朵花后,在花下的一对侧芽同时萌发形成两个侧枝,每一侧枝继续以同样方式分枝开花,如此连续分枝,形成假二叉分枝式的花序,如石竹、大叶黄杨、茄等。

(3)多歧聚伞花序　花序轴顶芽形成一朵花后,其下数个侧芽发育成数个侧枝,每一侧枝顶端也只形成一朵花,各侧枝再以此方式继续分枝。

(4)轮伞花序　聚伞花序生于对生叶的叶腋中成轮状排列,如益母草等唇形科植物。

观察花序时,首先要根据开花顺序及花轴是否分枝决定它属于哪一大类,然后再根据花柄有无及长短、花轴的形状、花的性别、花被情况决定它属于哪一小类。

(二)果实的观察

对黄皮、橘子、苹果、黄瓜、椰子、八角、花生、葵花子、菠萝、菠萝蜜等的果实进行观察。

1.单果

一朵花中仅有一枚雌蕊,形成一个果实。果皮可分为外、中、内三层。根据果皮是否肉质化,可将单果分为肉质果和干果两大类。

(1)肉质果　果实成熟后果皮或果实其他部分肉质多汁。

①浆果　由1至数心皮组成,其外果皮膜质,中果皮、内果皮均肉质化,充满汁液,内含1至多粒种子。胎座发达,也是食用的主要部分。

②柑果　由多心皮子房发育而成。外果皮革质,并具油囊(分泌腔);中果皮比较疏松,分布有维管束;内果皮成薄膜状,缝合成囊状,分隔成若干个瓣,囊内生有无数肉质多浆的腺毛,是食用的主要部分。柑橘类植物的果实为柑果。

③瓠果　葫芦科植物所特有的果实类型,子房下位,子房和花托一起发育成果实,属假果。肉质部分包括果皮和胎座。

④梨果　花筒和子房愈合一起形成的假果,食用的主要部分是由花托发育而成的果肉,中部才是子房发育而来,外果皮与花托没有明显的界线,内果皮革质化明显。苹果、梨等的果实即为梨果。

⑤核果　由单心皮或合生心皮构成,种子1粒。外果皮薄,中果皮肉质多汁,坚硬的内果皮是由石细胞组成,包在种子之外,形成果核。食用部分为发达的肉质化中果皮和较薄的外果皮。

(2)干果　果实成熟时,果皮呈干燥状态。有的开裂,称裂果;有的不开裂,称闭果。

①裂果　果实成熟后果皮开裂。因构成果实的心皮数目和开裂方式不同分为以下几种类型。

蓇葖果:由1心皮发育而成的果实,成熟时沿一条缝线开裂,或沿背缝线或沿腹缝线。

荚果:由1心皮发育而成的果实,成熟时沿背缝线和腹缝线同时开裂。

角果:由2心皮发育而成的果实,子房1室,具有假隔膜,侧膜胎座。成熟时果皮沿两条腹缝线开裂成两片脱落,留在中间的为假隔膜,种子多附着在假隔膜上。有些角果是不开裂的。

蒴果:由2个或2个以上心皮发育而成的果实,成熟时果实开裂方式各种各样。如沿背缝线开裂的为背裂,又叫室背开裂;沿腹缝线或沿隔膜从中轴开裂的为腹裂,叫室间开裂;从果实顶端裂成齿状的为齿裂,从心皮顶端裂开一小孔的为孔裂等。

②闭果:果实成熟后果皮不开裂。

瘦果:由1～3心皮组成,内含1粒种子。成熟时果皮、种皮分离。

颖果:内含1粒种子,成熟时果皮与种皮不分开。禾本科植物具有此果实类型。

坚果:果皮坚硬,内含1粒种子。

翅果:果皮延展成翅状。

分果:由2个或2个以上心皮组成,每室各含1粒种子。成熟时各心皮沿中轴分开,悬于中轴上端,小果本身不开裂。

2.聚合果

一朵花中具有多个聚生在花托上的离生心皮雌蕊，成熟时每一个雌蕊形成一个小果，许多小果聚生在花托上。

3.聚花果(复果)

由一个花序发育而成的果实。

★ 问题与思考

无花果是不是不开花就结果？它属于哪种类型的果实？

对照本书中的果实类型和描述，观察各种实验材料。观察时可按下列顺序进行分析：

(1)先确定它是由一朵花还是一个花序发育而成的？如果是由一朵花发育而成，又要确定是离生心皮还是合生心皮，从而确定此是属单果、聚合果或复果。

(2)如果是属单果，则再由果皮是肉质或干燥来确定其属肉质果或干果类。

(3)如果是肉质果类，则由其果皮质地、子房位置等最后确定属哪一小类，如果是干果类则由其开裂与否、心皮数目等最后确定其小类。

五、作业

1.绘出各类花序的模式图。

2.将实验中所观察的果实列表归类。

3.伞形花序和伞房花序如何区别？

实验四　被子植物分科(一)

被子植物分为两个纲:木兰纲(Magnoliopsida)或双子叶植物纲(Dicotyledoneae)和百合纲(Liliopsida)或单子叶植物纲(Monocotyledoneae)。这两个纲的植物近 30 万种,隶属 59 目 413 科,占植物界半数以上。根据热带、亚热带地区物种的分布特点,本书选择当地最常见,且比较重要的科,在实验室做简要介绍并进行解剖观察。

一、实验目的及要求

1. 通过对木兰科、番荔枝科、樟科、胡椒科、十字花科、马齿苋科等各科代表植物的解剖观察(尤其是对花部的观察),掌握各科主要特征。

2. 识别各科常见植物。

3. 根据花的结构写出并绘出花程式(formula floris)和花图式(Diagramma floris)。

4. 学习使用被子植物分科检索表。

二、实验用具

体视显微镜、镊子、解剖针、刀片等。

三、实验材料

白玉兰、含笑、红毛榴梿、番荔枝、樟树、油梨、肉桂、阴香、胡椒、假蒟、草胡椒、小白菜、芥菜、马齿苋、土人参、松叶牡丹等植物的带花、果枝条或植株。

四、实验内容

(一)木兰科(Magnoliaceae)　$*\mathbf{P}_{6\sim13}\mathbf{A}_{\infty}\underline{\mathbf{G}}_{\infty:1:1\sim\infty}$

本科主要特征:木本。单叶互生,托叶大。花单生;两性,整齐花;花被 3 基数,常同被;雄蕊及雌蕊均多数,离生,螺旋状排列于延长的花托上,子房上位。聚合蓇葖果穗状。种子具丰富的胚乳。

1. 白玉兰(*Michelia alba* DC.)

茎及叶形态观察:常绿乔木,阔伞形树冠;枝条上有明显的托叶痕,单叶互生,薄革质,上面有光泽,发亮,下面被有锈色短绒毛。

花形态解剖观察:花白色,芳香,花被通常 9 片成 3 轮排列,花冠状(不分化为花萼和花冠);雄蕊多数,分离;雌蕊多数,分离,均螺旋状排列在伸长的花托上。

果实及种子形态观察:果实为蓇葖果,通常不结实。

2. 含笑[*Michelia figo* (Lour.) Spreng.](彩图 4-1)

茎及叶形态观察:常绿灌木,树皮灰褐色,嫩枝、芽及叶柄均被棕色毛。单叶互生,革质,托叶痕长达叶柄顶端。

花形态解剖观察：开花时花被片不完全张开；花单生于叶腋，花被6片成2轮，淡黄色而边缘有时红色或紫红色，肉质肥厚，具甜浓的芳香；雌雄蕊多数，无毛，药隔顶端急尖，螺旋状排列；雌蕊群有明显的柄，超出雄蕊群。

果实及种子形态观察：聚合果卵圆形或球形，通常不结实。

根据季节的不同，还可以选择荷花玉兰(*Magnolia grandiflora* L.)(彩图4-2)来观察。

★ 问题与思考

根据哈钦松分类系统，木兰科植物的花结构具有哪些原始特征？

(二)番荔枝科(Annonaceae) $*K_6C_{3+3}A_{\infty}\underline{G}_{\infty}$

本科主要特征：木本。单叶互生，常排两列，全缘，无托叶。花常两性，辐射对称，萼片3片，有时花瓣状，镊合状排列；花瓣6片，2轮；雄蕊多数，螺旋状排列；心皮多数，分离，着生于突出的花托上。聚合浆果；种子通常有假种皮。

1. 红毛榴梿(*Annoma nuricate* L.)(彩图4-3)

茎及叶形态观察：常绿乔木；单叶互生，叶倒卵状长圆形至椭圆形。

花形态解剖观察：花被淡黄色，单生或成束着生于枝上。萼片3片，卵状椭圆形，宿存；花瓣肉质，2轮，每轮3片，外轮廓三角形，镊合状排列；内轮花瓣稍薄，卵状椭圆形，覆瓦状排列；雄蕊多数，螺旋状排列；雌蕊多数，分离。

果实及种子形态观察：成熟心皮愈合成一肉质而大的聚合浆果；果实幼时具下弯的刺，随后逐渐脱落而残存有小突起；种子黑色，有光泽，多颗。

2. 番荔枝(*Annona squamosa* L.)

茎及叶形态观察：落叶小乔木；树皮薄，灰白色。单叶互生，椭圆状披针形，先端短尖或钝，叶背灰绿色，幼时被茸毛，后变秃净。

花形态解剖观察：花单生或2～4朵聚生于枝顶或叶腋内，下垂；萼片三角形，绿色；花瓣6片，分内外两轮排列，外轮花瓣狭长而肥厚，肉质，镊合状排列，内轮花瓣细小，退化成鳞片状；雄蕊多数，为长圆形，药隔突出；雌蕊多数，米黄色，聚合成圆锥形或棱锥形突起的雌蕊群，每个子房室有1个胚珠。

果实及种子形态观察：果实为聚合浆果，圆锥形或球形，外表有瘤状突起；具假种皮；种子黑褐色，表面光滑，纺锤形、椭圆形或长卵形。

★ 问题与思考

番荔枝科与木兰科植物在花结构上具有哪些相似的特征？

(三)樟科(Lauraceae) $*P_{3+3}A_{3+3+3+3}\underline{G}_{(3:1:1)}$

本科主要特征：植物体常含芳香油。单叶互生，革质，三出脉或羽状脉，无托叶。花小，两性或单性，花被6片，排成两轮；雄蕊通常4轮，每轮3枚，第3轮底部有腺点，第4轮多退化，花药瓣裂，向内，第3轮花药向外；子房上位，1室。果为核果或浆果，基部通常被膨大的花被所包被。

1. 樟树[*Cinnamomum camphora*(L.) Presl.]

茎及叶形态观察：常绿大乔木，树冠广卵形；切断小枝或揉碎叶片，均有樟脑气味。具离基三出脉，侧脉及支脉脉腋叶着生腺体。

花形态解剖观察：圆锥花序腋生。花较小，花被同型，2 轮，每轮 3 片；雄蕊 12 枚，分 4 轮排列；第 1 轮雄蕊的花药 4 室，内向瓣裂，第 2 轮雄蕊的花药 4 室，外向瓣裂，第 3 轮雄蕊的花丝基部有 2 个腺体，第 4 轮雄蕊退化，3 枚，箭头形；花的中央为雌蕊，子房上位，1 室，具 1 枚垂悬的倒生胚珠。

果实及种子形态观察：果实为球状浆果，成熟时紫黑色，果托杯状；外种皮骨质，内种皮膜质，棕红色，无胚乳，子叶 2 片。

2. 油梨(*Persea americana* Mill.)(图 4-1 及彩图 4-4)

茎及叶形态观察：常绿乔木；树皮灰绿色，纵裂。单叶互生，革质，多呈倒卵形或椭圆形，上面绿色，下面稍苍白色，密生短柔毛。

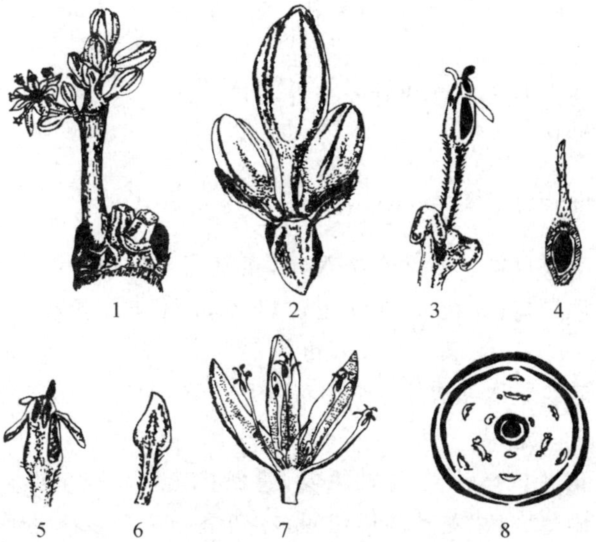

图 4-1 油梨(*Persea americana* Mill.)花

1. 花枝一部分 2. 花枝上一聚伞花序 3. 第三轮雄蕊(基部有两枚腺体) 4. 雌蕊(示顶生胚珠) 5. 雄蕊(示花药瓣裂) 6. 退化雄蕊 7. 花 8. 花图式

花形态解剖观察：聚伞状圆锥花序，多数生于小枝的下部，具梗，被短柔毛；苞片及小苞片线形，被短柔毛。花小，淡绿带黄色，花被两面被毛，裂片 6，长圆形，外轮 3 片略小；雄蕊 4 轮，发育雄蕊 9 枚，排成 3 轮，在第 3 轮雄蕊花丝基部着生 2 枚腺体，花药 4 室，退化雄蕊 3，位于最内轮，箭头状心形；柱头盘状，子房上位，1 室。

果实及种子形态观察：肉质核果大，呈梨形、卵形或近球形，外果皮木栓质，中果皮肉质，可食用；种子较大，占果重的 1/4～1/3。

3. 肉桂(*Cinnamomum cassia* Presl.)

茎及叶形态观察：常绿乔木；树皮灰褐色，幼枝略呈四棱。单叶对生或互生，革质，长椭圆形至近广披针形，离基三出脉，中脉、侧脉上面凹入。

花形态解剖观察：圆锥花序腋生或近顶生，被黄色短绒毛。花小，白色，花被裂片 6，裂片卵状长圆形，近等大；发育雄蕊 9 枚，3 轮，第 3 轮花丝基部有腺体 2 枚，第 4 轮为 3 枚退化雄蕊，紫色；子房卵球形，1 室，柱头小，不明显。

果实及种子形态观察：浆果椭圆形，熟时黑紫色，基部有浅杯状宿存花被；种子 1 粒，略长椭圆形，黑褐色。

4. 阴香［*Cinnamomum burmannii*（Nees et T. Nees）Blume］（彩图 4-5 及彩图 4-6）

茎及叶形态观察：乔木；树皮光滑，灰褐色至黑褐色，枝条纤细。叶互生或近对生，卵圆形、长圆形至披针形，具离基三出脉。

花解剖形态观察：圆锥花序腋生或近顶生，少花，疏散，最末分枝为 3 花的聚伞花序；花绿白色，花被内外两面密被灰白色微柔毛，花被裂片长圆状卵圆形；发育雄蕊 9，第 1、2 轮雄蕊的花丝长于花药，无腺体，药室内向，第 3 轮雄蕊的花丝中部有一对近无柄的圆形腺体，药室外向；退化雄蕊 3，位于最内轮；子房近球形，被微柔毛，花柱具棱角，柱头盘状。

果实及种子形态观察：浆果卵球形，具果托；种子 1 粒。

★ 问题与思考

(1)樟科植物花结构上具代表性的特征是什么？

(2)樟树与阴香有何区别？

(四)胡椒科(Piperaceae) $* P_0 A_{1\sim10} \underline{G}_{(1\sim4:1:1)}$

本科主要特征：藤本或草本。叶常有辛辣味，离基三出脉；托叶常与叶柄合生或缺。穗状花序。花小，两性或单性异株，无花被；子房上位，1 室，1 胚珠。浆果；种子 1 粒，有外胚乳。

1. 胡椒(*Piper nigrum* L.)(图 4-2 及彩图 4-7)

茎及叶形态观察：攀缘状木质藤本，节显著膨大。单叶互生，具辛辣味；托叶与叶柄合生，干膜质，节部肿胀并生有不定根。

花形态解剖观察：花序与叶对生，花轴柔弱，属穗状花序。花单性，少有两性，雌雄同株或间有杂性；无被、无柄；雄蕊 2 枚，花丝肉质粗短，花药呈“八”字形着生于花丝顶端；子房有一浅杯状苞片(注意此苞片基部是贴生于肉质花序轴上)；子房两侧各有一枚雄蕊，子房上位，1 室，1 胚珠，花柱极短，柱头 3～4 裂。

果实及种子形态观察：浆果球形，熟时红色，若未成熟则干后黑色；种子 1 粒，具丰富外胚乳，胚极小。

2. 假蒟(*Piper sarmentosum* Roxb.)

茎及叶形态观察：多年生匍匐草本；几近直立，枝无毛，节上生不定根。叶对生，阔卵形或近圆形，薄膜质，揉之有辛辣味。

花形态解剖观察：花单性，雌雄异株，密集成与叶对生的穗状花序；雄穗状花序较长，雄蕊 2 枚，花药近球形，花丝约为花药的 2 倍；雌穗状花序较短；苞片中央着生于花序轴上，盾状。花被缺失；柱头顶生，4 裂。

果实及种子形态观察：浆果近球形，具四角棱，嵌生于花序轴中。

3. 草胡椒［*Piperomia pellucida*（L.）Kunth.］

茎及叶形态观察：一年生肉质草本；茎直立或基部有时平卧，分枝，无毛。单叶互生，膜质，半透明，卵状或卵状心形。

花形态解剖观察：穗状花序生于茎上端及与叶对生，淡绿色，细弱，其与花序轴均无毛。苞

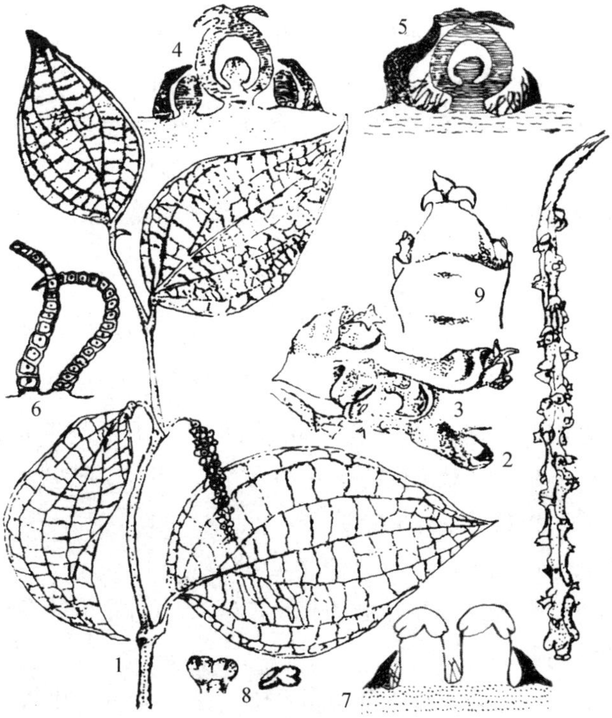

图 4-2 胡椒(*Piper nigrum* L.)

1.果枝 2.花序 3.花序一部分放大 4.花序轴横剖(示一朵花) 5.花序轴纵剖 6.苞片腋内表皮毛 7.花序轴横剖(示一朵雄花) 8.雄蕊花药 9.授粉后的两性花

片近圆形,中央有细短柄,盾状。花疏生且小,两性;雄蕊 2 枚,花丝短;子房近椭圆形,1 室,柱头顶生,被短柔毛。

果实及种子形态观察:浆果极小,近球形,顶端尖。

★ 问题与思考

胡椒科植物花结构有哪些特点?

(五)十字花科(Cruciferae) $* K_{2+2}C_{2+2}A_{2+4}\underline{G}_{(2:1:1\sim\infty)}$

本科主要特征:草本。花两性,辐射对称。萼片、花瓣各 4,排成十字形;四强雄蕊;子房 1 室,侧膜胎座,具假隔膜,假 2 子房室。角果。

1. 小白菜(*Brassica chinensis* L.)

茎及叶形态观察:一年生草本植物。基生叶莲座状,具柄,茎生叶抱茎而生,无托叶。

花形态解剖观察:圆锥花序;花两性,萼片 4 片,在花托基部还有 4 个蜜腺,与萼对生;花瓣 4 片,十字形排列,为十字花冠,基部常成爪;雄蕊 6 枚,外轮 2 枚短,内轮 4 枚长,为四强雄蕊;中央为一圆柱形雌蕊,子房上位,2 心皮构成,侧膜胎座,中间有假隔膜。

果实及种子形态解剖观察:长角果,顶端具狭长的喙;种子多数,无胚乳,胚弯曲。

2. 芥菜[*Brassica juncea* (L.) Czern. et Coss.]

茎及叶形态观察：一年生草本，带粉霜；茎有分枝。叶分裂，基生叶不抱茎，宽卵形，长15～35 cm，宽5～17 cm，边缘具缺刻，无毛，上部叶窄披针形。

花形态解剖观察：圆锥花序顶生；萼片4片，直立、展开，覆瓦状排列；花瓣淡黄色，4片，为十字花冠，有长爪，镊合状排列；雄蕊6枚，4长2短，为四强雄蕊；子房上位，子房1室。

果实及种子形态观察：长角果条形，顶端具长喙；种子多数，球形。

★ 问题与思考

哪些特征是十字花科植物的花所特有的？

(六)马齿苋科(Portulacaceae) $*K_{2\sim0}C_{(4\sim6),4\sim6}A_{8\sim10}\underline{G}_{(2\sim3:1:1\sim\infty)}$

本科主要特征：草本或亚灌木。单叶全缘，肉质；托叶膜质或刚毛状。萼片常2片；花瓣常4～6片，早凋或宿存；雄蕊8～10枚；子房1室，上位或半下位，有弯生胚珠1至多颗，生于基生中央胎座上。果为蒴果，盖裂或2～3瓣裂。

1. 马齿苋(*Portulaca oleracea* Linn.)(彩图4-8)

茎及叶形态观察：一年生肉质草本植物，株高15～30 cm；茎带紫色，光滑无毛。叶互生或假对生，叶片扁平、肥厚，倒卵形。

花形态解剖观察：花3～5朵簇生在顶端，无梗。苞片2～6，叶状，近轮生；萼片2片，对生，绿色；花瓣黄色，5片，基部联合，与萼等长；雄蕊常8枚，离生；雌蕊1枚，花柱比雄蕊长，柱头4～5裂，子房半下位。

果实及种子形态观察：蒴果卵球形，盖裂；种子黑褐色，肾状卵圆形，细小。

2. 土人参[*Talinum paniculatum* (Jacq.) Gaertn.]

茎及叶形态观察：多年生直立肉质草本，全株无毛；根粗壮，棕褐色；茎绿色、无毛。叶互生或近对生，具短柄或近无柄，叶片稍肉质，无托叶。

花形态解剖观察：圆锥花序顶生或侧生；花两性，淡红色。萼片卵圆形，草质，早落；花瓣5片，常为紫红色，长椭圆形或倒卵形；雄蕊多数，15～20枚，短于花瓣；雌蕊1枚，柱头3裂，子房球形，上位，1室，胚珠多数。

果实及种子形态观察：蒴果近球形，3瓣裂；种子多数，扁圆形，黑色，有光泽。

3. 松叶牡丹(*Portulaca grandiflora* Hook.)

茎及叶形态观察：一年生肉质草本；茎平卧或斜生，多分枝。叶散生或略簇生，圆柱形，肉质；叶腋常生一撮白色长柔毛。

花形态解剖观察：花单生或3～5朵集生枝顶，花基部有轮生的叶状苞片，常8～9片；花大，色艳，有玫瑰红、粉红、黄色或白色等。萼片2片，卵状三角形，短尖；花瓣5片或重瓣，易凋萎；雄蕊多数，花丝基部合生；花柱与雄蕊近等长，柱头5～9裂。

果实及种子形态观察：蒴果近椭圆形，盖裂。种子圆肾形，细小，多数，有光泽，表面小瘤状凸起。

★ 问题与思考

未开花的马齿苋科植物有哪些共同的识别特征？

五、课堂作业

1.写出并绘出红毛榴梿(或番荔枝)花程式与花图式。

2.写出并绘出小白菜花程式与花图式。

3.绘油梨(或樟树)一枚雄蕊,示花药瓣裂。

4.写出并绘出胡椒(或草胡椒)花程式与花图式。

5.写出并绘出马齿苋(或土人参、松叶牡丹)花程式与花图式。

实验五　被子植物分科(二)

一、实验目的及要求

1. 通过对蓼科、苋科、千屈菜科、紫茉莉科、西番莲科、番木瓜科等各科代表植物的解剖观察(尤其对花部分的观察),掌握各科主要特征。

2. 识别各科常见植物。

3. 按照花的结构,写出并绘出花程式和花图式。

二、实验用具

体视显微镜、镊子、解剖针、刀片等。

三、实验材料

珊瑚藤、火炭母、水蓼、青箱、土牛膝、银花苋、千日红、大花紫薇、雪茄花、小花紫薇、紫茉莉、宝巾(光叶子花)、西番莲、龙珠果、番木瓜等植物的带花、果枝条或植株。

四、实验内容

(一)蓼科(Polygonaceae)　$* K_{3\sim6} C_0 A_8 \underline{G}_{(3:1:1)}$

本科主要特征:草本,茎节膨大。单叶互生,全缘;有膜质托叶鞘,鞘状包茎。花两性,单被。花被片3～6,覆瓦状排列;萼片花瓣状;雄蕊常8,稀6～9或更少;雌蕊由3(稀2～4)心皮组成,子房上位,1室,内含1直生胚珠。坚果三棱形,或凸镜形,通常包于宿存的花被内。

1. 珊瑚藤(*Antigonon leptopus* Hook. et Arn.)(彩图5-1)

茎及叶形态观察:多年生常绿木质藤本;茎有棱角和卷须。叶互生,卵形或卵状三角形,基部心形,具短柄。

花形态解剖观察:总状花序顶生或生于上部叶腋内,花轴顶端具分枝卷须。花由5个似花瓣的苞片组成;花两性,粉红色,有时白色。花被片5裂,淡红色,内层2裂,较小,皆宿存性;雄蕊7～8枚,花丝基部合生;子房上位,近三角形,花柱3,基生胎座。

果实及种子形态观察:瘦果三棱形,包藏于宿存花被内;种子1粒,胚乳富含淀粉。

2. 火炭母(*Polygonum chinense* L.)

茎及叶形态观察:多年生蔓性草本;茎无毛,具纵棱,红色有节多分枝,全株光滑无毛。叶有短柄,互生,广卵形或长椭圆状卵形;叶脉紫红色,叶面有人字形紫色斑纹,两面都无毛;通常基部具叶耳;托叶鞘膜质;叶鞘抱茎。

花形态解剖观察:圆锥花序顶生或腋生,花小,白色或淡红色,雌雄同株,花序梗上有腺毛。苞片宽卵形,每苞内具1～3小花;花被5裂状,裂片卵形,半开半闭;雄蕊8枚,短于花被,花药淡紫色;雌蕊1枚,花柱3,上部分离。

果实及种子形态观察:瘦果具3棱,成熟呈蓝紫色,被肉质花被包裹。

(二)苋科(Amaranthaceae) $*K_{3\sim5}C_0A_{5\sim1}\underline{G}_{(2\sim3:1:1\sim\infty)}$

本科主要特征:多为一年生或多年生草本。单叶互生或对生,无托叶。花小,两性或单性,花下有干膜质苞片,花密集成穗状、圆锥状或头状花序。萼片3～5,干膜质;无花瓣;雄蕊1～5个,与萼片对生;心皮2～3合生,1室,子房上位。胞果,盖裂。

1. 青箱(*Celosia argentea* L.)

茎及叶形态观察:一年生野生草本;茎直立,有分枝,淡红色。叶互生,椭圆状披针形,顶端急尖或渐尖,基部渐狭;叶柄长度不等,或无叶柄。

花形态解剖观察:穗状花序单生于茎顶或分枝末端,呈塔状或圆锥状,淡红色或白色。苞片宿存;每花具干膜质苞片1枚;单被花,无花瓣。花被5片,干膜质,长圆状披针形;雄蕊5枚,花药粉红色,丁字状着生,花丝下部合生成环状;子房有短柄,柱头头状,2～3裂,基生胎座。

果实及种子形态观察:胞果卵形,成熟盖裂;种子多数,扁圆形,少数肾形,两端微凹,黑色光亮。

2. 土牛膝(*Achyranthes aspera* L.)

茎及叶形态观察:多年生草本;茎直立或披散,坚实,具4棱,被柔毛,节膨大如膝状。单叶对生,具柄;叶片纸质,两面被柔毛。

花形态解剖观察:花两性,穗状花序顶生,直立,花开放后反折。花冠向下,贴近花轴;苞片卵形,具长芒,花后反折;小苞片淡红色,基部具膜质的边缘;花被片5,宿存;雄蕊5枚,退化后呈方形,退化雄蕊与花丝等长,顶端有不明显齿形;雌蕊1枚,子房1室,1胚珠,柱头头状。

果实及种子形态观察:胞果长圆形,被包于宿存花被内;种子卵形,具刚毛。

3. 银花苋(*Gomphrena celosioides* Mart.)(彩图5-2)

茎及叶形态观察:直立或披散草本,茎有贴生白色长柔毛;叶柄短或无叶柄,叶片长椭圆形至近匙形,背面密被或疏生柔毛。

花形态解剖观察:头状花序顶生,银白色,长椭圆形;萼片外被白色长柔毛,花期后变硬,外侧2片脆革质;雄蕊管先端5裂,具缺口;花柱极短,柱头2裂,子房扁圆形,子房室1,胚珠1。

果实及种子形态观察:胞果圆梨形,果皮薄膜质,熟时不开裂;种子凸镜状,种皮革质。

4. 千日红(*Gomphrena globosa* L.)(彩图5-3)

茎及叶形态观察:一年生直立草本,茎粗壮,有分枝,枝略呈四棱形,被灰色糙毛,节部稍膨大;单叶对生,叶片纸质,长椭圆形或矩圆状倒卵形。

花形态解剖观察:头状花序顶生,常紫红色,球形或矩圆形;总苞为2绿色对生叶状苞片;花被片5片,披针形,相等或不等;雄蕊5枚,花丝连合成管状或杯状,顶端5浅裂;柱头2,花柱条形,短于雄蕊管,子房1室,胚珠1。

果实及种子形态观察:胞果球形或矩圆形,侧扁,熟时不开裂;种子肾形,种皮革质,棕色。

(三)千屈菜科(Lythraceae) $*K_{(5)}C_{5,0}A_{10,\infty}\underline{G}_{(2\sim6:2\sim6:\infty)}$

本科主要特征:落叶小乔木,树皮平滑,灰褐色;小枝四棱,有狭翅。单叶对生,革质全缘。

圆锥花序大，顶生；花两性，辐射对称，淡红色。花萼下部常连合成管，裂片镊合状排列；花瓣有或无，若有则与萼片同数，且着生于萼管的顶端；雄蕊常为花瓣的倍数，着生于萼管上，花药2室，纵裂；子房上位，2～6室，少有1室，中轴胎座。蒴果各式开裂；种子多数，有翅。

1. 大花紫薇[*Lagerstroemia speciosa*(L.)Pers.]（彩图5-4）

茎及叶形态观察：乔木；树皮灰色。单叶对生，具短柄，革质，椭圆形或卵状椭圆形，先端渐钝或短渐尖。

花形态解剖观察：花大，粉红色或紫色，排成顶生的圆锥花序。花萼有纵棱12条，裂片6，三角形，外翻，被粃糠状柔毛；花瓣6片，矩圆状倒卵形或倒卵形，具爪；雄蕊多数，离生；子房上位，6个心皮，6个子房室，中轴胎座。

果实形态观察：蒴果球形至倒卵状长圆形，灰褐色，成熟开裂；种子多数。

2. 雪茄花(*Cuphea hyssopifolia* H. B. K.)

茎及叶形态观察：绿色小灌木，分枝多，植株低矮成丛生状。叶小，对生，线状披针形。

花形态解剖观察：花左右对称，花序顶生或腋生。花萼极小，筒状，顶端6齿裂，并常有同数的附属体；花冠紫红或桃红色，花瓣6片，近于整齐；雄蕊11枚，多长短不一；子房上位。

果实及种子形态观察：果实长椭圆形，状似雪茄，绿色，包藏于萼内，但少结果。

3. 小花紫薇(*Lagerstroemia indica* L.)（彩图5-5）

茎及叶形态观察：落叶灌木或小乔木；树皮光滑；小枝近四棱，略为翅状。单叶对生，上部叶近互生。

花形态解剖观察：顶生圆锥花序。花萼无毛，无棱或槽，裂片6，萼管钟形；花瓣6片，红色或粉红色，皱缩，基部具长爪；雄蕊36～42枚，外侧6枚较长，着生于花冠管近基部；子房3～6室，中轴胎座，无柄，柱头头状。

果实及种子形态观察：蒴果椭圆状球形，室背开裂成6瓣；种子具翅。

(四)紫茉莉科(Nyctaginaceae) $*\mathbf{K}_{(3\sim10)}\mathbf{C}_0\mathbf{A}_{(1\sim\infty),1\sim\infty}\underline{\mathbf{G}}_{(5:1:1)}$

本科主要特征：草本、灌木或乔木，有时为具刺的藤状灌木。叶对生，稀互生，无托叶。花两性或单性，整齐。花萼呈花瓣状，宿存包裹果实；雄蕊1至多枚；子房上位，1室，花柱单生。瘦果。

1. 紫茉莉(*Mirabilis jalapa* L.)

茎及叶形态观察：一年生草本植物；茎直，节膨大，分枝多。单叶对生，卵形或心脏形。

花形态解剖观察：花呈红、橙、黄、白等色，3～5朵花成簇生于枝顶端。花萼呈花瓣状，喇叭形，先端5裂，镊合状排列，宿存；雄蕊5枚，与萼管近等长，花药扁圆形；子房上位，1个子房室，1个胚珠，柱头头状，花柱细长伸出花外。

果实及种子形态观察：瘦果球形似地雷，黑色，表面皱缩有棱；种子白色，具丰富的胚乳。

2. 宝巾（光叶子花）(*Bougainvillea glabra* Choisy)（彩图5-6至彩图5-8）

茎及叶形态观察：木质藤状灌木；枝有刺，下垂。叶互生，卵形，纸质。

花形态解剖观察：花顶生，常3朵簇生于纸质的3枚苞片内，苞片叶状，红色或紫色。萼片合生为长管状，顶端5～6裂，裂片展开；雄蕊6～8枚，内藏；子房具柄，胚珠1，花柱侧生，柱头尖；花盘基部合生呈杯状，上部撕裂。

果实及种子形态观察：瘦果具5棱，密生毛。

★ 问题与思考

苋科、紫茉莉科和千屈菜科的植物在花的结构上有何不同?

(五)西番莲科(Passifloraceae) $* K_{(5),5} C_{(5),5} A_{(3\sim5),3\sim5} \underline{G}_{(3:1:\infty)}$

本科主要特征:草质或木质藤本,有卷须。常有托叶。萼基部管状,3～5 裂;花瓣与萼片同数或缺;副花冠由 1 至数轮丝状的裂片组成;雄蕊 3～5(3～10),花丝合生且与子房柄联结;子房 1 室,侧膜胎座;花柱 3。浆果或蒴果;种子有肉质假种皮。

1. 西番莲(*Passiflora coerulea* L.)(彩图 5-9)

茎及叶形态观察:草质藤本;茎呈圆形或带钝角。叶掌状 3 深裂,幼叶呈椭圆形而不分裂,纸质;叶柄近顶部有 2～4 个腺体,基部有托叶,早落。

花形态解剖观察:花单朵腋生,5 片花萼基部互相愈合成筒状,萼片质薄、向外反卷、状如花瓣;花大,白中带紫,花瓣 5 片,与花萼形状和颜色都相同;副花冠裂片 3 轮,外轮副花冠曲折丝状,尖端白色,基部暗紫色,内轮副花冠流苏状,裂片紫红色,下有蜜腺环,具花盘;雄蕊 5 枚,花丝分裂;柱头 3 枚,柱头肾形,上位子房。

果实及种子形态观察:浆果卵圆球形至近圆球形,熟时暗紫色或橙黄色;假种皮外包裹着半透明薄膜状鲜黄、多汁、黏浆状果肉(可食用);种子多数,倒心形。

2. 龙珠果(*Passiflora foetida* L.)(彩图 5-10)

茎及叶形态观察:二年生草质藤本;茎柔弱,具腋生卷须。单叶互生,裂片先端具腺体,叶脉羽状,托叶抱茎。

花形态解剖观察:腋生聚伞花序退化仅存花 1 朵;苞片 1～3 回羽状分裂成丝状小裂片,先端具腺毛。萼片 5 片,长圆形,背面近先端具一角状附属物;花瓣 5 片,与萼片近等长;副花冠由 3～5 轮丝状裂片组成;具花盘,杯状;雄蕊 5 枚,花丝基部合生,上部分离,花药长圆形;子房椭圆形,侧膜胎座,花柱 3 枚,柱头头状。

果实形态观察:浆果卵圆形,无毛,成熟时呈橙黄色;种子多数,椭圆形。

(六)番木瓜科(Caricaceae) ♂:$* K_{(5)} C_{(5)} A_{10}$ ♀:$* K_{(5)} C_{(5)} \underline{G}_{(5:1:\infty)}$

⚥:$* K_{(5)} C_{(5)} A_{5\sim10} \underline{G}_{(5:1:\infty)}$

本科主要特征:小乔木或灌木,具乳状汁液,通常不分枝。叶有长柄,聚生于茎顶;叶片常掌状分裂,少有全缘;无托叶。花单性或两性,同株或异株;雄花通常组成下垂的总状花序或圆锥花序;雌花单生于叶腋或数朵组成伞房花序。花萼极小。雄花:花冠管细长;雄蕊 10 枚。雌花:花瓣 5 片,有极短的管;子房上位,1 室或由假隔膜分成 5 室,侧膜胎座,胚珠多数,花柱 5,柱头多分枝。两性花:花冠管极短或长;雄蕊 5～10 枚。果为肉质浆果;种子有假种皮。

番木瓜(*Carica papaya* L.)

茎及叶形态观察:常绿软木质小乔木,茎上具螺旋状排列的托叶痕。叶大,掌状深裂,聚生于茎顶。

花形态解剖观察:花两性或单性异株。花萼小,下部联合,上部分裂。雄花:排成圆锥花序;萼片基部联合;花冠长管状,裂片 5,雄蕊 10 枚,长短不一(彩图 5-11)。雌花:单生或成伞房花序;萼片 5 片,中部以下合生;花瓣 5 片,近基部合生,长圆形或披针形(彩图 5-12)。两性花:雄蕊 5 枚,近基部合生;子房上位,1 室,有多数的胚珠生于侧膜胎座上。

果实及种子形态观察:肉质浆果成熟为橙黄色或黄色,常为长圆形或梨形;种子多数,黑色,外种皮肉质,内种皮木质,具皱纹。

★ 问题与思考

以番木瓜为例总结该科的显著特征。

五、课堂作业

1. 写出并绘出西番莲(或龙珠果)的花程式及花图式。
2. 绘一朵番木瓜雌花的结构图。
3. 写出并绘出紫茉莉(或宝巾)的花程式及花图式。
4. 写出并绘出珊瑚藤(或火炭母)花程式与花图式。
5. 写出并绘出银花苋(或土牛膝)花程式与花图式。
6. 写出并绘出大花紫薇(或小花紫薇)的花程式及花图式。

实验六　被子植物分科(三)

一、实验目的及要求

1. 通过对桃金娘科、野牡丹科、梧桐科、锦葵科、大戟科等各科代表植物的解剖观察(尤其对花部分的观察),掌握各科主要特征。

2. 识别各种常见植物。

3. 按照花的结构,写出并绘出花程式和花图式。

二、实验用具

体视显微镜、镊子、解剖针、刀片等。

三、实验材料

金蒲桃、洋蒲桃、番石榴、蒲桃、野牡丹、巴西野牡丹、假苹婆、山芝麻、可可、大红花、黄花稔、肖梵天花、橡胶树、一品红、大飞扬、蓖麻等植物的带花、果的枝条或植株。

四、实验内容

(一)桃金娘科(Myrtaceae) $*K_{(4\sim5)}C_{4\sim5}A_{\infty}\overline{G}_{(3\sim\infty)}$

本科主要特征:乔木或灌木。单叶对生或互生,无托叶,具离基三出脉或羽状脉,有透明油点。萼片4～5片,花萼筒与子房相连构成下位或半下位子房的果实;雄蕊通常多数,着生于蜜腺盘边缘,花蕾有时内弯或折曲,花药纵裂或顶孔开裂,药隔具一顶生腺体;胚珠2至多数,倒生或弯生。蒴果、浆果、核果或坚果,顶部常有隆突的萼檐;种子无胚乳,胚直或弯曲成马蹄形或螺旋形。

1. 金蒲桃[*Xanthostemon chrysanthus* (F. Muell.)Benth.](彩图6-1)

茎及叶形态观察:常绿乔木,主干明显。单叶对生,叶色亮浓,披针形。

花形态解剖观察:总状花序生于枝顶叶腋,小花4～7朵,常7～14个花序密集成簇状。花黄色,萼片及花瓣均为5片,倒卵形;雄蕊多数,离生;花柱单一。

果实及种子形态观察:蒴果杯状球形;种子棕褐色,类三角形、肾形,扁平。

2. 洋蒲桃(*Syzygium samarangense* Merr. et Perry.)

茎及叶形态观察:常绿乔木;嫩枝压扁。叶大,革质,椭圆形至长圆形,先端钝或稍尖,基部变狭,上面干后变黄褐色,下面多细小腺点。

花形态解剖观察:聚伞花序顶生或腋生,有数朵花;花白色,花梗长约5 mm;萼管倒圆锥形,萼齿4～5,半圆形,宿存;花瓣4～5片,白色,圆形,流苏状;雄蕊多数,分离,花丝丝状;子房下位,1室,柱头小,线形。

果实及种子形态观察：浆果梨形或圆锥形，肉质，粉红色，发亮，有宿存肉质萼片；种子 1 粒。

3. 番石榴（*Psidium guajava* Linn.）（彩图 6-2）

茎及叶形态观察：常绿乔木；树皮光滑，片状剥落；嫩枝有棱。叶片革质，椭圆形。

花形态解剖观察：花单生或 2～3 朵组成聚伞花序，花白色，芳香。萼管钟形，有毛，萼帽近圆形，不规则裂开，宿存；花瓣 5 片；雄蕊多数，分离，排成多列；雌蕊 1 枚，子房下位，与萼合生，花柱与雄蕊近等长。

果实及种子形态观察：浆果球形、卵形或梨形，顶端有宿存萼片，果肉白色或胭脂红色；种子多数。

4. 蒲桃[*Syzygium jambos* (L.) Alston.]

茎及叶形态观察：常绿乔木；多分枝，小枝圆形。单叶对生，叶片狭长的披针形，顶端长渐尖，叶柄短。

花形态解剖观察：聚伞花序顶生，花绿白色，2～4 朵。萼裂片 4，宿存；花瓣 4 片，分离，阔卵形；雄蕊多且长，细丝放射状伸出花瓣外；花柱与雄蕊等长，子房下位，2 个心皮，中轴胎座，每室胚珠 1 颗，柱头小。

果实及种子形态观察：浆果卵圆形，淡黄白色，肉质疏松，海绵质，中空；内藏种子 1～3 粒，摇动有声。

根据季节的不同，还可以选择红果仔（*Eugenia uniflora* Linn.）（彩图 6-3）、山稔[*Rhodomyrtus tomentosa* (Ait.) Hassk.]（彩图 6-4）来观察。

★ 问题与思考

通过对上述几种桃金娘科植物花解剖结构的观察，总结该科花的主要识别特征。

（二）野牡丹科（Melastomataceae） $* K_{5,(5)} C_{5,(5)} A_{5,10} \overline{G}_{(4\sim6:4\sim6:\infty)}$

本科主要特征：草本、灌木或乔木。单叶对生，少轮生，三出叶脉且侧脉平行，无托叶。花大而艳，两性，辐射对称，排成各式花序，少单生。萼片 5，萼管与子房合生或分离；花瓣 4～5 片，分离或很少稍合生，着生于萼管喉部；雄蕊与花瓣同数或 2 倍，花药 2 室，顶孔开裂；药隔常有附属体或下延成距，花丝呈现独特的弯曲状；子房下位或半下位，4～6 室。果包藏于萼管内，浆果或蒴果。

1. 野牡丹（*Melastoma candidum* D. Don.）（彩图 6-5）

茎及叶形态观察：直立灌木；茎钝四棱形或近圆柱形，枝条有伏贴或稍伏贴的鳞片状毛。单叶对生，两面有毛，纵脉 7 条，叶顶端急尖。

花形态解剖观察：3～5 朵花成伞房花序生于枝顶，稀单生，基部具 2 片叶状总苞。花大，萼片 3～4 片，裂片卵形，两面被毛，与萼管等长或略短，两面均被毛；花瓣玫瑰红色或粉红色，倒卵形；雄蕊 5 长 5 短，花药顶端单孔开裂，二型，长者药隔基部伸长为 2 深裂，短者药室基部具 2 个小疣体；子房半下位，密被伏贴的鳞片状毛，先端具一圈刚毛；花盘肉质，包住心皮基部。

果实及种子形态观察：蒴果坛状球形，与宿存萼贴生；种子镶于肉质胎座内。

2. 巴西野牡丹（*Tibouchina seecandra* Cogn.）（彩图 6-6）

茎及叶形态观察：常绿小灌木；枝条红褐色；单叶对生，椭圆形至披针形，顶端渐尖，全缘，叶表面光滑。

花形态解剖观察：花极大，1～3 朵顶生，成伞房花序。花萼 5 片，红色，被绒毛，宿存；花瓣

5 片，深紫色；雄蕊 10 枚，白色且上曲；子房半下位，膨大。

果实及种子形态观察：蒴果坛状球形，为宿存萼所包；种子多数。

★ 问题与思考

(1)野牡丹的子房由多少个心皮构成？属何种胎座？

(2)桃金娘科植物与野牡丹科植物在花的结构上有何异同？

(三)梧桐科(Sterculiaceae)　$* K_5 C_{5\sim0} A_{(\infty)} \underline{G}_{(5\sim2:5\sim2)}$

本科主要特征：多木本。叶互生，单叶或指状复叶，有托叶。花序腋生，稀顶生，单生或各式的排列。萼片 5 片，分离；花瓣 5 片，有些种类为单被花；常有雌雄蕊柄，花丝常合生成管状；子房上位，2～5 室。蒴果或蓇葖果，开裂或不开裂。

1. 假苹婆(*Sterculia lanceolata* Cav.)(彩图 6-7)

茎及叶形态观察：常绿小乔木；小枝幼时被毛。单叶，顶端急尖，侧脉每边 7～9 条。

花形态解剖观察：圆锥花序腋生，略被毛。花杂性，单被花。萼片 5 片，仅基部连合，向外展开似星状。雄花在雌雄蕊柄顶端膨大成的杯状体上；雌花的子房圆球形，花柱弯曲；两性花：雌雄蕊柄上轮生花药及发育雌蕊，柱头 5 裂。

果实及种子形态观察：蓇葖果成掌状排布，顶端有喙，基部渐狭，熟时鲜红色，果开裂，露出黑色圆形种子；种子黑褐色，椭圆状卵形。

2. 山芝麻(*Helicteres angustifolia* Linn.)

茎及叶形态观察：小灌木，株高 80～100 cm；枝密被灰绿色短柔毛。单叶互生，线状披针形或长圆状线形；叶顶钝尖，基部圆形。

花形态解剖观察：聚伞花序簇生于叶腋；小苞片细小，远离萼。萼管状，5 裂，被星状短柔毛；花瓣 5 片，不等大，红紫色，基部有 2 个耳状附属体；发育雄蕊 5 枚，于延长的雌雄蕊柄上，花药群聚在裂齿间，退化雄蕊 5 枚，线形，极短；子房 5 室，具 5 棱，中轴胎座，每室约 10 个胚珠。

果实及种子形态观察：蒴果卵状矩圆形，密被长绒毛；种子小，褐色。

3. 可可(*Theobroma cacao* L.)(图 6-1 和彩图 6-8)

茎及叶形态观察：常绿乔木，树冠繁茂。单叶互生，大而全缘，具短柄；托叶线形，早落。

花形态解剖观察：花小，单生或聚生于主干和粗枝上。萼粉红色，5 深裂，宿存；花瓣 5 片，淡黄色，上部匙形向外反卷，中部变窄，下部凹陷成盔状；退化雄蕊 5 枚；发育雄蕊与花瓣对生；子房 5 室，倒卵形，每室胚珠 14～16 颗，花柱圆柱形，柱头 5 裂。

果实及种子形态观察：大型核果长圆形或椭圆形，表面有 10 条纵沟；种子藏于果肉，子叶肥厚，无胚乳。

(四)锦葵科(Malvaceae)　$* K_{(5)} C_5 A_{(\infty)} \underline{G}_{(3\sim\infty:3\sim\infty:1\sim\infty)}$

本科主要特征：茎皮纤维发达。花两性，整齐，5 基数。常有副萼；单体雄蕊，花药 1 室，花粉粒大，具刺。蒴果或分果。

1. 大红花(*Hibiscus rosa-sinensis* L.)(彩图 6-9 和彩图 6-10)

茎及叶形态观察：常绿灌木；小枝圆柱形；单叶互生，叶阔卵形或狭卵形，有托叶。

花形态解剖观察：花单生于上部叶腋，具副萼(注意其形状和数目)。萼片 5 片，为镊合状

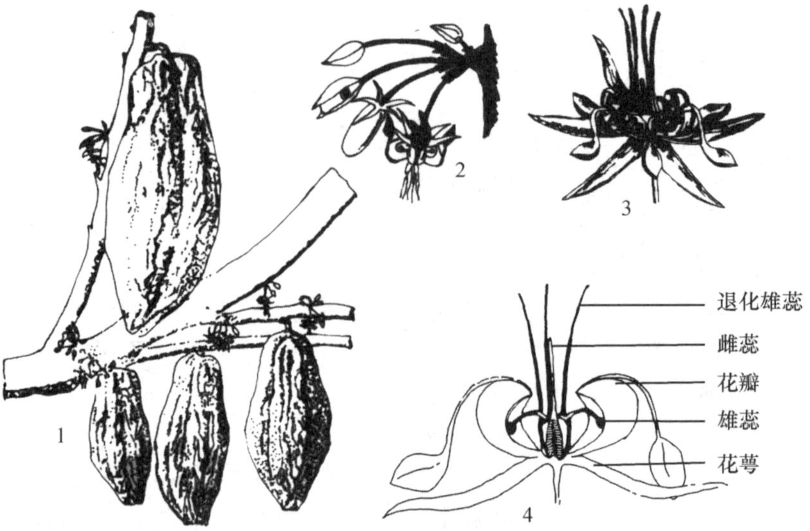

图 6-1　可可(*Theobroma cacao* L.)花和果实

1.果实(示老茎生花)　2.簇生花序　3.花　4.花纵剖面

排列方式;花瓣 5 片,为旋转状排列方式,离生;雄蕊多数,花丝连合成筒状为单体雄蕊,雄蕊管着生于花冠基部,包被着子房和花柱,花药一侧有裂口,花药 1 室;雌蕊的柱头 5 裂,子房上位,5 个心皮构成 5 子房室,为中轴胎座。

果实及种子形态观察:蒴果卵形,具喙;不结种子。

2.黄花稔(*Sida acuta* Burm. f.)

茎及叶形态观察:直立分枝亚灌木状草本,高 50～80 cm;小枝被柔毛或近于无毛。叶披针形,先端短尖或渐尖,基部钝或圆形,具锯齿,两面均无毛或疏被星状柔毛,上面偶有单毛;叶柄被疏短柔毛;托叶线形,常宿存。

花形态解剖观察:花单生或成对生于叶腋。花萼浅杯状,5 裂,尾状渐尖;花冠黄色,花瓣 5 片,倒卵形,被纤毛;雄蕊管无毛,包围着子房和花柱,花丝细;心皮 5,子房室 5,柱头 5 裂。

果实及种子形态观察:蒴果近球形,分果片 4～9,顶端具 2 短芒,果皮具网状皱纹。

3.肖梵天花(*Urena lobata* L.)

茎及叶形态观察:直立亚灌木状草本;全株被星状毛。单互生叶 3～5 浅裂;掌状 3～7 脉,中央一条有腺体;托叶线形,早落。

花形态解剖观察:花簇生、单生或稍丛生。两性花,辐射对称。小苞片 5;花萼杯状,裂片 5;花瓣 5 片,红色,倒卵形,旋转状排列;雄蕊多数,花丝下部合生成一雄蕊管;柱头分枝 10,子房 5 室,每室有 1 颗胚珠,为中轴胎座。

果实及种子形态观察:蒴果近球形,5 果片,被短毛及勾刺;种子倒卵状,三棱形或肾形。

根据季节的不同,还可以选择磨盘草[*Abutilon indicum* (Linn.) Sweet](彩图 6-11)来观察。

(五)大戟科(Euphorbiaceae) ♂ : $* K_{0\sim5} C_{0\sim5} A_{1\sim\infty}$　♀ : $* K_{0\sim5} C_{0\sim5} \underline{G}_{(3:3:1\sim2)}$

本科主要特征:植物体多含乳汁。单叶或三出复叶,叶片基部或叶柄顶端有 2 个腺体。常为聚伞花序和杯状花序。单性花，雌雄同株或异株。雌蕊多由 3 个心皮组成，子房上位，3 室，中轴胎座。果多为蒴果。

1. 橡胶树[*Hevea brasiliensis* (H. B. K.) Muell.-Arg.]（图 6-2 及彩图 6-12）

茎及叶形态观察：高大乔木，茎皮部富含胶乳。掌状三出复叶；叶柄顶端常具 2 枚腺体。

花形态解剖观察：花小，单性，雌雄同株；圆锥花序腋生，花序中部花为雌花，其余为雄花。雄花：花萼裂片卵状披针形；雄蕊 10 枚，排成 2 轮，花药 2 室，纵裂。雌花：花萼与雄花的无异，但稍大；子房常 3 或 4 室，每室有 1 颗胚珠，花柱短，柱头 3 裂。

果实及种子形态观察：蒴果大，表明有 3 纵沟，顶端具喙，成熟时分裂成 3 果瓣；种子椭圆形，具斑纹。

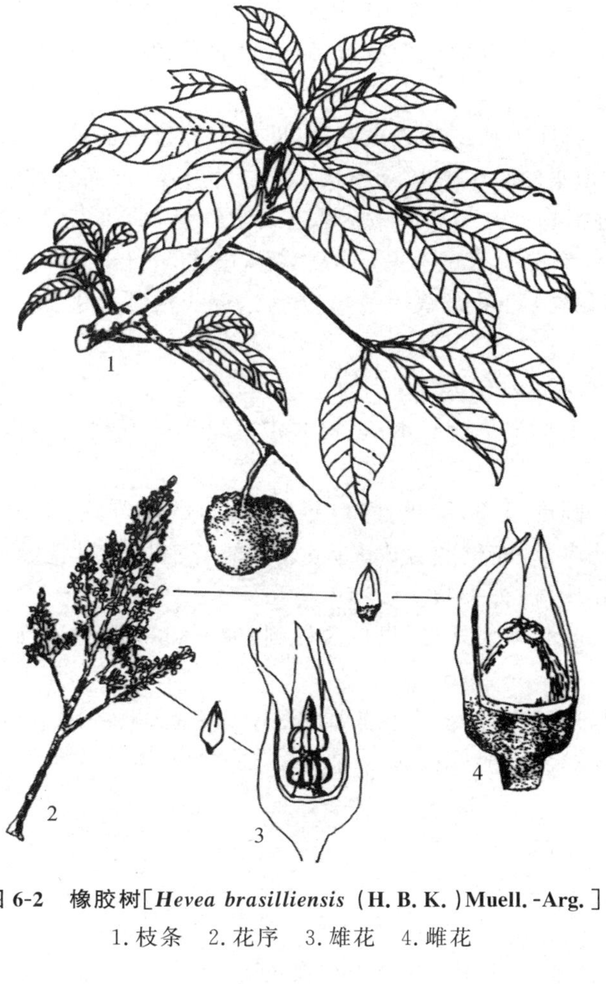

图 6-2　橡胶树[*Hevea brasilliensis* (H. B. K.) Muell.-Arg.]

1. 枝条　2. 花序　3. 雄花　4. 雌花

2. 一品红(*Euphorbia pulcherrima* Willd. et Kl.)(彩图 6-13)

茎及叶形态观察：灌木。有白色乳汁，单叶互生，卵状椭圆形、长椭圆形或披针形，托叶早落。

花形态解剖观察：在开花时，枝条顶端的数枝叶与下面的叶有很大的区别，顶端数枝叶一般较小，全缘，鲜红色，一般称为苞片(容易认为花瓣)，具 5～7 片。花序顶生，由多数杯状花序排列成聚伞花序；每一杯花是由一朵雌花和多数雄花组成，总苞坛状，其上具有一个黄色金鱼嘴状腺体。雌花1枚，位于中央，突出于总苞外，仅由3个心皮合生成雌蕊；无花被，仅在子房基部可见花被退化的痕迹；花柱3枚，每枚柱头2裂，子房上位，3室，每室1个胚珠。雄蕊常分为5组，每组约有雄花50朵，每朵雄花只有1枚雄蕊，无花被；花丝短，红色，生于花柄上，花丝与花柄之间有一显著关节；花柄基部有2种苞片，一种较短，一种无毛，较长；3心皮，3子房室，每室1胚珠，花柱3，分2叉。

果实及种子形态观察：蒴果，三棱状圆形；种子卵状，灰色或淡灰色，无种阜。

★ 问题与思考

大戟（杯状）花序中雌雄花的结构有何特点？

3. 大飞扬（*Eophorbia hirta* L.）

茎及叶形态观察：一年生草本，含白色乳汁，半匍匐至直立生长，茎绿色或部分呈红色，明显被毛。单叶对生，长圆状披针形或卵状披针形，表面有紫红色斑纹，先端锐；托叶小，披针形，边缘刚毛状撕裂。

花形态解剖观察：花序为典型的大戟花序（即一个总苞围住单一朵顶生的雌花和通常5组的雄花），多数排列成密集的腋生头状花序状。总苞片钟状，外面密被短柔毛，顶4～5裂，腺体4枚，有白色花瓣状附属物。花单性同株，绿色或紫红色，雌雄花生于同一总苞内。雄花：多数，无花被；雌花：1枚，单生于花序中央，子房3室，花柱3，分离。

果实及种子形态观察：蒴果卵状三棱形，被短柔毛，熟时分裂为3个分果；种子卵状四棱形，无种阜。

4. 蓖麻（*Ricinus communis* L.）

茎及叶形态观察：一年生草质灌木；茎粗大中空。单叶互生，呈掌状深裂，裂片7～10；叶柄顶端有腺体。

花形态解剖观察：圆锥花序，花单性，雌雄同株，上部为雌花，下部为雄花，均无花瓣。雄花：萼片3～5片；雄蕊多数，花丝联合成多束；退化雌蕊消失。雌花：萼片3～5片，大小不等；子房3室，每室1枚胚珠，柱头头状。

果实及种子形态观察：蒴果球形，果皮具软刺；种子椭圆形，微扁平，外种皮具暗褐色斑纹，有明显种阜。

根据季节的不同，还可以选择琴叶珊瑚（*Jatropha integerrima* Jacq.）（彩图6-14）、五月茶[*Antidesma bunius* (Linn.) Spreng.]（彩图6-15）来观察。

★ 问题与思考

蓖麻种子有何结构特征？

五、课堂作业

1. 写出并绘出假苹婆（山芝麻）的花程式及花图式。
2. 写出并绘出大红花（或黄花稔、磨盘草）的花图式及花程式。
3. 写出并绘出一品红（或大飞扬）雌雄花的花程式及花图式。
4. 描述橡胶树花的形态特征。
5. 描述金葡萄（或蒲桃）花的形态特征。
6. 写出并绘出野牡丹（或巴西野牡丹）的花程式及花图式。

实验七　被子植物分科(四)

一、实验目的及要求

1. 通过对含羞草科、苏木科、蝶形花科、桑科、芸香科等各科代表植物的解剖观察(尤其对花部分的观察),掌握各科主要特征。

2. 识别各种常见植物。

3. 按照花的结构,写出并绘出花程式和花图式。

二、实验用具

体视显微镜、镊子、解剖针、刀片等。

三、实验材料

含羞草、银合欢、马占相思、朱樱花、洋金凤、红花羊蹄甲、黄槐、凤凰木、猪屎豆、三点金草、蔓花生、鸡冠刺桐、菠萝蜜、对叶榕、鹊肾树、九里香、黄皮、柚子等植物的带花、果枝条或植株。

四、实验内容

豆目(Fabales) $\uparrow, * K_{(5)} C_5 A_{(\infty),\ (9)+1,\ 10} \underline{G}_{1:1:1\sim\infty}$

本目主要特征:木本或草本。常有根瘤。单叶或复叶,互生,有托叶,叶枕发达。花两性,5基数。花萼5片,联合;花瓣5片,辐射对称至两侧对称;雄蕊多数至定数,常10枚,往往成二体;雌蕊1心皮,1室,子房上位,含多数胚珠。荚果;种子无胚乳。

豆目植物依据花的形状及花瓣的排列方式可分为三个科:含羞草科、苏木科和蝶形花科。

(一)含羞草科(Mimosaceae) $* K_{(3\sim6)} C_{3\sim6,\ (3\sim6)} A_{\infty,(3\sim6)} \underline{G}_{1:1:\infty}$

本科主要特征:木本,稀草本。一回或二回羽状复叶。花两性,整齐花,花瓣镊合状排列,雄蕊多数,稀与花瓣同数。荚果。

1. 含羞草(*Mimosa pudica* L.)(彩图 7-1)

茎及叶形态观察:亚灌木状草本;茎具分枝,有散生、下垂的钩刺及倒生刺毛。一回羽状复叶,羽片通常为2对,指状排列于叶柄的顶端,叶特别敏感,触之羽片下垂,小叶闭合。

花形态解剖观察:头状花序单生或2～3个生于叶腋。花小,淡红色,花萼极小;花瓣4片,连合,镊合状排列;雄蕊4枚,分离,伸出花冠之外;雌蕊1个心皮,子房上位,柱头微小。

果实及种子形态观察:果为具节的荚果,每节含一颗种子,荚缘波状,被刺毛,成熟时荚节脱落,荚缘宿存;种子卵形。

2. 银合欢[*Leucaena leucaocephaia* (L.) de Wit.]

茎及叶形态观察:直立灌木或小乔木;老枝具褐色皮孔,无刺。偶数二回羽状复叶,羽片4~8对,小叶10~15对;叶线状长圆形,顶端急尖,基部楔形,中脉两侧不对称。

花形态解剖观察:头状花序常1~2个腋生,球形。花小,多而密集。花萼顶端具5细齿裂;花瓣10片,白色、狭小;雄蕊10枚,分离,常被疏柔毛;子房具短柄,被柔毛,柱头凹陷呈杯状。

果实及种子形态观察:荚果薄而扁,呈带状;种子6~22粒,褐色,扁平。

3. 马占相思(*Acacia mangium* Willd.)

茎及叶形态观察:乔木。叶退化,叶柄成叶片状,扁平,革质,具3~7条平行脉。

花形态解剖观察:穗状花序下垂。花小,花萼联合成钟状,顶端具齿;花瓣5片,淡黄白色;雄蕊多数,分离;子房上位,1个心皮,1个子房室,边缘胎座,胚珠多数,花柱丝状,柱头头状。

果实及种子形态观察:荚果扁圆条形,卷曲成团,微木质;种子长形,黑色具光泽。

4. 朱樱花(*Calliandera haematocephala* Hassk.)(彩图7-2)

茎及叶形态观察:落叶灌木,小枝褐色。二回羽状复叶,小片6~9对,叶披针形或歪长卵形,无柄或近无柄。

花形态解剖观察:头状花序腋生;花萼绿色;花冠淡紫红色,顶端裂片无毛;雄蕊长于花冠,白色,上部离生的花丝深红色;雌蕊1枚,1个心皮,1个子房室。

果实及种子形态:荚果呈带形,暗棕色,熟时由顶至基部沿缝线开裂;种子长圆形,棕色。

(二)苏木科(或云实科)(Caesalpiniaceae) $\uparrow K_{(5)}C_5A_{10}\underline{G}_{1:1:\infty}$

本科主要特征:木本。花两侧对称,花瓣上升覆瓦状排列(即最上方的1枚花瓣最小,位于最内方),假蝶形花冠;雄蕊10,分离。荚果。

1. 洋金凤(*Caesalpinia pulcherrima* Sw.)(彩图7-3)

茎及叶形态观察:直立灌木;枝上有疏刺。二回羽状复叶4~8对,小叶7~11对。

花形态解剖观察:花呈橙色或黄色,疏散的总状花序,顶生或腋生。萼片5片,基部连合,覆瓦状排列;花瓣5片,分离,边缘皱波状,假蝶形花冠,覆瓦状排列;雄蕊10枚,分离,花丝细长伸出花瓣外;子房上位,1个心皮,边缘胎座。

果实及种子形态观察:荚果狭而燥,具一长喙,成熟时不开裂;种子扁圆形,6~9粒。

2. 红花羊蹄甲(*Bauhinia blakeana* Dunn.)(彩图7-4)

茎及叶形态观察:乔木,树皮灰褐色;小枝圆形,幼枝有绒毛,长大渐光滑。单叶互生,革质,圆形或阔卵形,顶端2裂,状如羊蹄,有深凹,深可达叶全长的1/3;表面暗绿色而平滑,背面淡灰绿色,微有毛,掌状脉清晰。

花形态解剖观察:顶生或腋生总状花序,有时复合成圆锥花序。花大,花萼呈佛焰苞状,2裂至下部,裂片外折,每片顶端2或3浅裂;花瓣5片,披针形,具爪,玫瑰红或玫瑰紫色,其中4瓣分列两侧,两两相对,而另一瓣则翘首于上方;发育雄蕊5枚,其中3枚较长,花药白色,退化雄蕊2~5枚,丝状;子房有柄,约与雄蕊等长,1个心皮,1个子房室,中轴胎座。

果实及种子形态观察:常不结实。

3. 黄槐(*Cassia surattensis* Burm.)(彩图7-5)

茎及叶形态观察:灌木或小乔木,小枝有肋条;树皮光滑,灰褐色;一回羽状复叶。

花形态解剖观察：花黄色，腋生，伞房状的总状花序。萼片 5 片，卵圆形；花瓣 5 片，雄蕊 10 枚，其中 3～5 枚退化或发育不全；子房上位，线形，1 个子房室，胚珠多数。

果实及种子形态观察：荚果扁平，带状，顶端具细长喙，果柄明显；种子 10～12 粒，具光泽。

4. 凤凰木［*Delonix regia*（Boj.）Raf.］（彩图 7-6）

茎及叶形态观察：多年生落叶乔木；树冠伞形展开，树皮灰褐色。叶为偶数二回羽状复叶，并有羽状分裂的托叶。

花形态解剖观察：花大而艳，集成顶生总状花序。萼管盘状或短陀螺状，裂片 5；花瓣 5 片，与花萼互生，覆瓦状排列，匙形具爪，向轴的一枚稍大；雄蕊 10 枚，红色，长短不等，分离，基部被毛；上位子房，1 个心皮，1 个子房室，柱头小，截形。

果实及种子形态观察：荚果为大型的扁平舌状，木质；种子扁平长椭圆形，坚硬。

（三）蝶形花科（Papilionaceae） $\uparrow \mathbf{K}_{(5)}\,\mathbf{C}_5\,\mathbf{A}_{(9)+1,(5)+(5),(10),10}\,\underline{\mathbf{G}}_{1:1:1\sim\infty}$

本科主要特征：多草本，少木本。单叶，三出复叶或一回至多回羽状复叶，有托叶，叶枕发达。花两侧对称。花萼 5 裂，具萼管；蝶形花冠，花瓣下降覆瓦状排列（即最上 1 片为旗瓣，位于最外方）；雄蕊 10 枚，常合生为二体或单体。荚果。

1. 猪屎豆（*Crotalaria pallida* Ait.）（彩图 7-7）

茎及叶形态观察：多年生半灌木状草本。叶互生，三出羽状复叶；托叶极小，早落。

花形态解剖观察：总状花序顶生，小花 10～40 朵；花为两侧对称。花萼近钟形，基部连合，5 裂，小苞片着生于萼管中部；花冠不整齐，花瓣 5 片，分旗瓣（最上最大的一片）、翼瓣（左右各一片，大小相等）、龙骨瓣（两片基部相连），此为蝶形花冠的花；雄蕊 10 枚，为单体雄蕊；雌蕊由 1 心皮组成，子房无柄。

果实及种子形态观察：荚果长圆形，成熟时果瓣开裂；种子 20～30 粒。

2. 三点金草［*Desmodium triflorum*（Linn.）DC.］

茎及叶形态观察：多年生草本，茎纤细平卧，被柔毛。羽状三出复叶；托叶膜质；小叶纸质，顶生小叶倒心形或倒卵形。

花形态解剖观察：花小，单生或 2～3 朵簇生于叶腋内。花萼密被白色柔毛，5 齿裂，裂片长披针形；花冠紫红色，与花萼近等长，蝶形花冠；雄蕊 10 枚，为二体雄蕊；雌蕊 1 枚，子房无柄，花柱内弯，无毛。

果实及种子形态观察：有节荚果，扁平，略呈镰刀形；种子薄扁，圆形，淡褐色。

3. 蔓花生（*Arachis duranensis* Krapov. & W. C. Greg.）

茎及叶形态观察：多年生草本，匍匐茎。偶数羽状复叶互生，具小托叶，叶片倒卵形，全缘，夜晚闭合。

花形态解剖观察：单花腋生，花柄长；花瓣 5 片，旗瓣近圆形，具瓣柄，翼瓣长圆形，龙骨瓣内弯；雄蕊 10 枚，单体，花药二型；子房近无柄，花柱细长。

果实及种子形态观察：荚果长桃形，果壳薄，果实易分散，难有收获。

4. 鸡冠刺桐（*Erythrina crista-galli* Linn.）（彩图 7-8）

茎及叶形态观察：落叶乔木。枝上有明显叶痕及短圆锥形的黑色直刺。三出羽状复叶。

花形态解剖观察：总状花序顶生。花萼佛焰苞状，口部偏斜，一边开裂；花冠红色，旗瓣椭圆形，翼瓣与龙骨瓣近等长，两片龙骨瓣分离；雄蕊 10 枚，单体；子房上位，被微柔毛。

果实及种子形态观察：荚果肿胀黑色，肥厚；种子红色。

★ 问题与思考

含羞草科、苏木科、蝶形花科植物的花在解剖结构上有何异同点？

(四)桑科(Moraceae) ♂：* $K_{4\sim6}C_0A_{4\sim6}$　♀：* $P_{4\sim6}C_0\underline{G}_{(2:1:1)}$

本科主要特征：木本多有乳汁。单叶互生。花小，单性，各种花序，单被花，4 基数。雄蕊与花萼同数而对生，子房上位。聚花果。

1. 菠萝蜜(*Artocarpus heterophyllus* Lam.)(彩图 7-9 及彩图 7-10)

茎及叶形态观察：常绿乔木；老树常具板根；树皮厚；叶革质，光滑。

花形态解剖观察：花单性，雌雄同株，花序生老茎或短枝上。雄花序为棍棒状，生于小枝末端，长 5～7 cm，幼时包藏于佛焰状的托叶鞘内。对雄花序作纵剖，可看到花序为肉穗花序，当中是棍棒状粗大的花序轴(图 7-1)，在花序轴的四周长满了密集的雄花；雄花很小，长不及 3 mm；只有 2 片联合的花被和 1 枚雄蕊，开花时花丝伸长把白色花药推出花序的外围。

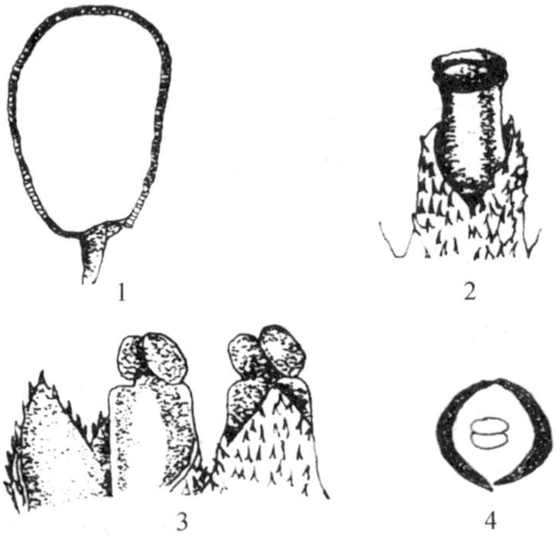

图 7-1　菠萝蜜(*Artocarpus heterophyllus* Lam.)雄花

1. 花序纵切面　2. 雄花　3. 雄花　4. 花图式

雌花序也呈棍棒状，生在树干或粗枝上，比雄花序略大，对雌花序作纵剖(图 7-2)，可看到当中是肉质的花序轴，无数花密生在花序轴的四周。雌花也很小，花被合生成管状。被片下部约 1/2 彼此合生，子房包藏于花被管，基部很小，卵形，1 室，花柱细长，开花时穿过花被管伸到花序的外围。

果实及种子形态观察：聚花果椭圆形至球形，成熟呈黄褐色，外表有坚硬六角形突起；瘦果长椭圆形，被肉质花被包裹；种子长椭圆形，外种皮褐色。

★ 问题与思考

菠萝蜜雌雄花在结构上有何异同？

2. 大果榕(*Ficus auriculata* Lour.)(彩图 7-11)

茎及叶形态观察：乔木或小乔木，树皮褐色，具乳汁；幼枝被柔毛。单叶对生，厚纸质，广卵状心形或倒卵状矩圆形，全缘或有不规则细锯齿，表面无毛。

花形态解剖观察：花序托成对生于叶腋或簇生于树干或无叶的枝上，倒卵形或陀螺形，密

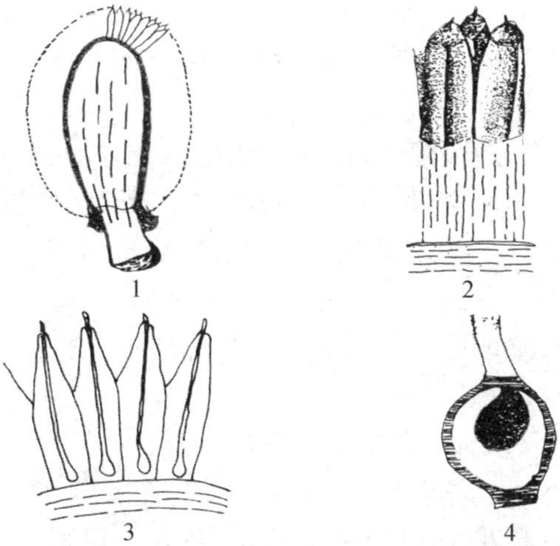

图 7-2　菠萝蜜(*Artocarpus heterophyllus* Lam.)雌花

1.雌花序纵切面　2.雌花放大　3.雌花纵切面部分放大　4.雌花纵切面

生短硬毛,中部以下常散生数枚苞片。雄花和雌花隐生于花序托的口部;雄花:花被 3 片,雄蕊 1 枚;瘿花:无花被,花柱近顶生;雌花:无花被,柱头侧生,被毛。

果实及种子形态观察:瘦果细小。

3.鹊肾树(*Streblus asper* Lour.)

茎及叶形态观察:乔木或灌木;树皮灰褐色,粗糙。小枝被短柔毛,幼时皮孔明显。叶革质,具小齿;托叶小,早落。

花形态解剖观察:花小,雌雄同株或异株;雄花排成具柄的小头状花序,有时在雄花序上生有 1 朵雌花。雄花:近无梗,花丝在花芽时内弯;退化雌蕊圆柱形,顶部扩大,具小瘤体。雌花:具柄,单生或 2～4 朵聚集,苞片 3 枚;花被片 4,交互对生;子房球形,有下垂的胚珠,花柱长。

果实及种子形态观察:核果圆形,肉质,成熟为黄色,不开裂,外包有宿存花被;种子 1 粒,圆球形。

根据季节的不同,还可以选择桑(*Morus alba* Linn.)(彩图 7-12)来观察。

(五)芸香科(Rutaceae) $*, \uparrow \mathbf{K}_{4\sim5}\mathbf{C}_{4\sim5}\mathbf{A}_{4+4}\underline{\mathbf{G}}_{(4\sim5:4\sim5:1\sim\infty)}$

本科主要特征:常绿木本植物;茎常具刺。单叶或复叶,叶上有透明油腺点。外轮雄蕊常与花瓣对生;子房上位,位于花盘之上。果为柑果或浆果。

1.九里香[*Murraya paniculata*(L.)Jack.](彩图 7-13)

茎及叶形态观察:灌木。一回奇数羽状复叶,小叶 3～7 片,叶上有透明腺点。

花形态解剖观察:花白色,两性,聚伞花序腋生或顶生。萼片 5 片,卵形,连合;花瓣 5 片,长椭圆形,分离,覆瓦状排列;雄蕊 10 枚,分离,长短不等,略短于花瓣;子房上位,2 个心皮合生成 2 个子房室,每室 2 个胚珠,柱头黄色,粗大。

果实及种子形态观察:阔卵形或椭圆形浆果,略歪斜,熟时红色;常具 2 粒种子,凸椭圆形,具棉质毛。

2. 黄皮[*Clausena lansium* (L.) Skeels.]

茎及叶形态观察：小乔木或灌木，树干有粒状突起，幼枝被短绒毛。奇数羽状复叶，小叶5～11枚，长圆形或椭圆状长圆形。

花形态解剖观察：花白色，芳香，两性，排成顶生圆锥花序。萼基部合生，裂片4～5，长不及1 mm，三角状卵形；花瓣4～5片，长不及5 mm，长圆形，两面被黄色短柔毛；雄蕊8～10枚，排成2轮，外轮与萼片对生，内轮与花瓣对生，比外轮长，插生在花盘上；子房倒圆锥状，5个心皮，5个子房室，中轴胎座。

果实及种子形态观察：浆果球形、卵形、倒梨形或椭圆形，熟时黄色或暗黄色，被密或疏的柔毛；种子1～3粒，很少5粒，长圆形。

3. 柚子[*Citrus maxima* (Burm.) Merr.]（彩图7-14）

茎及叶形态观察：常绿乔木。单生复叶，叶阔卵形或椭圆形，质厚，浓绿。

花形态解剖观察：常为总状花序，偶有腋生单花；花萼不规则5～3浅裂；花瓣5片，白色，分离；雄蕊25～35枚，有时部分不育；子房上位，花柱粗长，柱头比子房略大，中轴胎座。

果实及种子形态观察：柑果圆球形、扁圆性、阔圆锥状或梨形，外果皮有油囊突起，中果皮呈海绵状，较厚；无或有种子，种子形状不规则。

★ 问题与思考

什么果是芸香科植物所特有的？而该科的哪些植物的果则不一样？

五、课堂作业

1. 绘一朵菠萝蜜雌花的结构图。
2. 写出并绘出含羞草（或银合欢）的花程式及花图式。
3. 写出并绘出洋金风（或红花羊蹄甲）的花程式及花图式。
4. 写出并绘出猪屎豆（或蔓花生）的花程式及花图式。
5. 写出并绘出九里香（或黄皮）的花程式及花图式。

实验八　被子植物分科(五)

一、实验目的及要求

1.通过对无患子科、漆树科、五加科、夹竹桃科、茜草科等各科代表植物的解剖观察(尤其对花部分的观察),掌握各科主要特征。

2.识别各种常见植物。

3.按照花的结构,写出并绘出花程式和花图式。

二、实验用具

体视显微镜、镊子、解剖针、刀片等。

三、实验材料

荔枝、龙眼、红毛丹、芒果、盐肤木、腰果、鹅掌柴、昆士兰伞木、长春花、黄蝉、鸡蛋花、夹竹桃、咖啡、海南龙船花、希茉莉等植物的带花、果枝条或植株。

四、实验内容

(一)无患子科(Sapindacceae) $*,\uparrow K_{5\sim4}C_{5\sim4}A_{10-8}\underline{G}_{(3:1:1\sim2)}$

本科主要特征:常为木本。羽状复叶。花盘发达;花单性或杂性。雄蕊 8～10 枚,2 轮;子房常为 3 室,常仅 1 子房室发育。果为浆果、核果等;种子常有假种皮,无胚乳。

1.荔枝(*Litchi chinensis* Sonn.)(彩图 8-1)

茎及叶形态观察:常绿高大乔木;树皮较光滑,灰白色。偶数羽状复叶,小叶 2～3 对,较少 4 对,革质,披针形或卵状披针形,腹面亮绿,背面粉绿,叶脉不明显。

花形态解剖观察:顶生圆锥花序,单性,少杂性或两性,淡黄绿色。花萼杯状,4 或 5 齿裂,有毛;无花瓣(单被花);雄蕊 6～7 枚,有时 8 枚,被有毛;子房密裹小瘤体,上位,花盘肉质,环状。雌花中雄蕊较短,不育雄蕊与雄花中能育雄蕊相似,子房具短柄,2～4 个心皮,3 个子房室(通常只有 1 室发育),密覆小瘤体和刚毛。

果实及种子形态观察:果为核果,熟时鲜红色或红紫色,果皮有龟裂纹,常有瘤状突起;种子黑褐色,全部被白色肉质的假种皮包裹(食用部分),是由子房柄发育而成的。

★ 问题与思考

是否观察到荔枝中的花盘,位于哪里?

2.龙眼[*Dimocarpus longan* Lour.]

茎及叶形态观察:常绿乔木;树皮暗灰色,粗糙,枝条灰褐色,密被褐色毛。羽状复叶互生;小叶 4～5 对,很少 3 对或 6 对,革质,椭圆形或椭圆状披针形,全缘或微波状,背面粉绿色。

花形态解剖观察：圆锥花序顶生或腋生，密被锈色星状柔毛；花小，杂性，黄白色。萼片近革质，三角状卵形；花瓣被短柔毛，披针形，与萼片近等长；花盘明显；雄蕊常 8 枚，离生；子房上位，密被毛。

果实及种子形态观察：果近球形或椭圆形，黄褐色，略有细瘤状突起；种子黑色，有光泽，被假种皮肉质包裹。

★ 问题与思考

荔枝和龙眼的花结构有何异同？

3. 红毛丹（*Nephelium lappaceum* L.）

茎及叶形态观察：高大乔木；分枝多，树冠展开。羽状复叶，小叶 2～3 对，很少 1 对或 4 对，卵状椭圆形或倒卵状椭圆形，背面被细绒毛。

花形态解剖观察：圆锥花序；单性花，雌雄异株，无花被。花萼合生成杯状，裂片 4～6，卵形，革质；雄蕊 6～8 枚，位于花盘的内方；子房倒心形，被褐色柔毛，柱头 2～3 裂，胚珠 1 颗。

果实及种子形态观察：果实呈椭圆形或卵圆形，外有软刺；种子 1 粒，假种皮肉质，与种皮粘连。

（二）漆树科（Anacardiaceae） $*K_{(5)}C_5A_{10\sim5}\underline{G}_{(5\sim1:5\sim1:1)}$

本科主要特征：乔木或灌木，有树脂。羽状复叶或少数为单叶。花杂性，圆锥花序，有扁平或杯状花盘。子房上位，1～5 室。核果。

1. 芒果（*Mangifera indica* L.）（图 8-1 至图 8-3 及彩图 8-2）

茎及叶形态观察：常绿大乔木；树皮斑裂、较粗糙，灰褐色。单叶互生，叶革质，长椭圆状披针形，全缘或波浪状。

图 8-1 芒果（*Mangifera indica* Linn.）花枝

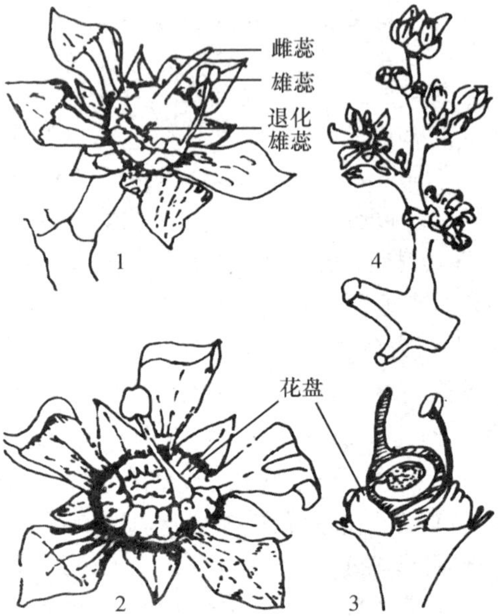

图 8-2 芒果（*Mangifera indica* Linn.）花

1. 花 2. 雄花 3. 两性花纵剖面
4. 花枝的一部分

花形态解剖观察：花小，杂性，淡黄色，二歧聚伞花序排列成顶生圆锥花序。萼片 4～5 裂，覆瓦状排列；花瓣 4～5 裂，淡黄色，覆瓦状排列；花盘肉质 5 裂，雄蕊 5 枚，但只有 1 枚发育；子房 1 室，偏斜，花柱侧生，胚珠 1 枚下垂。

果实及种子形态观察：果为一肉质的大核果，椭圆形至长椭圆形，偏斜；内有一粒种子，胚大，子叶肥厚，无胚乳。

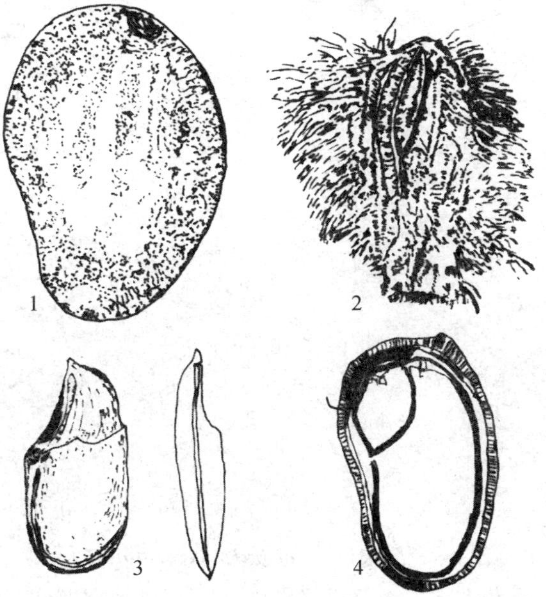

图 8-3 芒果(*Mangifera indica* Linn.)果实和胚

1.果实外形 2.果核(示纤维质的内果皮) 3.胚(较大的)

4.果核纵剖面(示纤维质内果皮包被着的具双胚的种子)

2.盐肤木(*Rhus chinensis* Mill.)

茎及叶形态观察：落叶小乔木或灌木；小枝及叶柄密被棕褐色柔毛，有乳汁。奇数羽状复叶互生；叶轴有翅；小叶 3～6 对，卵状椭圆形，边缘有粗锯齿。

花形态解剖观察：圆锥花序顶生；花小，杂性或单性异株，黄白色。雄花：萼片小，5 裂，覆瓦状排列；花瓣 5 片，倒卵状长圆形，覆瓦状排列；雄蕊 5 枚；子房不育。雌花：萼片短；花瓣椭圆状卵形；雌蕊极短，子房上位，无柄，1 室，花柱 3。

果实及种子形态观察：核果扁球形，熟时橘红色；种子 1 粒。

★ 问题与思考

在观察盐肤木花的结构时能看到花盘吗？

3.腰果(*Anacardium occidentale* L.)(图 8-4)

茎及叶形态观察：小乔木；小枝黄褐色。叶互生，倒卵形，先端圆形，全缘，无毛。

花形态解剖观察：圆锥花序顶生，被柔毛；花小，杂性，黄色。花萼 5 裂，覆瓦状排列；花瓣 5 片，线状披针形，覆瓦状排列；花盘存在于花萼基部；雄蕊 7～10 枚，仅 1 枚发育，花丝基部多少联合；子房上位，倒卵形，1 个子房室，花柱偏斜，胚珠 1 颗。

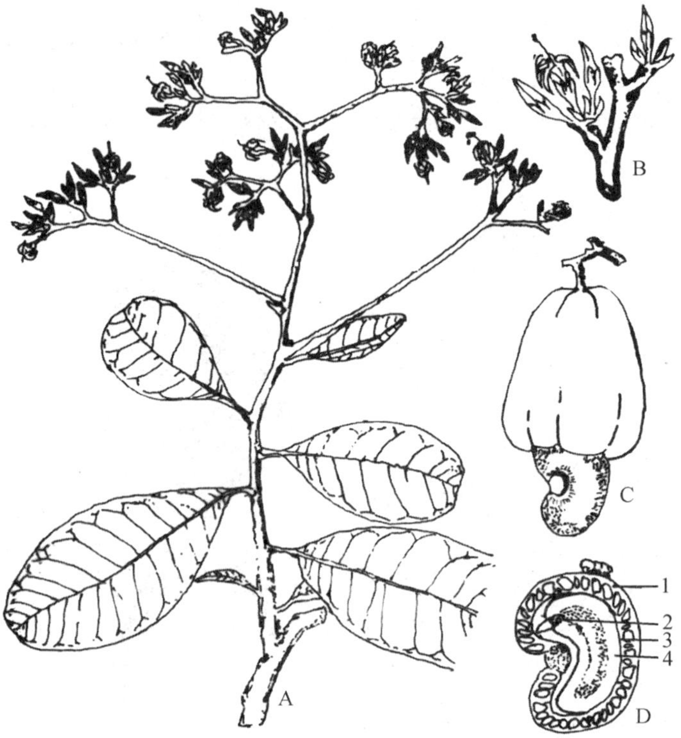

图 8-4　腰果(*Anacardium occidentale* L.)

A. 枝条一部分(示花序)　B. 花序一部分　C. 花托(梨形)及果实　D. 果实纵剖面

1. 果壳　2. 胚芽　3. 种皮　4. 子叶

果实及种子形态观察：坚果肾形，两侧压扁，果期花托肉质膨大，梨形，成熟为红褐色；种子肾形，直立。

★ 问题与思考

漆树科植物和无患子科植物在花的形态特征上有何异同？

(三)五加科(Araliaceae) $*\mathbf{K}_{(5)}\mathbf{C}_{5\sim10}\mathbf{A}_{(5\sim10)}\overline{\mathbf{G}}_{(2\sim5:\,2\sim5:1)}$

本科主要特征：常绿灌木至小乔木，稀多年生草本；茎常有刺；幼枝及花序被有褐色绒毛。叶丛生顶端，掌状 5～7 深裂。伞形花序顶生，5 基数。萼筒状，贴生于子房；雄蕊 5～10，生于花盘边缘；子房下位，常 2～5 室。浆果或核果。

1. 鹅掌柴[*Schefflera octophylla*(Lour.) Harms](彩图 8-3)

茎及叶形态观察：常绿乔木或灌木。掌状复叶，小叶 7 片，椭圆形，小叶背面初时被星状绒毛，网脉几乎见不到；叶革质，浓绿，有光泽。

花形态解剖观察：伞形花序组成大型的圆锥花序；花小，白色。花萼 5～6 片，浅杯状；花瓣 5～6 片，镊合状排列；雄蕊 5～6 枚，与花瓣同数，比花瓣略长，两者呈互生关系；上位子房，5～7 室，宿存花柱合生呈短柱状。

果实及种子形态观察：浆果球形，黑色；种子常扁平，胚乳均一。

2. 昆士兰伞木（*Schefflera microphylla* Merr.）

茎及叶形态观察：常绿乔木，无毛，形似伞状。叶互生，阔大，椭圆形，柔软下垂，7 小叶的掌状复叶，小叶边缘波状，具长柄。

花形态解剖观察：穗状花序组成圆锥花序；花小，4 数或 5 数，淡红色，梗有节。萼片全缘或有细齿；花瓣 6 片，镊合状排列；雄蕊与花瓣同数；子房 5～8 室，柱头不明显。

果实及种子形态观察：浆果圆球形或椭圆形，常具 5 棱，熟时紫红色；种子常扁平，胚乳均一。

（四）夹竹桃科（Apocynaceae） $*\mathbf{K}_{(5)}\mathbf{C}_{(5)}\mathbf{A}_5\overline{\mathbf{G}}_{(2:2:\infty)}$

本科主要特征：木本，具乳汁。单叶对生或轮生，全缘。花两性，合瓣，辐射对称，高脚碟形或漏斗形。花冠喉部常具附属物，花冠裂片旋转状排列；雄蕊与花冠裂片同数，着生在花冠筒上或喉部，花丝分离，花药箭形，互相靠合，花粉粒常单一。蓇葖果；种子常具丝状毛。

1. 长春花[*Catharanthus roseus* (L.) G. Don]（彩图 8-4）

茎及叶形态观察：半灌木，高 30～70 cm，全株无毛或略微毛。单叶对生，膜质，全缘或微波状，先端圆，具短尖头，基部狭窄成短柄。

花形态解剖观察：聚伞花序腋生或顶生；花 2～3 朵。花萼 5 裂，无萼腺或不明显；花冠粉红色或紫红色，高脚碟状，冠管圆筒形，裂片 5，左旋；雄蕊 5 枚，着生于花冠筒的近顶部，花药藏于花喉之内；花盘为 2 片舌状腺体组成，与心皮互生，子房由 2 个离生心皮组成。

果实及种子形态观察：蓇葖果双生，平行或略开叉；种子长圆状，黑色。

2. 黄蝉（*Allemanda neriifolia* Hook.）（彩图 8-5）

茎及叶形态观察：常绿直立或半直立灌木；具乳汁。叶 3～5 枚轮生，椭圆形或倒披针状矩圆形，被短柔毛，叶脉在下面隆起。

花形态解剖观察：聚伞花序顶生。花萼裂片披针形，5 裂；花冠鲜黄色，漏斗形，花冠管基部膨大，中心有红褐色条纹斑，花冠裂片向左覆盖，裂片呈卵圆形；雄蕊 5 枚，着生于花冠筒喉部，花丝极短；1 个子房室，柱头基部膨大成环状，顶部则为圆锥状。

果实及种子形态观察：蒴果球形具刺，2 瓣开裂；种子多数，扁平。

3. 鸡蛋花（*Plumeria rubra* Linn cv Acutifolia）（彩图 8-6）

茎及叶形态观察：落叶小乔木；枝粗壮，肉质，光滑，具乳汁。叶聚生于小枝的顶部，椭圆形或长圆形，厚纸质，侧脉平行。

花形态解剖观察：聚伞花序顶生，花大，芳香。花萼小，5 裂，卵圆形；花冠漏斗状，外面乳白色，冠管喉部黄色，花瓣 5 片，呈旋转状排列；雄蕊 5 枚，极短，着生于花冠筒基部；子房卵状，2 个心皮，离生，胚珠多数，柱头长圆形，顶端 2 裂。

果实及种子形态观察：蓇葖果 2 个，叉开，长圆形；种子长圆形，扁平。

4. 夹竹桃（*Nerium indicum* Mill.）

茎及叶形态观察：常绿大灌木；枝条灰绿色，嫩枝条具棱；叶 3～4 枚轮生。

花形态解剖观察：聚伞花序顶生；花萼 5 深裂；花冠深红或粉红，单瓣 5 裂时为漏斗状，喉部具 5 片宽鳞片状副花冠，重瓣时为 15～18 片，裂片为 3 轮，内轮为漏斗状，外两轮为辐状；雄蕊着生于花冠筒中部以上，花药内藏；花柱丝状，柱头近球形，2 心皮，离生。

果实及种子形态观察：2 枚蓇葖果离生，平行或并连；种子长圆形，褐色。

根据季节不同还可以选择海芒果(*Cerbera manghas* L.)(彩图 8-7)、沙漠玫瑰(*Adenium obesum* L.)(彩图 8-8)等植物的花枝来观察。

(五)茜草科(Rubiaceae) $*K_{(4\sim5)}C_{(4\sim5)}A_{(4\sim5)}\overline{G}_{(2:2:2)}$

本科主要特征：草本或木本。叶对生或轮生，托叶生在叶柄间或叶柄内。花 4～5 数，花冠合瓣；雄蕊 4～5 枚；子房下位，常 2 室，每室 1 至多个胚珠。蒴果、浆果、核果；种子有胚乳。

1. 海南龙船花(*Ixora hainanensis* Merr.)(彩图 8-9)

茎及叶形态观察：小灌木。单叶对生，具柄或无柄，托叶在叶柄间。

花形态解剖观察：花具花梗或无花梗，排成顶生伞房花序或三歧分枝的聚伞花序。常具苞片和小苞片，小苞片厚而明显。萼管卵形，萼顶部 4 裂，裂片短于冠管，镊合状排列；花冠管喉部着毛，裂片 4，旋转状排列；雄蕊与花冠裂片同数，着生于花冠管喉部，花丝极短或缺，花药背着，突出或半突出，花盘肉质，肿胀；2 个子房室，花柱线形，柱头 2，短且外弯(花盛开后开始出现)；胚珠每室 2 颗。

果实及种子形态观察：核果球形或稍呈压扁状，有 2 纵槽，革质或肉质，有小核 2，小核革质，平凸或腹面下陷；种子与小核同形，种皮膜质，胚乳软骨质，胚根圆柱形，向下。

2. 希茉莉(*Hamelia patens* Jacq.)

茎及叶形态观察：多年生常绿灌木。叶片顶端短尖或渐尖，常 3 片轮生，托叶早落。

花形态解剖观察：聚伞形圆锥花序顶生。花橙色，萼片 4～6，短而直；花冠管远长于花萼管，呈管状，裂片 4～6，覆瓦状排列；雄蕊 4～6 枚，与花冠管互生，花丝稍短；5 个子房室，胚珠多数，花柱丝状。

果实及种子形态观察：一般不结果。

还可以根据季节不同选择玉叶金花(*Mussaenda pubescens* Ait. f.)(彩图 8-10)植物的花枝来观察。

3. 咖啡(*Coffea* sp.)(图 8-5 及彩图 8-11)

茎及叶形态观察：小乔木或灌木。叶对生，叶缘波状；托叶合生于柄间，托叶明显而常宿存。

花形态解剖观察：花聚生于叶腋间，每一叶腋内有 4～6 丛花束(聚伞花序)，每一束有花 4～6 朵。花萼极小(易被忽略)，宿存；花瓣浅白色，花冠呈高脚蝶形或漏斗形，顶端 5～9 裂，旋转状排列；雄蕊 4～8 枚，自花冠管喉部长出，与花瓣互生，花药近基部背着；2 个子房室，每室 1 颗胚珠，在子房之上可见淡黄色的花盘，柱头 2 裂。

果实及种子形态观察：浆果近球形，顶端冠以隆起的花盘，熟时鲜红色或紫色；种子背面隆起，腹面平坦。

★ 问题与思考

夹竹桃科植物和茜草科植物在花的结构上有何不同？

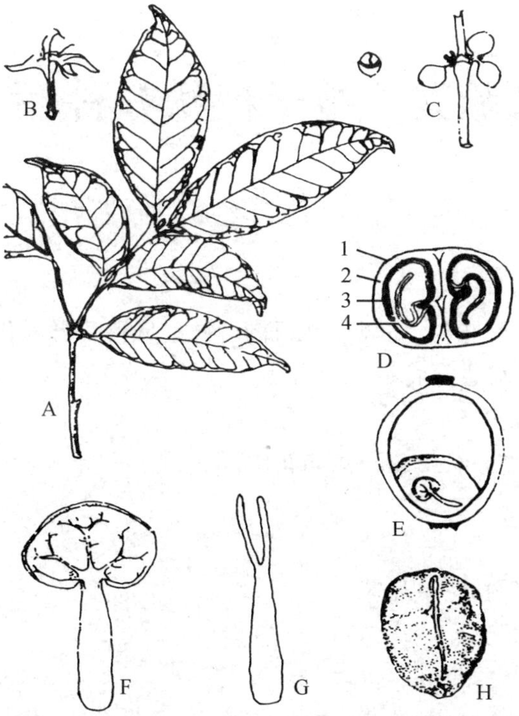

图 8-5　咖啡(*Coffee* sp.)

A.枝条　B.花纵剖面　C.果枝　D.果实横切面　E.果实纵切面　F.胚正面观　G.胚侧面观　H.咖啡豆
1.外果皮　2.中果皮　3.内果皮　4.种皮(银皮)

五、课堂作业

1.写出并绘出荔枝(或龙眼)的花程式及花图式。
2.写出并绘出芒果的花程式及花图式。
3.写出并绘出长春花(或黄蝉)的花程式及花图式。
4.绘昆士兰伞木的花序模式图。
5.写出并绘出海南龙船花(或希茉莉)的花程式及花图式。
6.绘中粒种咖啡花纵剖图,并注明各部分。

实验九　被子植物分科(六)

一、实验目的

1. 通过对菊科、茄科、旋花科、马鞭草科、唇形科、爵床科等各科代表植物的解剖观察(尤其对花部分的观察),掌握各科主要特征。

2. 识别各种常见植物。

3. 按照花的结构,写出并绘出花程式和花图式。

二、实验用具

体视显微镜、镊子、解剖针、刀片等。

三、实验材料

蟛蜞菊、黄鹌菜、一点红、少花龙葵、辣椒、矮牵牛、五爪金龙、紫心牵牛、山猪菜、马樱丹、假败酱、假连翘、罗勒、益母草、蜂巢草、狗肝菜、硬枝老鸦嘴、翠芦莉等植物的带花、果枝条或植株。

四、实验内容

(一)菊科(Compositae)　$*, \uparrow K_{0\sim\infty} C_{(5)} A_{(5)} \overline{G}_{(2:1:1)}$

本科主要特征:多为草本,植物体内有乳汁或无。常单叶互生,无托叶。头状花序有总苞。合瓣花冠;聚药雄蕊;雌蕊由 2 个心皮合生,子房下位,1 室,1 胚珠。连萼瘦果。

1. 蟛蜞菊[*Wedelia chinensis* (Osbeck.) Merr.](彩图 9-1)

茎及叶形态观察:多年生草本,全株具硬毛。叶宽卵形,基部心脏形,外缘具齿,具三出脉。

花形态解剖观察:头状花序,单生,花序外面有多数苞片组成的总苞,花序边缘是舌状花,中央为管状花。再各取一朵解剖观察:舌状花为雌性花;管状花在花的最外面有一苞片,在花的最外面具有两片鳞片(萼片退化形成的冠毛),常早落。花瓣结合呈管状,5 裂;雄蕊 5 枚,着生在花冠上,花丝分离,花药合生,为聚药雄蕊;柱头 2 裂,子房下位,子房由 2 个心皮组成,1 室,每室 1 颗胚珠,着生在子房基部,为基生胎座。

果实及种子形态观察:瘦果倒卵形;种子 1 粒。

2. 黄鹌菜[*Youngia japonica* (Linn.) DC.]

茎及叶形态观察:一年生草本,茎直立,高 20～70 cm,有乳汁。叶多生于基部,倒披针形,提琴状羽裂,顶端裂片较两侧裂片稍大,裂片边缘有不规则细齿,无毛或有稀疏细软毛。

花形态解剖观察:头状花序排成聚伞状圆锥花序式,总苞开花前圆筒形,花后钟状,总苞片

13 片。花全为舌状花，17～19 朵，顶截平，5 齿裂。小花花冠黄色，花冠管上部被白色稀毛。

果实及种子形态观察：瘦果扁纺锤形，有 11～13 粗细不等纵肋。

3. 一点红[*Emilia sonchifolia* (L.) DC.]

茎及叶形态观察：一年生草本；茎直立，折断后有白色乳浆流出。单叶互生，生于下部的叶长卵形，叶缘具钝齿，上部的叶较小，卵状披针形，常不分裂，具齿，基部抱茎。

花形态解剖观察：头状花序筒状，有长梗。总苞筒状，总苞片 1 层，条形，基部分生。全部为管状花，两性，紫红色，花冠 5 齿裂；雄蕊 5 枚，花药连合成一片；子房下位，2 个心皮。

果实及种子形态观察：瘦果狭矩圆形，有 5 纵肋，顶端有白色细软冠毛；种子 1 颗。

根据季节不同还可选择白花鬼针草(*Bidens pilosa* L. var. *radiata* Sch.-Bip.)(彩图 9-2)、革命菜(*Gynura crepidioides* Benth.)、羽芒菊(*Tridax procumbens* Linn.)来观察。

★ 问题与思考

菊科植物具有哪些主要特征和次生形状，为什么说菊科是双子叶植物中较进化的类群？

(二)茄科(Solanaceae) $* K_{(5)} C_{(5)} A_5 \underline{G}_{(2:2:\infty)}$

本科主要特征：常为草本。单叶互生。花两性，整齐花，花各部 5 基数。花萼宿存；花冠轮状；雄蕊 5 枚生于花冠基部，与花冠裂片互生，花药常孔裂；2 个心皮，2 个子房室，位置偏斜，多数胚珠。浆果或蒴果；种子压扁状。

1. 少花龙葵(*Solanum photeinocarpum* Nakam. et Odash.)(彩图 9-3)

茎及叶形态观察：一年生直立草本，高 30～100 cm。单叶互生，无托叶。

花形态解剖观察：聚伞形花序腋生，由 3～10 朵小花组成。花两性、整齐，辐射对称。花萼小，浅杯状，具 5 齿裂，旋转状排列，宿存，常于开花后增大；花冠白色，轮状，连合具 5 浅裂，旋转状排列；雄蕊 5 枚，着生于花冠基部，与花冠裂片互生；子房上位，2 个心皮，2 个子房室，中轴胎座，胚珠多数。

果实及种子形态观察：浆果球形，熟时为黑色；种子多数，细小。

2. 辣椒(*Capsicum frutescens* L.)

茎及叶形态观察：多年生灌木状草本，通常作一年生栽培；茎下部直立，光滑无毛。单叶互生，长圆卵形至卵状披针形，全缘或具浅波状。

花形态解剖观察：1～3 朵花簇生于叶腋。花萼绿色，钟状，5 小裂；花冠白色或青黄色，辐射状，5 深裂，裂片旋转状排列；雄蕊 5 枚，着生于花冠管的基部；雌蕊 1 枚，子房上位，1 个子房室，胚珠多数，柱头头状。

果实及种子观察：浆果扁球形或近球状，成熟后红色或黄色；种子多数，黄色，肾形而扁。

3. 矮牵牛(*Petunia hybrida* Vilm.)

茎及叶形态观察：一年生草本；植株较矮小，高 18～25 cm，全株具粘毛。单叶互生，嫩叶略对生。

花形态解剖观察：花大，单朵腋生或顶生。花萼 5 裂；花冠粉红色、紫色、紫红色等，喇叭状，先端具波状浅裂，冠管外具粘毛；雄蕊 5 枚，4 长 1 短，均短于花冠管；子房上位，2 个子房室，中轴胎座。

果实及种子形态观察：蒴果圆锥状，2 瓣裂；种子极小，褐色。

根据季节不同还可选择鸳鸯茉莉(*Brunfelsia acuminata* Benth.)(彩图 9-4) 来观察。

(三)旋花科(Convolvulaceae) $* K_5 C_{(5)} A_5 \underline{G}_{(2:2:1\sim2)}$

本科主要特征:多为缠绕茎,常见乳汁。单叶互生。花两性,整齐,单生或聚伞花序。萼片5片,分离,宿存;花冠漏斗状;雄蕊5枚,生于花冠筒的基部;子房上位,2个心皮,2个子房室,中轴胎座。果多为蒴果

1. 五爪金龙[*Ipomoea cairica* (L.) Sweet] (彩图 9-5)

茎及叶形态观察:多年生缠绕草本,有乳汁。单叶互生,掌状全裂。

花形态解剖观察:聚伞花序腋生,具1至多朵花;苞片早落。花大,花萼深裂,裂片5,不等长,外面两片较短,覆瓦状排列;花冠粉红色或紫红色,花瓣5片,旋转状排列,花冠呈漏斗状(未开放的花冠旋转折叠);剖开花冠,可见有5枚雄蕊着生于花冠管基部,花丝不等长,与花冠裂片互生;子房上位,花柱细长,顶端2裂(有时3裂),心皮数为2(或3),子房室为2室(或3室)。

果实及种子形态观察:蒴果多球形,4瓣裂;种子黑色。

2. 紫心牵牛[*Ipomoea obscura* (L.) Ker.] (彩图 9-6)

茎及叶形态观察:多年生蔓生草本;茎细长,无毛或被疏柔毛。叶阔卵形,顶端渐尖,基部突起。

花形态解剖观察:花两性,1~3朵成聚伞花序生于叶腋;总花柄细长,有时具疏生小瘤体;苞片狭三角形。萼片5片,淡绿色;花冠白色或淡黄色,中央淡紫色,旋转状排列;雄蕊5枚,离生;子房上位,2个子房室。

果实及种子形态观察:蒴果卵圆形,顶端具残存的花柱,2瓣裂;种子近圆形。

3. 山猪菜[*Merremia umbellata* (L.) Haller f. subsp. *orientalis* (Hall. F.) van Ooststr.]

茎及叶形态观察:草本,茎缠绕。叶全缘,顶端渐尖,基部戟形;叶柄短。

花形态解剖观察:1~3朵花组成聚伞花序,腋生;苞片小。萼片5片,全部萼片或内侧的萼片上部狭,顶端渐尖;花冠整齐,漏斗状,黄色,5浅裂,旋转状排列,有5条明显纵脉;雄蕊隐藏,着生于近花冠基部,稀被短绒毛,花药常作扭转状;子房2室,中轴胎座,花柱1,柱头2裂。

果实及种子形态观察:蒴果4瓣裂,圆柱状;种子4或败育。

(四)马鞭草科(Verbenaceae) $\uparrow, * K_{(4\sim5)} C_{(4\sim5)} A_{4\sim5} \underline{G}_{(2:2:1\sim2)}$

本科主要特征:灌木或乔木,稀为草本。叶对生,单叶或复叶。花两性,左右对称。萼4~5裂;花冠合瓣,4~5裂,裂片覆瓦状排列;雄蕊2长2短,少有5或2枚,着生于花冠上;子房上位。果为核果或浆果,常分裂为数个小核果。

1. 马樱丹(*Lantana camara* L.)(彩图 9-7)

茎及叶形态观察:直立或半藤状灌木,株高1~2 m,株被粗毛,具刺激性臭味;枝四棱,有短钩刺。单叶对生,叶缘有钝齿,叶面皱折。

花形态解剖观察:花密集成伞房状,具长总梗,腋出,总苞线状披针形,围生于花托的下部,长约为花萼的3倍。花萼小,膜质;花冠初呈黄色、淡红及紫红色,后变为深红色或橙色,先端4~5裂,裂片短阔;雄蕊4枚,着生于花冠管中部;子房无毛,2个子房室,每室1颗胚珠,柱头

偏斜。

果实及种子形态观察：肉质核果球形、光滑，熟时紫黑色；种子 2 粒。

2. 假败酱[*Stachytarpheta jamaicensis* (L.) Vahl.]

茎及叶形态观察：多年生草本；茎直立，四方形，高约 50 cm，稍肉质，分枝横展。叶对生，卵形，厚纸质，长 3～8 cm，宽 2～3.5 cm，先端尖，基部楔形，边缘有锯齿。

花形态解剖观察：穗状花序顶生，长而疏散。小苞片三角形，紧贴萼管；花小，淡紫色小花生于苞片内，一半嵌在花序轴凹穴内。萼狭管状，4～5 齿裂；花冠管纤细，圆柱形，略弯曲，裂片 5；能育雄蕊 2 枚生于花冠管上部，不育雄蕊 2 枚生于花冠管下部；2 个子房室，着生于短的花盘上，每室 1 胚珠。

果实及种子形态观察：蒴果包藏于萼内，成熟时 2 瓣裂；每瓣有 1 粒种子。

3. 假连翘(*Duranta repens* Linn.)(彩图 9-8)

茎及叶形态观察：灌木；枝条具皮刺，幼枝被柔毛。单叶对生，叶片卵状椭圆形或卵状披针形，顶端短尖或钝，基部楔形。

花形态解剖观察：总状花序顶生或腋生，常成圆锥状；花萼管状，5 裂，具 5 棱，宿存；花冠常为蓝紫色，5 裂，裂片平展；雄蕊 4 枚，2 长 2 短，着生于花冠管内；子房无毛，子房室 8 个，每室有 1 胚珠。

果实及种子形态观察：核果球形，具光泽，熟时红黄色，被包裹在宿萼内；种子常 8 粒，无胚乳，胚直立。

(五)唇形科(Labiatae) $\uparrow K_{(5\sim4)} C_{(5\sim4)} A_{4,2} \underline{G}_{(2:4:1)}$

本科主要特征：多草本少灌木；茎四棱，植株常含芳香油。单叶对生或轮生。花于叶腋形成聚伞花序或轮伞花序，然后再成总状、圆锥状排列。花两性，两侧对称。唇形花冠，二强雄蕊；子房上位，四分子房，花柱基生。小坚果。

1. 罗勒(*Ocimum basilicum* L.)(彩图 9-9)

茎及叶形态观察：一年生直立草本；茎钝四棱形，上部多分枝。单叶对生，卵形或披针形，先端微钝或急尖，基部楔形，边缘有疏锯齿或全缘，下面具腺点。

花形态解剖观察：轮伞花序顶生，组成间断的总状排列，每轮有 6 朵花，下部花序远离，上部花序靠近。花萼钟形，萼齿 5 裂，呈二唇形；花冠淡紫色，或上唇白色下唇紫红色，冠檐二唇形，上唇宽大，下唇长圆形；雄蕊 4 枚，2 长 2 短，略长于花冠，着生在花冠中部；花柱超出雄蕊之上，柱头 2 裂。

果实及种子形态观察：小坚果卵球形，黑褐色；种子长扁圆形，黄褐色。

2. 益母草[*Leonurus artemisia* (Laur.) S. Y. Hu]

茎及叶形态观察：一年生或二年生草本；茎四棱形。下部叶轮廓卵形，掌状三裂，其上再分裂，中部通常三裂成矩圆形裂片。

花形态解剖观察：轮伞花序轮廓圆形，并组成长的穗状花序。花两性，两侧对称(稀近辐射对称)。花萼筒状钟形，萼片合生，5 裂；花冠粉红色至淡紫色，上唇 2 花瓣合生直伸，下唇 3 花瓣直伸或张开，3 裂；雄蕊 4 枚，2 长 2 短，雄蕊与花冠裂片互生，着生在花冠上；雌蕊为 2 心皮合生，上位子房，花柱先端相等 2 裂。

果实及种子形态观察：小坚果矩圆状三棱形；种子长形，中间有脊状突起，浅褐色。

★ 问题与思考

益母草的雄蕊属于什么类型的雄蕊？因它着生在花冠上亦被称为什么雄蕊？

3. 蜂巢草[*Leucas aspera* (Wild.) Linn.]

茎及叶形态观察：一年生草本，高 20～40 cm；茎四棱形，多被刚毛，多分枝。叶对生，卵状披针形，长 3～6 cm，边缘有粗圆齿。

花形态解剖观察：花白色，轮生于叶腋内。萼筒下部微被刚毛，上部粗糙且密被刚毛；花冠筒内藏，冠檐二唇形，上唇直伸，盔状，外密被长柔毛，下唇长于上唇，3 裂，中裂片最大；雄蕊 4 枚，前 2 枚较长，上升至上唇片之下，花药 2 室；花柱先端不相等 2 浅裂，后裂片近于消失；花落后留下很多残存的花萼，形如蜂窝。

果实及种子形态观察：小坚果长圆状三棱形。

根据季节不同还可以选择五彩苏[*Coleus scutellarioides* (L.) Benth.]（彩图 9-10）来观察。

★ 问题与思考

马鞭草科植物与唇形科植物在花结构上有何不同？

（六）爵床科（Acanthaceae） $* K_{(4),(5)} C_{(5)} A_{2,4} \underline{G}_{(2:2:2)}$

本科主要特征：草本、灌木或半灌木。单叶对生；无托叶；茎圆形或四棱形，茎节膨大，花序各式，花冠二唇形或五裂，二强雄蕊，着生于花冠筒内或喉部；子房上位，下有花盘，柱头 2 裂，蒴果。

1. 狗肝菜[*Dicliptera chinensis* (L.) Juss.]（彩图 9-11）

茎及叶形态观察：草本，节常膨大膝曲状。单叶对生，叶卵状椭圆形，纸质，深绿色。

花形态解剖观察：疏散的聚伞花序腋生，花两性，苞片数枚，大小不等；萼片 5 裂，细狭；花冠淡紫红色，2 唇形，上唇阔卵状近圆形，呈紫红色斑点，下唇长圆形，3 浅裂；雄蕊 2 枚，花丝被柔毛；雌蕊 1 枚，柱头 2 裂，子房上位，2 个子房室，每室胚珠多数。

果实及种子形态观察：蒴果成熟时由蒴底弹起；种子 4 粒，扁圆，褐色。

2. 硬枝老鸦嘴[*Thunbergia erecta* (Benth.) T. Anders.]（彩图 9-12）

茎及叶形态观察：直立灌木，茎四棱形，多分枝。单叶对生，叶卵形至卵状披针形。

花形态解剖观察：花单生于叶腋，小苞片白色；花萼成 12 不等小齿；花冠喇叭形，蓝紫色，花冠管白色，喉部杏黄色，5 裂；雄蕊 4 枚，生于花冠筒距基部 1/3 处；柱头内藏于喉的中部，子房无毛。

果实及种子形态观察：蒴果圆锥形，无毛；种子半球形到卵球形。

3. 翠芦莉（*Ruellia brittoniana* Leonard）（彩图 9-13）

茎及叶形态观察：多年生草本，似丛生状。单叶对生，线状披针形，新叶及叶柄常呈紫红色。

花形态解剖观察：花腋生，两性；萼片 5，离生，镊合状排列；花冠漏斗状，5 裂，具放射状条纹，细波浪状，多蓝紫色，少数粉色或白色。发育雄蕊 3 枚；子房上位，淡绿色，2 个子房室，每室 2 个胚珠。

果实及种子形态观察：长形蒴果，熟时开裂；种子倒卵形，细小粉末状。

五、课堂作业

1. 绘一朵蟛蜞菊舌状花和管状花，并绘聚药雄蕊展开图。
2. 写出并绘出五爪金龙（或紫心牵牛）的花程式及花图式。
3. 写出并绘出少花龙葵（或辣椒）的花程式及花图式。
4. 写出并绘出马樱丹（或假败酱）的花程式及花图式。
5. 写出并绘出益母草（或蜂巢草）的花程式及花图式。
6. 写出翠芦莉（或硬枝老鸦嘴）的花程式及花图式。

实验十　被子植物分科(七)

一、实验目的及要求

1. 通过对单子叶植物鸭跖草科、芭蕉科、姜科、百合科、石蒜科、凤梨科等各科代表植物的解剖观察(尤其对花部分的观察),掌握它们的主要特征。

2. 识别各种常见植物。

3. 按照花的结构,写出并绘出花程式和花图式。

二、实验用具

体视显微镜、镊子、解剖针、刀片等。

三、实验材料

鸭跖草、紫万年青、香蕉、黄苞蝎尾蕉、瓷玫瑰、花叶艳山姜、闭鞘山姜、花叶麦冬、芦荟、水鬼蕉、风雨花、菠萝、水塔凤梨等植物的带花部分植株或全植株。

四、实验内容

(一)鸭跖草科(Commelinaceae) $*, \uparrow P_{3+3} A_6 \underline{G}_{(3:3\sim2:\infty\sim1)}$

1. 鸭跖草(*Commelina communis* L.)(彩图 10-1)

茎及叶形态观察:一年生披散草本;茎基部匍匐分枝,节部明显。单叶互生,披针形至卵状披针形,抱茎,白色膜质叶鞘。

花形态解剖观察:蝎尾状聚伞花序生于叶状佛焰苞内,小花 3~4 朵;萼片 3 片,膜质,里面的 2 片合生;花瓣 3 片,蓝色;雄蕊 6 枚,全育,或仅 2~3 枚能育,3 枚退化;子房上位,2~3 个子房室。

果实及种子形态观察:蒴果椭圆形,藏于苞内;种子暗褐色。

2. 紫万年青[*Rhoeo discolor* (L.) Hance.]

茎及叶形态观察:粗壮、多年生草本;茎粗厚而短,不分枝。单叶互生,紧贴,披针形,重叠,表面青绿色,背面浅紫色。

花形态解剖观察:花小,白色,多朵聚生。苞片 2 枚,大型,淡紫色,蚌壳状;小苞片褐色、膜质。萼片 3 片,分离,长圆状披针形,呈花瓣状;花瓣 3 片,分离,卵圆形;发育雄蕊 6 枚,花丝被长毛;3 个心皮,3 个子房室。

果实及种子形态观察:蒴果室背开裂为 2~3 瓣。

(二)芭蕉科(Musaceae) ♂:$P_{(6)} A_6$　♀:$P_{(6)} \overline{G}_{(3:3)}$

本科主要特征:草本;具假茎,地下茎粗短。叶巨大,横出平行脉。穗状花序,有大苞片;花单性,上部为雄花,下部为雌花。花被唇形,上唇5裂,下唇1片分离;雄蕊6枚,其中1枚退化;子房下位,3室,中轴胎座。浆果;种子有胚乳。

1. 香蕉(*Musa*×*paradisiaca* Linn.)(*Musa nana*)(彩图10-2)

茎及叶形态观察:多年生大型草本;具地下茎,地上假茎由粗厚的叶鞘层层包叠而成。叶片大型,长圆形,中脉明显粗壮。

花形态解剖观察:顶生的穗状花序由假茎内抽出、下垂,花序下部为雌花,中部有少数不完全花,上部为雄花;多朵花集成扁平花束生于一红褐色佛焰苞状的大型苞片内,雄花苞片不脱落。合生花被片近圆形,全缘,二侧齿先端具钩;离生花被片与合生花被片对生;雄蕊5枚;子房下位,3个子房室。

果实及种子形态观察:浆果肉质,弯曲,具4～5棱;果内无种子。

2. 黄苞蝎尾蕉(*Heliconia latispatha* Benth.)(彩图10-3)

茎及叶形态观察:多年生草本。叶片长圆形,叶面绿色,叶背亮紫色;叶鞘互相抱持呈假茎。

花形态解剖观察:蝎尾状聚伞花序顶生,直立;苞片4～7,绿色,开放时露出;花序轴黄色,微曲成之字形;发育雄蕊5枚,花药2室,线形,退化雄蕊1枚,花瓣状;子房下位,3个子房室,柱头3裂,胚珠生于基底。

果实及种子形态观察:果三棱形,灰蓝色;种子不多于3粒。

根据季节不同还可以选择蝎尾蕉(*Heliconia metallica* Planch. & lind. ex Hook. f.)(彩图10-4)来观察。

(三)姜科(Zingiberaceae) $\uparrow K_{(3)} C_{(3)} A_1 \overline{G}_{(3:3\sim1:\infty)}$

本科主要特征:多年生草本,通常有芳香;具匍匐或块状的根状茎。叶基生或茎生,常2行排列,少数螺旋状排列;具叶鞘及叶舌。花两性,左右对称,各式花序生于具叶的茎上或单独由根茎发出。萼管状,一侧开裂及顶端齿裂;花冠3裂片;退化雄蕊2或4枚,外轮2枚常花瓣状,内轮2枚联合成唇瓣,发育雄蕊1枚;子房下位。果为蒴果或肉质不开裂而呈浆果状。

1. 瓷玫瑰[*Etlingera elatior*(Jack) R. M. Smith.](彩图10-5及彩图10-6)

茎及叶形态观察:多年生大型草本;具有根状茎。单叶互生,线形至椭圆形,二行排列,基部常鞘状;具叶舌。

花形态结构观察:头状花序由地下茎抽出。花两性,左右对称。花瓣革质,表面光滑,排列整齐,有50～100瓣不等;退化雄蕊呈花瓣状;子房下位。

果实及种子形态观察:果为蒴果;种子具假种皮。

2. 花叶艳山姜(*Alpinia zerumbet* Variegata)(彩图10-7及彩图10-8)

茎及叶形态观察:多年生草本植物,地下茎为根状茎。叶具叶鞘,长椭圆形,两端渐尖,上有金黄色纵条纹。

花形态解剖观察:圆锥花序下垂状,花白色,边缘黄色,顶端红色;小苞片椭圆形,白色,花未开时被其包裹住;花萼近钟形,白色,一侧开裂,顶端齿裂;花冠裂片长圆形,后方的1枚为最大,唇瓣匙状宽卵形;侧生退化雄蕊钻状;子房被金黄色粗毛。

果实及种子形态观察:蒴果卵圆形;种子具棱角。

3. 闭鞘山姜[*Costus speciosus* (Koen.) Smith.]

茎及叶形态观察：多年生草本，具根状茎。叶互生，长圆形或披针形，螺旋状排列，背面密被绢毛；叶鞘宽而包茎。

花形态解剖结构：穗状花序顶生。苞片卵形，淡红色。萼管状，3裂，革质，红色；花白色，花瓣裂片矩圆形，唇瓣宽倒卵形，顶端具裂齿及皱波状；雄蕊花瓣状，上面被短柔毛；子房3室，胚珠多数。

果实及种子形态观察：蒴果红色，木质；种子黑色、光亮。

★ 问题与思考

姜科植物的花结构有何特点？

(四)百合科(Liliaceae) $*P_{3+3}A_{3+3}\underline{G}_{(3:3:\infty)}$

本科主要特征：多年生草本；有地下茎；茎直立或攀缘状。花两性，少单性，辐射对称，极少出现伞形花序。花被为花冠状，裂片6，稀4枚或更多；雄蕊通常6枚，稀3枚或12枚；子房上位或下位，稀半下位，通常3个子房室，中轴胎座，稀1室而有侧膜胎座，每室胚珠多数。果为蒴果或浆果。

1. 花叶麦冬[*Ophiopogon japanicus*(L. f.) Ker-Gawl.]

茎及叶形态观察：多年生草本；须根近末端处具纺锤形的小块状；地下走茎短，包于叶基之中。叶宽细型，革质，叶边缘为金黄色，边缘内侧为银白色与翠绿色相间的竖向条纹，基部具膜质鞘。

花形态解剖观察：总状花序生于花葶上，小花2～7朵；花淡紫色，花被片6，分离，卵状披针形；雄蕊6枚，内藏，生于花被片的基部；子房半下位，3个子房室，每室有2颗胚珠，柱头3浅裂。

果实及种子形态观察：果实在发育早期外果皮即破裂露出种子；种子球形。

2. 芦荟[*Aloe vera* Linn. var. *chinensis* (Haw.) Berg.]

茎及叶形态观察：多年生常绿肉质植物，茎极短。单叶包围肉质茎，呈莲座状簇生，叶背拱凸，粉白色，具斑点，边缘有刺状小齿。

花形态解剖观察：几十朵花组成总状花序，有苞片。花淡黄色，开时稍下垂；花被圆柱形，裂片先端稍外弯；雄蕊6枚，与花被近等长；花柱伸出花被外。

果实及种子形态观察：蒴果长圆形，具3棱，室背开裂；种子有翅。

(五)石蒜科(Amaryllidaceae) $*P_{3+3}A_{3+3}\overline{G}_{(3:3:\infty)}$

本科主要特征：大部分为多年生花枝草本；常有地下鳞茎、块茎，少有地下根茎。叶为根生，线形或长椭圆形。伞形花序。花被6片，两轮排列；雄蕊6枚，插在花被上；雌蕊3枚，合生心皮，子房下位。果实为蒴果或浆果。

1. 水鬼蕉[*Hemenocallis littoralis* (Jacq.)Salisb.](彩图10-9及彩图10-10)

茎及叶形态观察：多年生草本；具地下鳞茎。叶深绿色，剑形，集生基部，抱茎。

花形态解剖观察：花茎扁平，花大，白色，3～8朵组成伞形花序生于顶端。具膜质的佛焰苞片。花被管纤细；花被裂片线形，通常短于花被管；雄蕊生于管的喉部，花丝基部合生成一钟形或漏斗形的杯状体(雄蕊杯)，上部分离，有齿，花药个字着生；子房下位，3个子房室，花柱线状，约与雄蕊等长或更长。

果实及种子形态观察：为一稍肉质的蒴果；种子略长圆形，白色。

2. 风雨花（*Zephyranthes grandiflora* Lindl.）

茎及叶形态观察：多年生草本；株高 25～30 cm，地下具卵形鳞茎。叶线形，深绿色，基部簇生 5～6 叶，柔软。

花形态解剖观察：花粉红色，从一管状、淡紫红色的总苞内抽出，单生于花茎顶端，花喇叭状。花被 6 片，各片近等长；雄蕊 6 枚，长为花被的 2/3～4/5；下位子房，3 个子房室，中轴胎座，柱头 3 裂，胚珠多数。

果实及种子形态观察：蒴果近球形；种子黑色。

（六）凤梨科（Amaryllidaceae） $*\mathbf{P}_{3+3}\mathbf{A}_{3+3}\overline{\mathbf{G}}_{(3:3:\infty)}$

本科主要特征：茎短。叶多，互生，呈莲座式排列，剑形，顶端渐尖，全缘或有锐齿，叶基常呈鞘状。花序为顶生的穗状、总状、头状或圆锥花序。萼片 3 片，覆瓦状排列；花瓣 3 片，覆瓦状排列；雄蕊 6 枚，着生于花冠管基部；子房下位至半下位，3 个子房室。

1. 菠萝[*Ananas comosus* (Linn.) Merr.]（彩图 10-11）

茎及叶形态观察：陆生草本。茎短。叶多数，莲座式排列，剑形，边缘有锐齿，腹面绿色，背面粉绿色，边缘及顶端常带褐色，顶部的叶较小。

花形态解剖观察：肉穗花序从叶丛中抽出，苞片基部绿色，上半部淡红色，三角状卵形；花两性，少单性。萼片宽卵形，肉质，顶端红色；花瓣长椭圆形，端尖，上部紫红色，下部白色。雄蕊 6 枚；子房下位，肉质，与花序轴合生。

果实及种子形态观察：果实与花序融合成一肉质聚花果；通常不结种子。

2. 水塔凤梨[*Billbergia pyramidalis* (Sims)Lindl.]（彩图 10-12）

茎及叶形态观察：多年生常绿草本，茎极短。叶莲座状排列，阔披针形，顶端钝有小锐尖，硬革质，鲜绿色。

花形态解剖观察：穗状花序直立，高出叶丛；苞片粉红色；花两性。萼片有粉被，暗红色，长于花瓣；花瓣红色，开花时扭转；雄蕊 6 枚，比花瓣短；子房有粉被，下位，花柱 3 裂，中轴胎座。

果实及种子形态观察：浆果；种子多数，细小。

五、课堂作业

1. 写出并绘出鸭跖草（或紫万年青）的花程式或花图式。
2. 写出芭蕉雌雄花的花程式，并绘一朵雌花的解剖图。
3. 写出并绘出瓷玫瑰（或花叶艳山姜、闭鞘山姜）的花程式及花图式。
4. 写出并绘出花叶麦冬（或芦荟）的花程式及花图式。
5. 写出并绘出水鬼蕉（或风雨花）的花程式及花图式。
6. 写出并绘出菠萝（或水塔凤梨）的花程式及花图式。

实验十一　被子植物分科(八)

一、实验目的及要求

1. 通过对天南星科、龙舌兰科、棕榈科、莎草科、禾本科等各科代表植物的解剖观察(尤其对花部分的观察),掌握各科主要特征。

2. 识别各种常见植物。

3. 按照花的结构,写出并绘出花程式和花图式。

二、实验用具

体视显微镜、镊子、解剖针、刀片等。

三、实验材料

海芋、龟背竹、粤万年青、剑麻、虎尾兰、椰子、油棕、槟榔、软叶刺葵、海枣、香附子、短叶水蜈蚣、猴子草、粉单竹、水稻、画眉草、牛筋草等植物的带花植株或部分叶、花及花序。

四、实验内容

(一)天南星科(Araceae)　$* P_{0,\ 4\sim6} A_{1\sim8} \underline{G}_{(3,\ 2\sim15:1\sim\infty:\ 1\sim\infty)}$

本科主要特征:草本;有块茎或延长的根茎,稀为攀缘灌木或附生藤本。叶常基生,若为茎生则互生,2 列或螺旋状排列。肉穗花序包裹于佛焰苞内;花两性或单性同株。两性花花被片 4～6,单性花花被缺;雄蕊 1～8 枚,分离或合生成雄蕊柱,退化雄蕊常存在;子房 1 至多室,每室有胚珠 1 至数颗。浆果密集于肉穗花序上。

1. 海芋[*Alocasia macrorrhiza* (L.) Schott](彩图 11-1 及彩图 11-2)

茎及叶形态观察:多年生高大草本;具匍匐根茎及直立茎,肉质。叶盾状着生于茎顶,阔卵形,顶急尖,基部广心状箭形;叶柄粗壮,基部扩大而抱茎。

花形态解剖观察:肉穗花序,具佛焰苞,粉绿色,初时管状,管以上呈舟形,宿存。雄花着生于花轴的前端,能育雄花序淡黄色,不育雄花序绿白色。雌花生于花轴的后端,子房卵状或长圆形,胚珠 1 至数颗,基生,柱头头状,3～4 浅裂。中性花处于雌雄花之间。

果实及种子形态观察:浆果卵形,淡红色;种子 1～2 粒,偏长卵形。

2. 龟背竹(*Monstera deliciosa* Liebm.)

茎及叶形态观察:常绿攀缘灌木;茎绿色,粗壮,节上有气生根。叶柄长,腹面扁平,背面钝圆;叶片大,阔广卵形,羽状深裂,脉间具孔。

花形态解剖观察:佛焰苞厚革质,宽卵形,具喙;肉穗花序圆柱形,淡黄绿色。雄蕊花丝呈线形,花粉黄白色;雌蕊陀螺状,柱头小,线形,黄色,柱头周围具青紫色斑点。

果实及种子形态观察：浆果淡黄色，膜质；种子少数，呈倒卵形或近心形。

3. 粤万年青(*Aglaonema modestum* Schott. ex Engl.)

茎及叶形态观察：多年生常绿草本；茎直立不分枝，节明显。单叶互生，卵状披针形或长椭圆形，上面暗绿色，下面色浅，主脉隆起，侧脉 5～6 对；叶柄长，基部扩大成鞘状。

花形态解剖观察：肉穗花序腋生；佛焰苞细小，白色带浅黄色，卵状椭圆形。花单性同序；雄花在花轴上部；雌花在下部；中间极少中性花。雄蕊 2 枚，分离，近棒状，药室孔裂；雌蕊近球形，子房 1～2 室，每室有胚珠 1 颗，柱头盘状。

果实及种子形态观察：长圆形浆果，绿色至黄红色；种子卵圆形或长圆形，直立，种皮薄。

（二）龙舌兰科(Agavaceae) $*P_{6,(6)}A_6\underline{G}_{(3:3:1\sim\infty)}$

本科主要特征：多年生耐旱植物，有根茎；茎短或很发达。叶线形，边全缘或有刺，常厚而肉质，富含纤维，聚生于茎顶或茎基。花序为聚伞式的大型圆锥花序。花两性或单性，辐射对称或稍左右对称。花被管短或长，裂片近相等或不等；雄蕊 6 枚，着生于管上或裂片的基部，花丝丝状至粗厚，分离，花药线形，背着；子房上位或下位，3 个子房室，每室有胚珠多颗至 1 颗。果为浆果或蒴果。

1. 剑麻(*Agave sisalana* Perr. ex Engelm.)(图 11-1 及彩图 11-3)

茎及叶形态观察：多年生草本。叶莲座状排列，叶剑形或线状披针形，深绿色，顶端具深褐色尖锐硬刺，边缘无刺。

花形态解剖观察：花序高大而粗壮，圆锥花序顶生。花两性，黄绿色。花被 6 片，基部联合；雄蕊 6 枚，着生于花被裂片基部，花丝细长，常突出于花被管外，花药丁字着药；子房下位，3 个子房室，每室胚珠多颗，花柱线形。

果实及种子形态观察：蒴果长圆形，室背 3 瓣开裂；种子薄而扁平，多数，黑色。

图 11-1　剑麻(*Agave sisalana* Perr.)

1. 植株　2. 开花植株　3. 花蕾　4. 花(示雄蕊伸出)　5. 花(示花柱伸出)　6. 幼果　7. 种子

2. 虎尾兰(*Sansevieria trifasciata* Prain)

茎及叶形态观察:多年生草本;根茎匍匐状,无地上茎。叶片丛生直立,线状倒披针形,墨绿色,硬革质,上面分布不规则的暗绿色斑纹。

花形态解剖观察:3~8 朵小花集束成总状花序,超出叶片。花两性,白色。花被管状,基部膨大,裂片 6,线形;雄蕊 6 枚,着生于花被管的基部,伸出花被管外;子房下位,3 个子房室,每室 1 颗胚珠,花柱细长,柱头小。

果实及种子形态观察:浆果直径 7~8 mm;种子球形。

(三)棕榈科(Palmae) $*\mathbf{P}_{3+3}\mathbf{A}_{3+3}\underline{\mathbf{G}}_{(3:1\sim3:1)}$

本科主要特征:乔木或灌木,少藤木;茎直立,通常不分枝,少分枝。叶簇(聚)生于茎顶。花小,辐射对称,两性或单性,雌雄同株或异株,有时杂性,组成分枝或不分枝的肉穗花序,佛焰苞各式。萼片 3 片,分离或合生,镊合状或覆瓦状排列;花瓣 3 片,分离或合生,镊合状排列或覆瓦状排列;雄蕊 6 枚(2 轮),花药 2 室,纵裂;子房上位,1~3 个子房室,每室胚珠多数。

1. 椰子(*Cocos nucifera* L.)(图 11-2 及彩图 11-4、彩图 11-5)

茎及叶形态观察:直立高大乔木;茎上有明显环状叶鞘,茎干不分枝。大型羽状全裂叶簇生于茎顶,裂片多数,线状披针形。

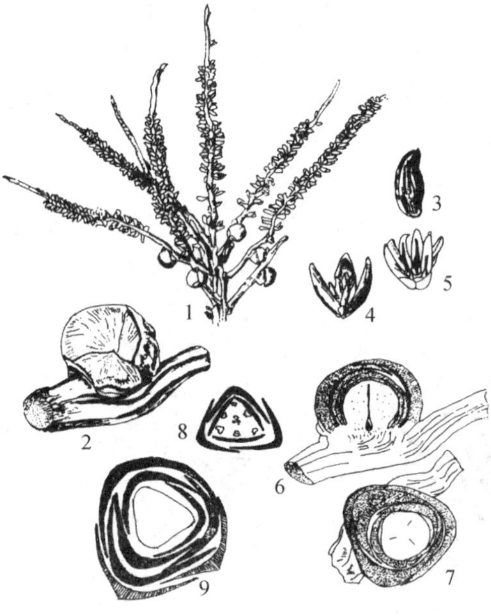

图 11-2 椰子(*Cocos nucifera* L.)

1. 花序一部分 2. 雌花 3~5. 雄花 6,7. 雌花剖面 8,9. 花图式

花形态解剖观察:穗状花序组成圆锥花序腋生,佛焰苞 2 至多个。花单性,雌雄同株。雄花:小,多数,聚生于分枝的上部;花被 6 片,分两轮,外轮为覆瓦状排列方式,内轮为镊合状排列方式;雄蕊 6 枚,分离;退化雌蕊小。雌花:大,少数,生于分枝下部,基部小苞片数枚。花被 6 片,卵形,分两轮,外轮较内轮短,皆为覆瓦状排列方式;雌蕊 1 枚;3 个子房室,每室有胚珠 1 颗,但只有 1 室发育,花柱短,柱头 3 枚外弯。

果实及种子形态观察：核果大，外果皮薄，光滑，中果皮厚纤维状，内果皮坚硬，在一端具有圆形凹陷的发芽孔；种子紧贴于内果皮上，胚乳白色，腔中有汁液（液状胚乳）。

2. 油棕（*Elaeis guineensis* Jacq.）（图 11-3）

茎及叶形态观察：直立乔木。叶多，簇生于茎顶端，羽状全裂，线状披针形，下部的退化成针刺；叶柄宽。

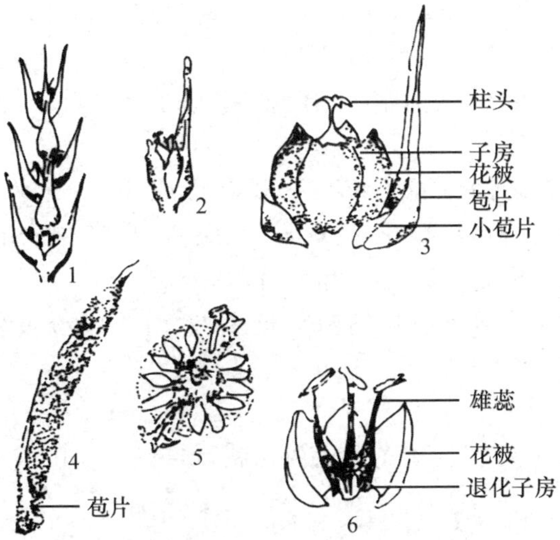

图 11-3 油棕（*Elaeis guineensis* Jacq.）

1. 雌花序 2. 一朵雌花 3. 雄花（去除 3 片花被） 4. 雄花序一分枝
5. 雄花序分枝横切面（示意图） 6. 一朵雄花（去除 3 枚雄蕊和 3 片花被）

花形态解剖观察：花雌雄同株异序。雄花序由多数指状的穗状花序组成，花密生；苞片长圆形，顶有刺状小尖头。雌花序近头状，密集；苞片大，顶端具刺。雄花：萼片 3 片，分离，覆瓦状排列；花瓣 3 片，分离，镊合状排列；雄蕊 6 枚，基部连合。雌花：萼片与花瓣各 3，呈卵形或卵状长圆形；3 个子房室，常有 1～2 室不发育，柱头 3 裂。

果实及种子形态观察：坚果卵形或倒卵形，成熟为橙红色，顶端有 3 个萌发孔；种子近球形或卵球形。

3. 槟榔（*Areca catechu* L.）

茎及叶形态观察：乔木；茎干笔直，不分枝，有明显环状叶痕。叶聚生于茎顶，羽状全裂，裂片狭长披针形，顶端渐尖呈不规则齿裂，两面光滑。

花形态解剖观察：肉穗花序生于叶鞘束下，多分枝，排列成圆锥花序式，上部着生雄花，下部着生雌花。雄花：小，无梗，花被 6 片，均为覆瓦状排列；雄蕊 6 枚，分离，花丝短；退化雌蕊 3 枚，线形。雌花：外轮 3 枚花被，内凹，覆瓦状排列；内轮 3 枚，镊合状排列；退化雄蕊 6 枚，合生；1 个子房室，柱头 3 裂，基生胎座。

果实及种子形态观察：果长椭圆形，基部有宿存的花被片，橙红色，中果皮厚，纤维质；种子卵形，基部平坦。

4. 软叶刺葵（*Phoenix roebelenii* O. Brien.）

茎及叶形态观察：灌木；茎单生，直立。叶羽状全裂，2 排，近对生，裂片芽时内折，线形较柔软，下部的小叶退化为长状软针刺。

花形态解剖观察：花序生于叶丛中，由一革质的佛焰苞内抽出。花单性，雌雄异株。雄花：花萼联合成杯状，3 齿裂，裂片三角形；花瓣 3 片，披针形，稍肉质，镊合状排列；雄蕊 6 枚，花丝短。雌花：卵圆形；花萼与雄花的相似；花瓣也为 3 片，但为覆瓦状排列；退化雄蕊 6 枚；雌蕊心皮 3 个，分离，柱头钩状，无花柱。

果实及种子形态观察：果长圆形或长椭圆形，熟时枣红色，果肉薄；有具槽纹的种子 1 颗。

5. 海枣(*Phoenix dactylifera* L.)(彩图 11-6)

茎及叶形态观察：高大乔木，茎具宿存的叶柄基部，上部的叶斜升，下部的叶下垂。全裂羽状单叶。

花形态解剖观察：密集的圆锥花序；雄花：长圆形或卵形；花萼杯状，顶端 3 齿裂；花瓣 3 片，斜卵形；雄蕊 6 枚，花丝极短；雌花：近球形，具短柄；花萼与雄花的相似，但花后增大，比花冠短 1～2 倍；花瓣圆形；退化雄蕊 6 枚，呈鳞片状。

果实及种子形态观察：长圆形或长椭圆形核果，熟时为深橙黄色，果肉肥厚；种子 1 粒，扁平。

★ 问题与思考

棕榈科植物有何显著的特征？除了上述的几种，你还能说出三四种吗？

(四)莎草科(Cyperaceae) $* P_0 A_{1\sim3} G_{(2\sim3)} \underline{G}_{(2\sim3:1:1)}$

本科主要特征：草本；秆(茎)常三棱形，实心，无节。叶常 3 列，叶鞘闭合。花被退化，小穗组成各种花序。小坚果。

1. 香附子(*Cyperus rotundus* L.)

茎及叶形态观察：多年生草本；匍匐根状茎和黑色坚硬的椭圆形块茎；秆直立，散生，三棱形。单叶基生；叶鞘棕色，边缘合生成管状抱茎，常裂成纤维状。

花形态解剖观察：叶状苞片 3～5，下部的 2～3 片长于花序；3～6 个穗状花序，每个花序 5～10 个小穗；小穗线形，扁平，茶褐色；小穗轴具翅，长圆形。小花 10～25 朵。鳞片(苞片)2 列，膜质，卵形，每一鳞片内着生一无被花；两性；雄蕊 3 枚，花药线形；花柱长，柱头 3 裂。

果实及种子形态观察：小坚果三棱状长圆形，黑褐色；种子 1 粒，椭圆形，淡黄色。

2. 短叶水蜈蚣(*Kyllinga brevifolia* Rottb.)

茎及叶形态观察：多年生草本；根状茎纤细，匍匐，外被褐色鞘状鳞片；地上茎直立。叶条形，扁平，上部边缘及背面中肋具细齿；叶有鞘，圆筒状，干膜质。

花形态解剖观察：叶状总苞 3，长短不一。穗状花序单生茎顶；小穗多数密聚，长圆状披针形，两侧压扁，具 3～4 鳞片，花 1 朵；花被退化；雄蕊通常 1～3 枚，花药线形；子房下位，花柱细长，柱头 2，长不及花柱的 1/2。

果实及种子形态观察：小坚果倒卵形，稍扁，双凸状，褐色。

3. 猴子草(*Kyllinga monocephala* Rottb.)

茎及叶形态观察：具细长、多节而匍匐的根状茎。叶长条形，边缘有疏锯齿；叶鞘较短，褐色并夹有紫褐色斑点。

花形态解剖观察：叶状苞片 3 或 4，长于花序；穗状花序多单生，小穗多数，倒卵形或披针状长圆形。组成小穗的小花中，有 1 朵为不育；鳞片膜质，背面具龙骨状凸起，呈半月形的翅；

翅缘具细刺；雄蕊 3 枚；花柱细长，柱头 2。

果实及种子形态观察：小坚果倒卵形，较扁，棕色。

(五)禾本科(Gramineae) $P_{2\sim3}A_{3\sim3+3}\underline{G}_{(2\sim3:1:1)}$

本科主要特征：秆(茎)常为空心，有明显的节和节间。叶是单叶，两列，叶鞘常一边开裂。每朵小花由 1 枚外稃、1 枚内稃、2 枚浆片、3～6 枚雄蕊和 1 枚雌蕊组成；果为颖果。1 至多朵小花着生在小穗轴上组成小穗，每个小穗基部有 2 个颖片，再由多个小穗组成各种花序。

禾本科分为两个亚科：竹亚科(Bambusoideae)和禾亚科(Agrostidoideae)

1. 竹亚科的主要特征

秆一般为木质，多为灌木或乔木状，秆的节间常中空。叶为 2 种形状，秆箨与普通叶明显不同，普通叶片具短柄；叶片与叶鞘相连处成一关节，叶易自叶鞘脱落。

粉单竹(*Bambusa chungii* McClure)(彩图 11-7)

茎及叶形态观察：秆直立或近直立；节间圆柱形，淡绿色，被白粉；秆枝簇生，秆上有箨(笋壳)，但早落。箨的先端有变形的小叶，称为箨叶，下方为宽大的箨鞘，在箨叶与箨鞘之间有箨舌和箨耳；秆上小枝着生光合作用的正常叶(营养叶)，叶片呈披针形，具短柄；叶柄下面为叶鞘，叶鞘顶端有流苏状的遂毛；叶片脱落，叶鞘不脱落(这主要是有个关节)。

花形态解剖观察：花序无叶，假小穗生于花枝节上，小花 2～5 朵；颖片 1～2 枚；外稃宽卵形，内外稃近等长；雄蕊 6 枚，花药顶端尖锐；花柱 1，柱头 2 或 3，呈羽毛状。

果实及种子形态观察：颖果，未熟果果皮上部坚硬，干后呈三角形，成熟果呈卵形，深棕色。

2. 禾亚科的主要特征

秆通常草质。叶为 1 种形状，叶片大多为狭长披针形或线形，通常无叶柄，有叶片、叶鞘、叶舌、叶耳；叶片与叶鞘之间无明显的关节，不易从叶鞘脱落。

(1)水稻(*Oryza sativa* L.)(图 11-4 及彩图 11-8、彩图 11-9)

茎及叶形态观察：一年生草本。秆直立，节间中空。叶片基部内侧有叶舌 2 枚，抱茎镰形叶耳 1 对，叶片线状披针形。

花形态解剖观察：圆锥花序，小穗具柄，每 1 小穗只含 1 朵发育花，颖片退化，只有残留的痕迹。在小穗的基部可看到 2 个鳞片状的外稃，它是 2 朵退化花的外稃，其他部分均已退化；发育花的外稃大而硬，呈船形，外稃和内稃间有 2 个浆片。雄蕊 6 枚；雌蕊由 2 个心皮组成，1 室，1 胚珠，柱头 2，呈羽毛状。

果实及种子形态观察：颖果(被外稃和内稃包住)；与果皮紧密结合的种子 1 枚，长椭圆形或近椭圆形，白色。

(2)画眉草[*Eragrostis pilosa* (L.) Beauv.]

茎及叶形态观察：一年生草本；秆直立或基部微曲。叶鞘光滑或鞘口生长柔毛，叶舌退化为一圈纤毛，叶片线形。

花形态解剖观察：圆锥花序稍开展，枝腋间有长柔毛。小穗有小花 4～14 朵，小穗轴宿存；第一颖小，常无脉，第二颖稍长，有 1 脉；外稃侧脉不明显，第一外稃长 1.5～2 mm，内稃作弓形弯曲，稍短，二脊粗糙至有纤毛，宿存；雄蕊 3 枚，花药暗紫色；雌蕊 1 枚，柱头羽状。

果实及种子形态观察：颖果长圆形；种子 1 粒，长圆形。

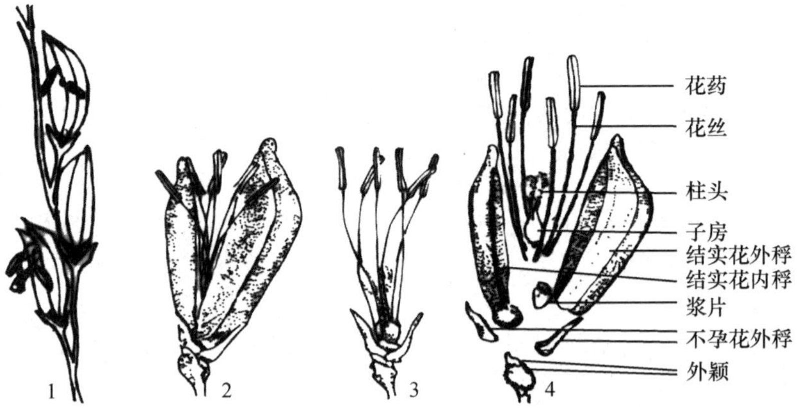

图 11-4 水稻(*Oryza sativa* L.)

1.花序一部分 2.开花时颖花外形 3.开花时颖花内观(除去内外颖) 4.花的各部分

(3)牛筋草[*Eleusine indica* (L.) Gaertn.]

茎及叶形态观察:一年生草本;秆丛生,直立或基部弯曲。叶片条形,叶鞘扁而具脊,鞘口边缘膜质,叶舌短。

花形态解剖观察:穗状花序 2~7 个指状排列于秆顶。小穗含 3~6 朵小花;颖披针形,颖和稃均无芒,外颖短于内颖,内稃短于外稃,脊上具短纤毛;雄蕊 3 枚。

果实及种子形态观察:颖果卵形,具明显的波状皱纹;种子卵状长圆形。

★ 问题与思考

(1)通过对水稻等实验的观察,你能否列出禾本科植物的重要特征?

(2)为什么说禾本科植物花的结构特点是适应风媒传粉的高级类型?

(3)禾本科植物与莎草科植物在花结构上有何不同?

五、课堂作业

1.绘禾本科植物小穗模式图,并注明各部分。

2.绘水稻小穗图和花的解剖图,并注明各部分。

3.写出并绘出椰子雌雄花的花程式和花图式。

4.绘香附子小穗图,并注明各部分。

Ⅱ　被子植物细胞与组织

实验十二　植物细胞(一)

一、实验目的及要求

1.了解普通光学显微镜的构造、使用方法和保管方法。

2.了解植物学绘图方法及注意事项。

3.掌握徒手切片的基本制作步骤及临时装片的制作方法。

4.观察光学显微镜下植物细胞的基本结构。

二、实验用品

1.药品:碘液。

2.用具:普通光学显微镜、盖玻片、载玻片、吸水纸、水、纱布、刀片、镊子等。

三、实验材料

1.新鲜材料:洋葱鳞叶、红辣椒果实、紫万年青叶等。

2.永久制片:柿胚乳细胞横切面永久制片等。

四、实验内容

1.洋葱表皮细胞基本结构

用洋葱鳞叶的表皮细胞来观察植物细胞基本结构。临时制片法请参照附录。

首先,在低倍镜下观察洋葱鳞叶表皮,只有一层,好像一网格状结构,这是细胞的正面观,每一网格即为一个细胞,网格是细胞壁,内部有圆形的细胞核,紧贴细胞壁内方和围绕细胞核的部分为细胞质,中部则为液泡,液泡折光性比细胞质弱。细胞排列紧密。然后选择最清晰的部分移到视野中央,用高倍镜对表皮细胞的内部结构及相邻细胞进行仔细观察(图 12-1)。

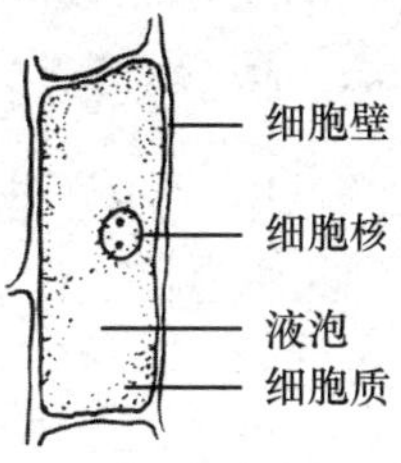

图 12-1　洋葱表皮细胞

(临李扬汉《植物学》)

为了观察得更加清楚,可取出制片(务必先升高镜头),并在盖玻片的边缘滴一滴 I_2-KI 液染色。材料经碘液染色后,细胞壁不着色,细胞质染色较浅,细胞核染色较深,细胞核内还可以见到一至多个折光性较强的核仁,液泡通常占据细胞中央部分,它遇碘不着色。

★ 问题与思考

为什么在部分洋葱表皮细胞中观察不到细胞核?

2. 紫万年青叶下表皮细胞中的白色体

白色体为不含色素的最小一类质体，多存在于植物体幼嫩或不见光部位的细胞中，有些植物叶表皮细胞也有。白色体在细胞内多分布在核周围，呈无色透明圆球状颗粒。

用撕片法撕取紫万年青叶下表皮，制成临时装片，首先在低倍镜下观察，找到清晰易观察的部位，移至视野中央，转换至高倍镜观察，在高倍镜下能观察到许多紫色的细胞，紫色是细胞液中花青素呈现的颜色，观察这些细胞的细胞核周围，可看到有无色、圆球状颗粒——白色体，在细胞质的其他地方也可以看到少量白色体。

3. 红辣椒果皮细胞中的有色体及细胞壁上的初生纹孔场

有色体常存在于花瓣或成熟的果实细胞中。取红辣椒果皮，做徒手切片或直接切取一点果皮，制成临时制片，先在低倍镜下观察，然后选取薄而清晰的区域转换到高倍镜下观察，可以看到许多橘红色颗粒状或杆状的有色体。

★ 问题与思考

如何判断你所观察到的细胞颜色是由有色体引起还是由花青素引起？

在观察有色体的同一临时制片上，红辣椒果皮细胞的细胞壁厚度不均匀，呈腊肠状或念珠状，凹陷的结构称为初生纹孔场(图 12-2)。

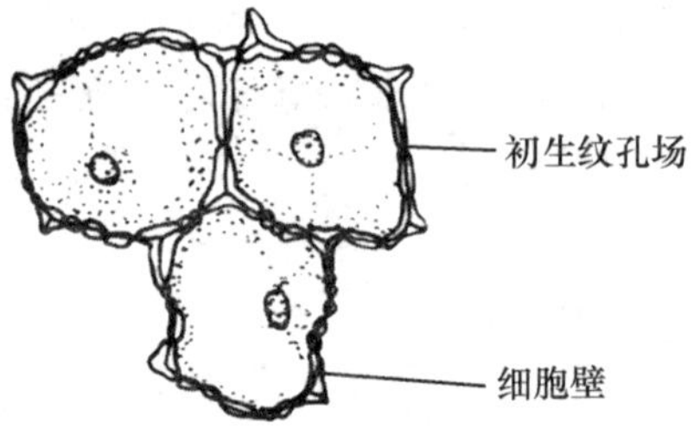

图 12-2 辣椒果实表皮细胞示纹孔

（临李扬汉《植物学》）

★ 问题与思考

纹孔形成的原因。

4. 观察柿胚乳细胞壁中的胞间连丝

胞间连丝是穿过胞间层和初生壁的细胞质细丝，以此连接相邻细胞间的原生质体。

取柿胚乳细胞永久制片(彩图 12-1)置低倍镜下观察，可见到无数多边形的细胞，有明显加厚的细胞壁(初生壁)和较小的细胞腔，其内原生质体往往被染成深褐色或制片过程中已丢失，使细胞成为空腔。注意观察相邻两细胞加厚壁上有贯穿两细胞的细丝，即胞间连丝，它通过的地方即初生纹孔场。

★ 问题与思考

胞间连丝有何生理功能？

五、课堂作业

1. 绘 1～2 个洋葱鳞叶表皮细胞图并引线注明各部分名称。

2. 多细胞植物体的细胞是如何相互联系的？

实验十三　植物细胞(二)

一、实验目的及要求

1. 观察了解植物细胞中几种常见的后含物的识别特征、分布及其鉴定方法。
2. 观察了解植物细胞有丝分裂,掌握有丝分裂各时期的主要特征。

二、实验用品

1. 药品:碘液、5% HCl、5% NaOH、苏丹Ⅲ等。
2. 用具:普通光学显微镜、盖玻片、载玻片、吸水纸、纱布、刀片、镊子、解剖刀等。

三、实验材料

1. 新鲜材料:马铃薯块茎、蓖麻种子、花生种子,闭鞘山姜叶片,紫万年青叶等。
2. 永久制片:洋葱根尖纵切面永久制片等。

四、实验内容

(一)植物细胞的后含物

植物细胞后含物为贮藏物质,是代谢作用产物,主要有淀粉粒、糊粉粒、油滴三大类。

1. 观察马铃薯块茎细胞内的淀粉粒

淀粉是植物细胞中最普遍的贮藏物质,以淀粉粒形式存在,呈颗粒状(在薄壁细胞中呈椭圆形、卵形等形状)(图13-1)。

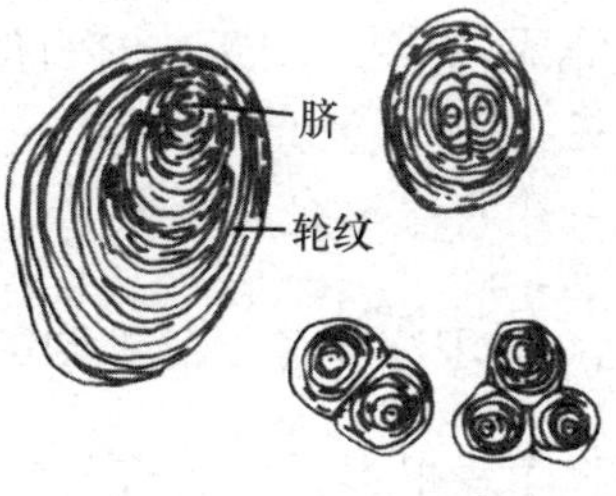

图 13-1　马铃薯淀粉粒
(临李扬汉《植物学》)

取马铃薯块茎做徒手切片或用镊子刮取少量浆液,制成临时制片,观察马铃薯块茎细胞内的淀粉粒。在低倍镜下可以看到大小不同的卵圆形或圆形颗粒,这就是淀粉粒。选择颗粒分布不稠密而且不重叠的部分转换至高倍镜观察,观察时可以不断上下调节细准焦螺旋,可见淀粉粒的脐和轮纹。

在观察完毕并绘图后,取出制片,从盖玻片的侧面加入 I_2-KI,而在另一侧用吸水纸吸去多余的水分,放置片刻,淀粉粒被染成蓝色。

★ 问题与思考

淀粉粒可分为哪几种类型?马铃薯的淀粉粒是属于哪种类型?

2. 观察蓖麻种子胚乳细胞中的糊粉粒

贮藏蛋白质常储存于种子中，这种蛋白质处于非活性的、较稳定的状态，常以无定形或结晶状存在细胞中，形成糊粉粒。

取蓖麻种子除去外种皮，将其胚乳部分做徒手切片，要切得非常薄，否则不易观察，制成临时制片（在滴液步骤用 I_2-KI 代替水）后在显微镜下观察。可观察到细胞内有许多被染成黄色的小颗粒，这就是糊粉粒。在每一糊粉粒内，有多边形的拟晶体与圆形的球晶体。

3. 观察花生种子子叶细胞中的油脂

油和脂肪大量存在于种子和果实细胞中，常温下呈液体的称为油，呈固体的称为脂肪，遇苏丹Ⅲ，呈橙红色。

取花生种子的子叶做徒手切片或刮取少量粉末做成临时制片，用苏丹Ⅲ染色后，置于显微镜下观察，细胞内或水溶液中有许多大小不等的球形及不规则状的橙红色油滴，即脂肪。

观察蓖麻种子胚乳的细胞在加入 I_2-KI 以及苏丹Ⅲ后的颜色变化。

★ 问题与思考

如何确定在花生子叶中含有蛋白质、淀粉和脂肪？

4. 观察闭鞘山姜叶片表皮细胞中的晶体

晶体是植物细胞中常见的代谢产物。在植物细胞内，常可见到各种形状的晶体。晶体常为草酸钙沉积在液泡内。

取闭鞘山姜叶片，用撕片法撕取表皮制成临时制片，在显微镜下观察，可见表皮细胞内有许多菱形晶体。

5. 观察紫万年青叶下表皮细胞中的花青素

花青素是植物细胞中常见的代谢产物之一，是一种色素，通常溶解在细胞液中。在酸、碱、中性条件下分别呈现红、蓝、紫色，因而使花、茎、叶呈现不同颜色。

撕取紫万年青叶下表皮（紫色）同时制作两片临时制片，在显微镜下观察，可以观察到大量紫色的细胞。取出临时制片，将 5% HCl 溶液和 5% NaOH 溶液分别滴加到两片临时制片中，观察两个制片中实验材料的颜色变化。

★ 问题与思考

为什么会出现颜色的变化？

（二）观察洋葱根尖细胞的有丝分裂

将洋葱根尖纵切面永久制片置于低倍镜下观察，找到具有分裂相的细胞，然后选择有丝分裂各时期的典型细胞，分别移至视野中央，转换至高倍镜仔细观察各时期的主要特征：

分裂间期：细胞核大，核仁清晰、核质均匀。

前期：染色质缩短变粗为染色体，核膜消失、核仁解体，开始出现纺锤丝。

中期：染色体的着丝点排列在赤道面上。纺锤体完全形成。

后期：每条染色体的两条染色单体从着丝点处分开，被纺锤丝拉向两极。

末期：染色体解旋，核膜、核仁出现，形成两个新的细胞核。

★ 问题与思考

为什么观察的切片中大部分细胞都是间期细胞？

五、作业

1. 绘马铃薯三种类型的淀粉粒图,并注明各部分名称。
2. 绘洋葱根尖细胞有丝分裂各时期图。
3. 如何识别有色体和花青素?
4. 描述有丝分裂过程中各个时期的形态特点。

实验十四　植物组织(一)

一、实验目的及要求

1. 了解植物组织的概念和类型。
2. 掌握保护组织和机械组织的形态、结构与机能以及在植物体中的分布。
3. 学习并掌握徒手切片的方法。

二、实验用品

普通光学显微镜、载玻片、盖玻片、镊子、刀片、纱布块、擦镜纸、吸水纸、蒸馏水等。

三、实验材料

1. 新鲜材料:番薯和短叶黍的叶等。
2. 永久制片:接骨木茎横切面永久制片、橡胶树皮横切面永久制片等。

四、实验内容

(一)保护组织

1. *初生保护组织——表皮及气孔器*

(1)双子叶植物番薯叶表皮及气孔器　取番薯叶片,将其背面向上,绕在左手食指上,用中指和大拇指夹住叶片两端,用镊子撕取下表皮一小块,制成临时装片,置低倍镜下观察。可见其表皮是由许多侧壁弯曲,紧密嵌合的细胞所构成,细胞排列紧密,无胞间隙。部分细胞中可见圆形的细胞核,多位于细胞边缘,细胞的中部常为中央大液泡占据,细胞内无叶绿体存在。在表皮细胞之间分布着许多气孔器,选择一个较清晰的气孔器,转换至高倍镜仔细观察,可见许多两两相对的肾状细胞,此为保卫细胞。保卫细胞相对一边的细胞壁的中间一段彼此分离,形成一孔,此为气孔(图 14-1)。观察时注意保卫细胞的形态,特别是细胞壁的厚薄及叶绿体等与表皮细胞有显著区别。

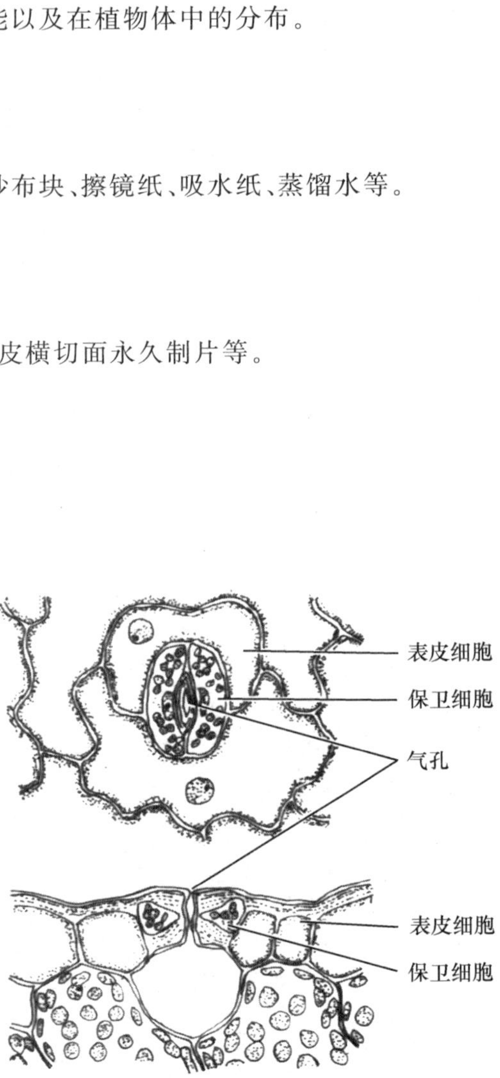

图 14-1　双子叶植物叶表皮

(临李扬汉《植物学》)

★ 问题与思考

双子叶植物保卫细胞的形态跟气孔的开闭有什么关系？

（2）禾本科植物短叶黍叶表皮及气孔器 与撕取番薯叶表皮操作相同，撕取短叶黍叶片下表皮制成临时装片。可见表皮细胞的侧壁常呈波纹状，相邻的表皮细胞镶嵌紧密，没有胞间隙。气孔器是由一对哑铃形的保卫细胞和位于保卫细胞外侧的一对菱形的副卫细胞及保卫细胞之间的气孔构成（图 14-2）。

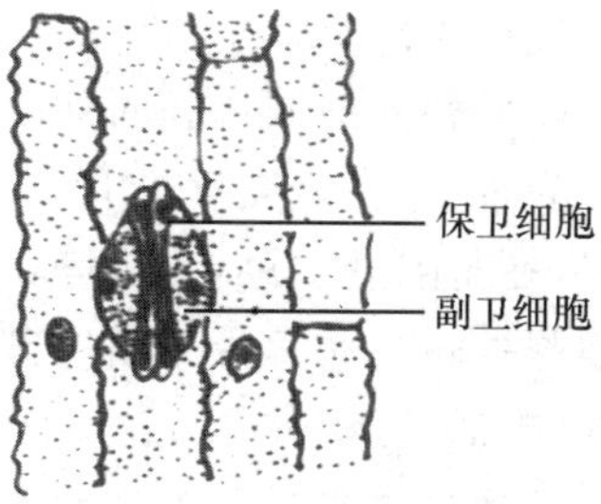

图 14-2 禾本科植物叶表皮
（临李扬汉《植物学》）

★ 问题与思考

短叶黍表皮及保卫细胞的形态和番薯叶的表皮及保卫细胞有何不同？

2. 次生保护组织

（1）周皮 取接骨木茎横切面永久制片置于显微镜下观察，最外一层长方形的细胞是表皮，表皮下有数层细胞呈整齐辐射状排列，这是周皮，具有下列构造：

①木栓层 在最外方，由多层细胞构成（可见有 8 层左右），木栓细胞较大，近方形，细胞壁厚。木栓层具有不透气、不透水的特性，有很好的保护作用。

②木栓形成层 木栓层内侧的一层扁平状细胞（部分地方可见多层）。细胞排列很整齐，具有细胞核。木栓形成层属于次生分生组织，它向外分生出木栓层，向内分生出栓内层。

③栓内层 木栓形成层的内方的薄壁细胞是栓内层，通常只有 1～2 层细胞，细胞呈整齐辐射排列。成熟细胞的体积大于木栓形成层细胞。

（2）皮孔 在接骨木茎的周皮上常可看到皮孔（图 14-3）。一个完整的皮孔，最外一层突破表皮，在皮孔的裂口处堆积很多排列疏松的补充细胞，它们是木栓形成层向外分生活动的产物。在皮孔裂口两侧的表皮下是周皮。皮孔是在局部区域木栓形成层向外分裂产生薄壁细胞形成的次生通气组织。

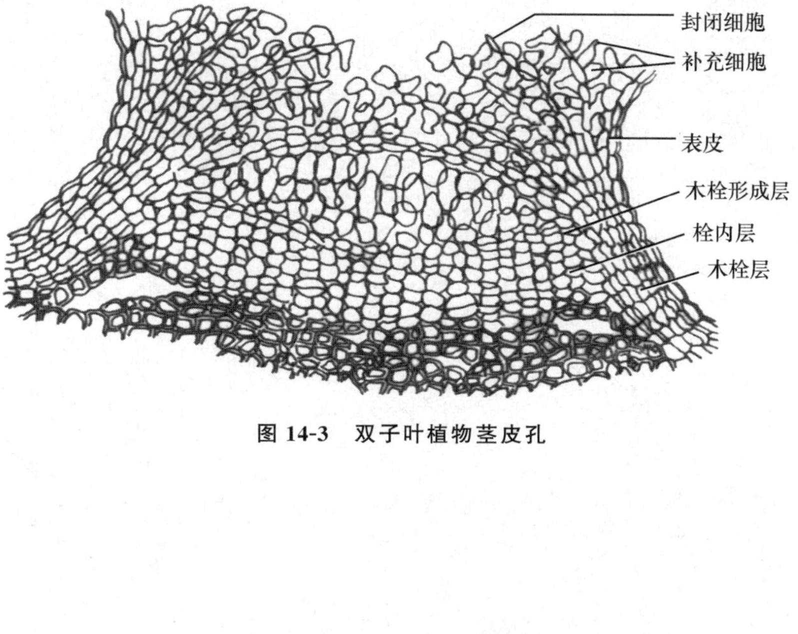

图 14-3 双子叶植物茎皮孔

(二)机械组织

1.厚角组织

取番薯叶柄制作临时切片(彩图 14-1),显微镜下观察横切面,最外一层排列整齐的扁平细胞为表皮,在表皮下方有一圈具有叶绿体的薄壁细胞,这圈细胞内即为厚角细胞,其细胞壁透亮,在角隅处加厚,看起来像星芒状结构,通常在三个细胞接触的地方增厚部分呈三角形,四个细胞接触的棱角处其增厚部分呈四角形。其中灰色的"洞穴"是细胞腔,里面充满着原生质体,是生活细胞。

2.厚壁组织——石细胞

取橡胶树皮横切面永久制片(彩图 14-2),在低倍镜下找到被染成黄绿相间的石细胞(图 14-4),再转换至高倍镜观察,可见细胞壁很厚,细胞腔很小,原生质体消失,形成空腔。在增厚的细胞壁上有呈放射状排列的被染成绿色的纹孔道,稍调节细准焦螺旋,可以看到绿色的轮纹。

五、课堂作业

1.绘番薯叶下表片一部分细胞,并注明表皮细胞、保卫细胞和副卫细胞。

2.绘短叶黍叶下表皮细胞,并注明表皮细胞、保卫细胞和副卫细胞。

3.绘番薯叶柄的厚角组织的细胞数个。

4.绘橡胶树皮中石细胞一个,并注明细胞壁、细胞腔、纹孔道及轮纹。

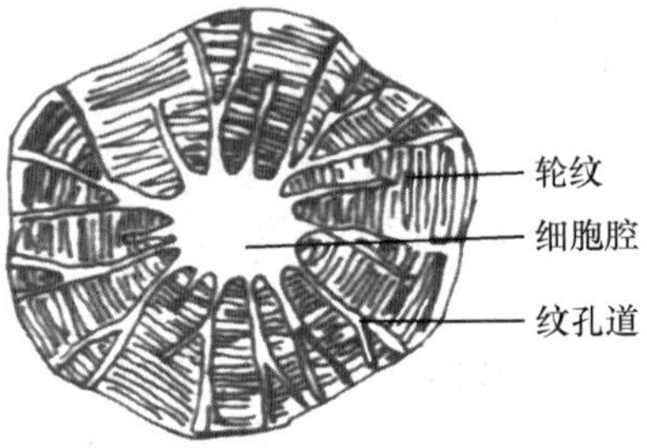

图 14-4 石细胞

实验十五　植物组织(二)

一、实验目的及要求

掌握输导组织和分泌结构的形态、结构与功能及其在植物体中的分布。

二、实验用品

普通光学显微镜、载玻片、盖玻片、镊子、刀片、纱布块、擦镜纸、吸水纸、蒸馏水等。

三、实验材料

1. 新鲜材料:丁香罗勒茎等。

2. 永久制片:南瓜茎横切面永久制片、南瓜茎纵切面永久制片、马尾松茎横切面永久制片、马尾松茎纵切面永久制片、橡胶树皮三切面(横切、径向切和切向切)永久制片、丁香罗勒茎横切面永久制片、柑橘叶片横切面永久制片等。

四、实验内容

(一)输导组织

1. 导管

观察南瓜茎横切面永久切片(彩图 15-1),首先在低倍镜下观察南瓜茎中维管束的分布,可见南瓜茎的维管束分为内、外两环排列,每环 5～7 个维管束,外环维管束小,内环维管束大。选取一个比较清晰的维管束于高倍镜下观察,维管束的中央为初生木质部,在横切面上,导管为一个大的圆圈,其细胞壁明显增厚,常被染成红色,与周围其他细胞有明显的区别。

取南瓜茎纵切面永久制片(彩图 15-2)置低倍镜下观察,切片中央两侧有一些细胞壁被染成红色具有各种加厚花纹的成串管状细胞,它们是多种类型的导管(组织)(图 15-1),在同一切片上无法同时看到五种类型的导管。

★ 问题与思考

为什么同一切片上无法同时看到五种类型的导管?

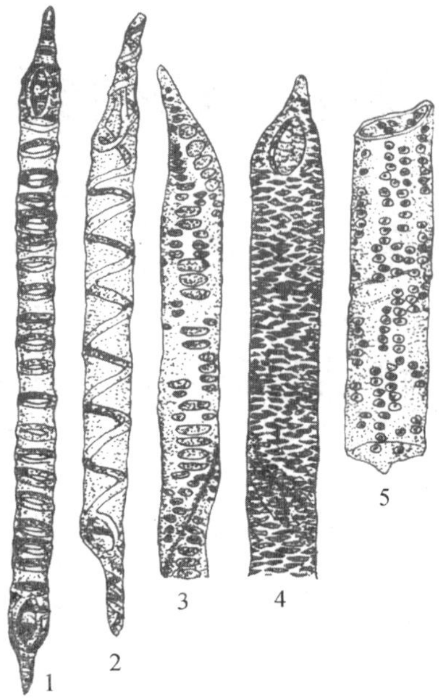

图 15-1 导管类型(临李扬汉《植物学》)

1. 环纹导管 2. 螺纹导管 3. 梯纹导管 4. 网纹导管 5. 孔纹导管

2. 管胞

取马尾松茎纵切面永久制片置于显微镜下观察管胞,用 40 倍镜观察可见,染成红色的木质部中有两端尖的长形细胞,这就是管胞。管胞壁上可见排列成一串的圆圈(侧面观察),每个圆圈就是一个具缘纹孔。调节微调可见三个同心圆(从正面观才能观察到)。

3. 筛管和伴胞

将南瓜茎横切面永久制片(彩图 15-1)置低倍镜下观察,选取一个维管束,再转换高倍镜观察,中央为木质部,多为红色,木质部的内侧和外侧是初生韧皮部,分别被称为"内韧皮部和外韧皮部",因此南瓜茎的维管束为"双韧维管束"。在韧皮部横切面上,筛管为多边形的细胞,其细胞壁较薄,常被染成蓝绿色,有些筛管中还可见端壁形成的筛板和筛孔,在筛管旁边的四边形或三角形的较小的薄壁细胞,即为伴胞。

取南瓜茎的纵切面永久制片(彩图 15-2)观察。同样,先在低倍镜下寻找木质部,然后从两侧去观察筛管的纵切面形态(图 15-2)。此时可见,构成筛管的许多细胞其两端稍微肿胀,由这些细胞壁所形成的筛板,在纵切面上呈现不同的形态,如切面恰与筛板垂直,则为间断小块,断处为筛孔。当切面不垂直于筛板时,则形状与上不同。而伴胞在此时是狭长的细胞,两端尖削,常与组成筛管的细胞长度相近。

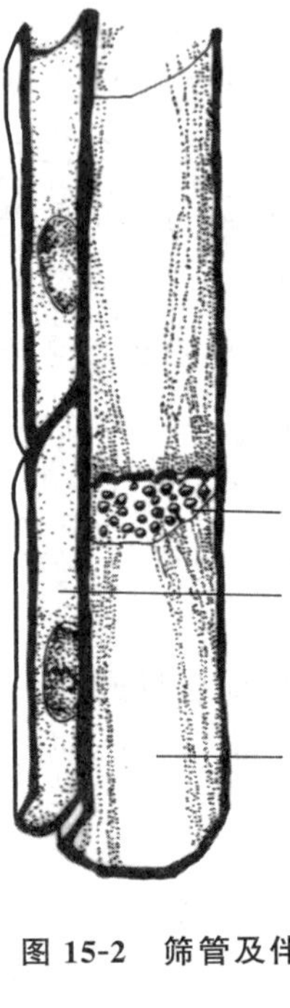

图 15-2 筛管及伴胞

观察筛管纵切面时应注意，由于切片制作过程中，材料经多种试剂处理，使得筛管中的原生质收缩而呈索状离开细胞侧壁一定距离，生活状态时原生质是紧贴着细胞侧壁的。

(二)分泌结构

1. 丁香罗勒幼茎的外分泌结构——腺毛

取丁香罗勒幼茎制成徒手临时装片或观察永久制片，置于显微镜下观察，可见其表皮上除了有一般的长且尖的表皮毛(彩图 15-3)外，还可见到由 1～4 个分泌细胞组成的圆形头部和一个非腺质细胞组成的柄状的毛状体(彩图 15-4)，这种毛状体即腺毛。

2. 柑橘叶片的内分泌结构——分泌囊

取柑橘叶片，制作横切面的徒手切片或观察永久制片，在叶肉组织中可见一些透亮的区域或孔洞，这些囊状的间隙就是分泌囊，贮积有分泌物质。

3. 马尾松茎的内分泌结构——树脂道

取马尾松茎横切面永久制片，置于显微镜下观察：可见在表皮以内的皮层细胞中或木质部中，有很多呈圆形的腔室，它是由一些分泌细胞所围成的管道(横切面)，这就是树脂道，有时还可以见到所分泌的树脂。

4. 橡胶树皮三个不同切面中乳管的分布及结构

橡胶树的乳管在韧皮部的黄皮部分分布最多，它是产生胶乳和贮藏胶乳的管道，由许多乳管细胞连接而成，连接处的细胞壁溶化贯通，成为巨大管道系统，我们从橡胶树皮的不同切面来认识乳管的形态。

(1)橡胶树皮横切面乳管形态　取橡胶树皮横切面永久制片(彩图 15-5)在低倍镜下由外至内观察。最外方为木栓层，但很多地方由于制片关系已经破裂或脱落了。在树皮的外方有许多成群分布的石细胞及其他韧皮部组织，此处没有或只有零星分布的乳汁管。在树皮内方可见被染成黄褐色的并排成同心圆圈的乳管列，数一数在你观察的切片中有多少列乳管？在靠近形成层处，有 1～2 列染色很浅的乳管列，这部分是由形成层向外分裂所产生的幼嫩组织，乳管尚未分化成熟。在整个切面上还可见许多径向排列的细胞，这是起横向运输作用的射线。

(2)橡胶树皮切向纵切面乳管形态　取橡胶树皮切向切面永久制片(彩图 15-6)观察，可见切向切面上每列乳管交织成网状，乳管之间互相连通(彩图 15-6)。

(3)橡胶树皮径向纵切面乳管形态　取橡胶树皮径向切面永久制片(彩图 15-7)观察，可见在径向纵切面上，每列乳管之间彼此很少连通(彩图 15-7)，可明显地数出其列数。

五、作业

1. 绘所见的各类型导管各一小段。
2. 绘南瓜茎中的筛管与伴胞，注明各部分名称。
3. 绘橡胶韧皮部中三个不同切面的乳管分布简图。

Ⅲ　被子植物营养器官结构

实验十六　被子植物根的结构

一、实验目的与要求

1. 能够表述根尖外形及根毛特点。
2. 准确描述根尖各部分结构及其功能，明确相邻各部分之间的联系。
3. 掌握双子叶植物根的初生结构和次生结构及单子叶植物根结构的特点。
4. 了解番薯三生结构的形成特点。
5. 了解侧根发生的部位与形成规律。

二、实验用具及药品

1. 用具：普通光学显微镜、体视显微镜、镊子、解剖针、吸水纸、刀片和纱布等。
2. 药品：番红溶液、间苯三酚溶液、盐酸等。

三、实验材料

1. 新鲜材料：事先培养好的绿豆和水稻的幼苗。

2. 永久制片：洋葱根尖纵切面切片、橡胶树（或棉花）幼根横切面切片、橡胶树（或棉花）次生根横切面切片、玉米根横切面切片、鸢尾根横切面切片、番薯块根横切面切片、蚕豆根横切面切片等。

四、实验内容与方法

（一）根尖的形态结构

根尖是指从根的前端到有根毛的部分（包括根毛部分）的区段，对某些没有根毛的植物来说是指根的前端到后面组织刚分化成熟部分的区段（图 16-1）。

从水稻或绿豆等幼苗的根上取下根尖，置于体视显微镜下进行观察（并注意外观颜色的变化）。将洋葱根尖纵切面永久制片在光学显微镜下观察，并将两种显微镜下观察的结果做比较。所观察的根尖可分为下面四个区域。

1. 根冠

位于根尖的最前端，形似帽状的透明部分。由许多排列疏松的细胞组成，其外围可见一些散离的细胞。

★ 问题与思考

这样的结构特征有何意义？

2. 分生区(生长锥)

前端大部分被根冠包围,长约 2 mm。外观淡黄色或淡灰色而不透明,细胞排列整齐、紧密,细胞质浓,细胞核大,细胞壁薄。在光学显微镜下常可见该区域的细胞呈现不同的有丝分裂相。因此,它是根内产生新细胞、促进根尖生长的主要部位,也称生长点,属顶端分生组织。

3. 伸长区

位于分生区到根毛区之间,长 2～5 mm,外观透明。细胞呈现纵向伸长,并可见明显的液泡。由于伸长区细胞迅速同时伸长,致使根尖向土层深处生长。

★ 问题与思考

根尖向下生长的推动力主要来自何处?

4. 根毛区(成熟区)

位于伸长区后端,外表密被根毛(由表皮细胞向外突出形成的管状结构),因此该区又称根毛区,此区组织已分化成熟。

★ 问题与思考

(1)哪些结构特征表明根毛区组织已分化成熟?

(2)由根冠向根毛区方向,不同部位细胞的形状、大小及液泡大小和数目有何变化?

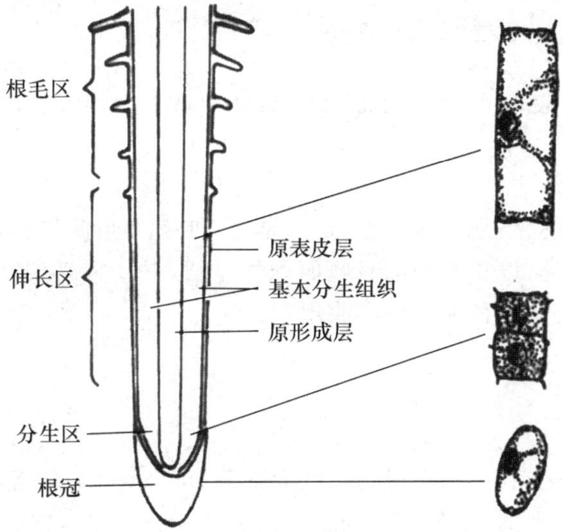

图 16-1　根尖分区

(引自汪矛《植物生物学实验指导》)

(二)双子叶植物根的初生结构

根的初生结构即为成熟区的结构,由初生分生组织分化而来。取橡胶树幼根横切面(一般在根毛区或成熟区切取)永久制片(彩图 16-1)(若无成品切片时,可用徒手切片法自制切片观察。在新鲜根尖的根毛区做横切,将切片放在有水的培养皿中。选取最薄的 1～2 片放在载玻片上。用番红溶液染色,或用间苯三酚加盐酸各一滴染色。盖好盖玻片,用显微镜自外而内观察其构造特征),先在低倍镜下区分表皮、皮层和维管柱三大部分(图 16-2),注意各部分所占的比例,然后转换高倍镜由外至内仔细地观察各部分的结构。

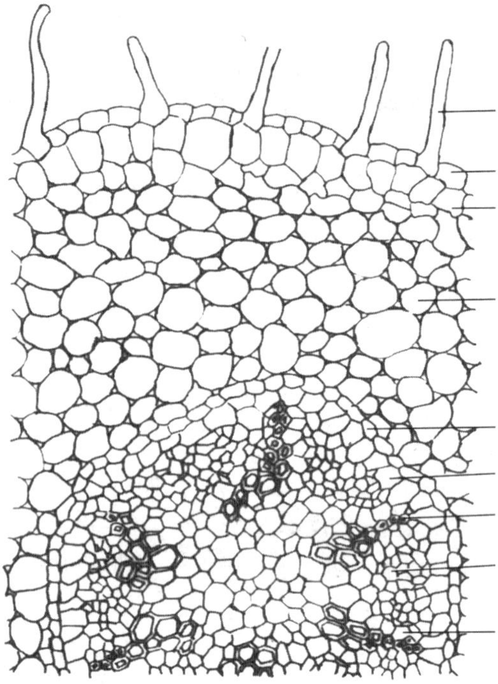

图 16-2 橡胶树侧根横切面的一部分(示初生结构)

1. 表皮和根毛

表皮为幼根的最外一层,细胞近方形,排列紧密,外壁无角质层。部分表皮细胞的外壁还向外突出形成管状的根毛,以扩大根的吸收面积。显然,对幼根来说,表皮的吸收作用比保护作用更重要,所以根表皮是一种薄壁的吸收组织。

★ 问题与思考

根毛是如何发生的?

2. 皮层

位于表皮与维管柱之间,占幼根横切面的大部分,可分为下面三部分。

(1)外皮层 皮层最外的一层细胞,细胞排列紧密,无胞间隙,这层细胞栓质化后可起暂时的保护作用。

(2)中皮层(皮层薄壁组织) 在皮层中占有最大的比例,由多层体积较大的薄壁细胞组成。细胞排列疏松,具有明显的胞间隙。

(3)内皮层 皮层最内一层排列紧密的细胞。在细胞横壁和径向壁上形成木化和栓化增厚的带状结构,即为凯氏带,但由于取的是横切面制片观察,因而在显微镜下,只观察到径向壁上的点(凯氏带或点常被番红染液染成红色,注意:在切片中常因染色效果不佳而无法看到)。

★ 问题与思考

凯氏带在根中起什么作用?

3. 维管柱

位于内皮层以内的柱状结构，在初生根中只占很小的比例，由外至内可分为下列三部分：

(1)维管柱鞘 位于维管柱最外层，通常由1～2层排列整齐且致密的薄壁细胞组成，其细胞具有潜在的分裂能力，可产生侧根和维管形成层及第一层木栓形成层的一部分。

(2)初生木质部 位于根的中央，横切面上呈辐射状(常被番红染液染成红色)。观察可见有若干束辐射状结构(初生木质部束)，其中有较大腔的圆或较圆结构为导管横切面，相比较而言，靠近外方的口径较小，靠近内方的导管口径较大。

★ 问题与思考

导管口径大小变化说明了什么？

(3)初生韧皮部 初生韧皮部形成若干束分布于初生木质部辐射状结构之间，与初生木质部相间排列。在横切面上，筛管较初生韧皮部中其他细胞的大，呈多边形，有时可见筛板，而伴胞较筛管的小得多，一般是一至几个在筛管的旁边，呈三角形或方形。

(4)薄壁组织区 薄壁细胞分布于初生木质部与初生韧皮部之间。少数双子叶植物中央由于后生木质部没有继续向中心分化，而形成薄壁细胞组成的髓。

双子叶草本植物根的结构只有初生结构或除初生结构外只有少量次生结构，与双子叶木本植物的结构很相似。少数草本植物根中，内皮层细胞常在原有的凯氏带的基础上再行增厚，这种增厚发生在横壁、径向壁和内切向壁而外切向壁是薄的。少数种的内皮层的细胞壁六面均增厚，仅在正对原生木质部的内皮层细胞仍保持薄壁状态，这种薄壁细胞成为通道细胞。

(三)单子叶植物根的结构

单子叶植物根一般只有初生结构，虽然从外向内也分为表皮、皮层和中柱三部分，但与双子叶植物根的初生结构有所不同。因此，在进行观察时，请注意比较。

1. 玉米根的结构

取玉米根横切面永久制片进行观察。

(1)表皮 根的最外一层细胞，当根毛枯死后，表皮细胞往往解体而脱落。

(2)皮层 也分为外、中、内皮层三部分。外皮层为靠近表皮的1～2层细胞，细胞小且排列紧密。在较老的根中，根毛枯萎后，外皮层细胞往往壁栓化转变成厚壁细胞(常被番红染成红色)，起暂时的保护作用。内皮层是皮层内与中柱鞘相邻的一层细胞，在较老的根中，除正对着原生木质部的细胞为薄壁细胞外，其他的内皮层细胞都进行了除外切向壁外的全面加厚，在横切面上呈马蹄形。

(3)维管柱 其中的维管鞘是紧靠内皮层的一层细胞，在较老的根中细胞壁木质化增厚。初生木质部束约为6个以上。韧皮部细胞不太明显，须转换高倍镜仔细观察。

(4)髓(部) 维管柱的中央部分为薄壁细胞构成的髓(部)，这是单子叶植物根的典型特征之一。

2. 鸢尾根的结构

在观察鸢尾根的结构时，注意与玉米根的结构进行比较。

取鸢尾根横切面永久制片(彩图16-2)，置低倍镜下观察，由外至内区分出表皮、皮层、维管柱三大部分，然后转高倍镜详细观察各部分结构特点。

(1)表皮 为根的最外方，有时可见根毛或其残余，因切片取材位置而异，如在根毛区以上稍老部位的切片，其表皮脱落而不见根毛。或因切片的原因，根毛未能保存下来。

(2)皮层

外皮层：紧连表皮以内，常为1～3层多边形较小的细胞，注意观察排列紧密还是疏松？在较老的根中，其细胞壁常常木化或栓化而增厚。

中皮层(皮层薄壁组织)：位于外皮层与内皮层之间的圆形薄壁细胞，排列疏松，有明显的胞间隙，胞内常含有许多淀粉粒。

内皮层：位于皮层最内的一层细胞，它环绕在维管柱外方，紧密地排成明显的一环。注意：大多数内皮层细胞，已分化形成了次生增厚的细胞壁，如理论课所述，除了外切向壁仍为薄壁，其余的各壁均高度增厚，在横切面上则呈马蹄形增厚。注意：有少数内皮层细胞仍保持薄壁，这些细胞分布在正对内侧原生木质部中口径最小的导管，这种细胞叫通道细胞。

(3)维管柱(中柱)

维管柱鞘(中柱鞘)：紧挨内皮层的内部，由一层小而扁平的薄壁细胞构成，细胞之间连接紧密。

初生木质部：呈现14个放射状，每个放射状称为一束，与初生韧皮部相间排列，其细胞壁均木化加厚而无胞间隙。注意各个初生木质部的导管，在外方的口径较小，是原生木质部，先成熟；在内方的口径较大，是后生木质部，后成熟。因此，根的初生木质部的成熟方式为外始式。一般地，将含有七束以上初生木质部的根称为多原型的根。

初生韧皮部：仅由薄壁的筛管和伴胞组成，分成与初生木质部束数相同的若干束，相间排列。其成熟方式与初生木质部相同，也为外始式。请注意，在双子叶植物幼根中，在初生木质部与初生韧皮部之间，还有几层薄壁细胞。

(4)髓部　在维管柱的中央，是一群细胞壁增厚的细胞。

观察中须注意各部分的位置、细胞层数、细胞排列方式及其形态结构特点。

★ 问题与思考

双子叶植物初生根与单子叶植物根的结构有何异同？

(四)双子叶植物根的次生结构

大多数双子叶植物有次生结构。次生结构是在初生结构基础上产生的。在观察植物次生结构时，仍然可见全部或部分的初生结构。

取橡胶树根次生结构横切面永久制片(彩图16-3)，由外至内进行观察。区分出周皮、次生中柱和中央的初生木质部几部分(图16-3)后，置高倍镜下，观察各部分的细胞结构。

1.周皮

在根的外部，细胞呈径向整齐排列。由外至内可分为木栓层、木栓形成层和栓内层。

(1)木栓层　由几层或多层木栓细胞组成，成熟的木栓细胞为死细胞，常被番红染液染成红褐色。

(2)木栓形成层　通常只有一层扁方形的薄壁细胞，易被固绿染成蓝色。可进行切向分裂，向外产生木栓层，向内产生栓内层，属于侧生分生组织。

(3)栓内层　分布在木栓形成层内侧，由一层或几层薄壁细胞组成，可见胞内的叶绿体，与皮层的薄壁细胞不易区别。

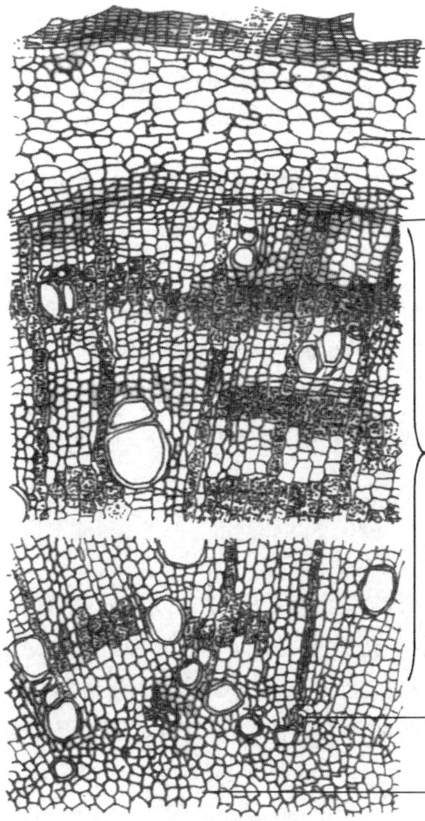

图 16-3　橡胶树根横切面(示次生结构)

2. 次生维管柱

由外至内分为次生韧皮部、维管形成层和次生木质部。

(1)次生韧皮部　周皮内方至形成层外方呈环状排列的部分,通常被固绿染成蓝绿色。次生韧皮部中可见单列或双列细胞组成的射状结构是韧皮射线。在韧皮射线之间为筛管、伴胞和其他薄壁细胞,其中杂有少量略呈红色的韧皮纤维。

(2)维管形成层　位于次生韧皮部以内,次生木质部以外。通常只有一层略小的长方形细胞,被染成浅绿色。

(3)次生木质部　在横切面上占主要部分的是次生木质部,其中的导管(由导管分子组成)和纤维的壁通常被番红染液染成红色。导管较大,直径大小相若。木纤维长梭形,壁厚,在横切面上较小。次生木质部中单列或双列的薄壁细胞径向排列的线状结构为木射线,每个木射线与相应的韧皮射线是相连接的,一起称为维管射线。其他的薄壁细胞为次生木质部的轴向薄壁细胞。

3. 初生韧皮部

原来是位于次生韧皮部的外方,在较老的根中其细胞已被挤破而观察不到。

4. 初生木质部和髓(部)

仍在原来的根的中央部位。初生木质部仍呈星芒状,这是区分根的次生结构与茎的次生结构的主要标志之一。

(四)番薯块根的三生结构

取番薯块根横切面永久制片(彩图 16-4),置低倍镜下由外至内依次寻找周皮、皮层和中柱,然后在中柱的次生木质部中找到“蜘蛛网”状的结构即为三生结构,此时,转换高倍镜,详细观察其结构情况。

在次生木质部中,重要成分是富含淀粉粒的薄壁细胞,其中零散分布少量的导管。在一些导管周围的薄壁细胞或一些距离导管较远的薄壁细胞的周围,可见许多扁平的细胞,以导管或薄壁细胞为中心,做放射状排列成同心圆圈或排成半月形,状若蜘蛛网,这便是副形成层(额外形成层)及其产生的三生结构。由于大量的三生结构的产生,而使番薯块根迅速增粗膨大(有三生结构的植物不多)。

(五)侧根的发生

取蚕豆根横切面永久制片(示侧根的发生)(彩图 16-5)置显微镜下观察,可见在维管柱鞘对应于初生木部部位的细胞向外产生了进入皮层的突起结构,即为侧根。由于侧根起源于根的内部,然后穿过母根的皮层、伸出表皮,这种发生方式属于内起源。侧根与主根一样有各种组织的分化,该制片呈现的主根为横切面,而侧根为纵切面。观察时注意侧根与主根内部是如何连接的。

★ 问题与思考

侧根发生的位置在何处?侧根发生的数目与初生木质部束数有关系吗?

五、课堂作业

1. 绘出橡胶树幼根横切面结构简图,并注明各部分名称。

2. 绘出橡胶树较老根(包括初生结构和次生结构)横切面(1/4)轮廓图,并注明各部分名称。

3. 绘出玉米根横切面(1/4)轮廓图,并注明各部分名称。

4. 绘番薯块根的三生结构详图。

实验十七　被子植物茎的结构

一、实验目的及要求

1. 了解被子植物叶芽的组成和结构。
2. 掌握双子叶植物茎的初生结构和次生结构。
3. 掌握单子叶植物茎的初生结构。

二、实验用具

普通光学显微镜、载玻片、盖玻片、镊子、刀片、纱布块、擦镜纸、吸水纸、蒸馏水等。

三、实验材料

1. 新鲜材料：番薯茎、蟛蜞菊茎等。
2. 永久制片：叶芽纵切面永久制片、橡胶树幼茎（初生）横切面永久制片、玉米茎横切面永久制片、橡胶树老茎（次生）横切面永久制片、椴树茎横切面永久制片等。

四、实验内容

（一）叶芽的结构

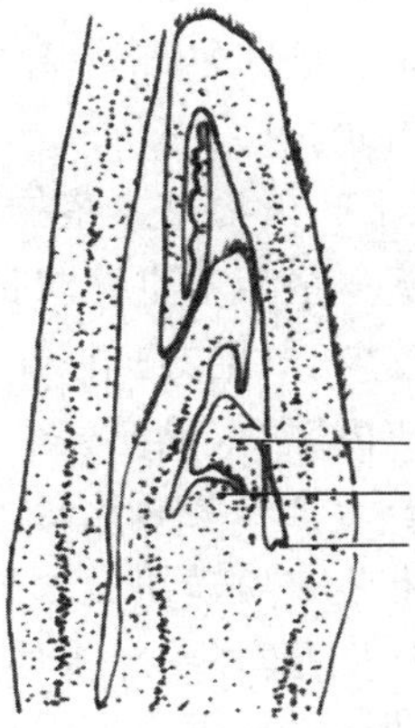

图 17-1　叶芽的结构

（临李扬汉《植物学》）

叶芽（图 17-1）是处于幼态而未伸展的枝条。从显微镜下观察叶芽的纵切面，可清楚地看到它是枝条的雏体。取叶芽纵切面永久制片（彩图 17-1），在显微镜下由上至下依次观察可见：

1. 生长锥

生长锥在芽最顶端，为圆锥体，分为两个部分，即原套和原体。从细胞的结构来看，包在最外面的一层细胞排列整齐是原套。原套以内，细胞排列不太整齐的部分称为原体。转换高倍镜观察生长锥及其下方的细胞结构特点，茎尖的分区自上而下可分为分生区、伸长区和成熟区三部分，茎尖顶端没有类似于根尖的根冠结构。

2. 叶原基

在芽的两侧为叶原基和幼叶。在生长锥的下方两侧所产生的小突起就是叶原基，它是由原套和原体向外突起而形成的。下方的叶原基较大（幼叶），在其叶腋内可见一圆形的小突起，即腋芽原基。由此可见，叶芽就是一个节间很短未经发育的枝条。

(二)茎的初生结构

1. 双子叶植物茎的初生结构

(1)双子叶植物木本茎的初生结构　取橡胶树幼茎横切面永久制片(彩图 17-2),先在低倍镜下由外至内观察,区分表皮、皮层和维管柱三部分及其所占比例,再转向高倍镜下继续观察组织细胞的较详细的结构。

表皮:位于幼茎的最外层,由形状比较规则、排列紧密的一层生活细胞构成。细胞不含叶绿体,外壁厚,有角质化的角质层,属于初生保护组织。表皮上还可见到气孔和表皮毛。

皮层:由介于表皮与维管柱之间的多层细胞组成,包括近表皮的几层比较小的厚角组织细胞和内部的数层薄壁组织细胞。有些植物,如南瓜、蚕豆等,最内一层薄壁组织细胞含有淀粉,称为淀粉鞘。一般来说,茎的皮层没有内皮层、中皮层和外皮层之分。

维管柱:是位于皮层以内的茎的中轴部分,在橡胶树茎中,在相当于中柱鞘的位置有几层厚壁细胞(纤维)组成的带状结构(有的植物中没有这种结构),有的认为是中柱鞘纤维层(带),有的认为是初生韧皮纤维层(带)。这层以内有许多维管束组成的环状结构。每个维管束是由从外至内的初生韧皮部、束中形成层和初生木质部组成的,这三者依次相连且内外相对排列。束中形成层与髓射线中的束间形成层组成完整环状的形成层,一般认为形成层是一层分生组织细胞组成的,注意初生韧皮部中的石细胞和乳管的分布(许多植物中没有石细胞或乳管),乳管中的乳汁可被苏丹Ⅲ液染成红褐色,初生木质部的发育方式是外始式,根中初生木质部的发育方式为内始式,二者不同,但茎和根中的初生韧皮部的发育方式都是外始式。在相邻两维管束的束中形成层之间的髓射线细胞转变成束间形成层,所以,有人认为束中形成层是初生的,而束间形成层是次生的。维管束环的中央部分,也就是茎的中央部分是薄壁组织的髓(部),髓射线与其相通。

(2)双子叶植物草本茎的结构　用新鲜番薯茎或蟛蜞菊茎制作临时徒手切片进行观察,双子叶植物草本茎与木本茎的初生结构基本相似,其靠外部的皮层的厚角组织较为发达,维管束数目一般较少、散生,髓射线一般较宽,维管束多为有限维管束,有的虽是无限维管束,但形成层活动期却极短暂,只产生少量的次生维管组织。注意与橡胶树初生茎进行观察比较。

2. 单子叶植物茎的结构

取玉米茎节间横切面永久制片在显微镜下由外至内观察。

(1)表皮　最外一层排列紧密的细胞,外切向壁较厚,外有角质层,气孔少,不易看见。

(2)厚壁组织(机械组织)　紧接表皮内,由数层细胞组成。

(3)维管束　呈星状分布于薄壁组织中,外围维管束较小、排列较密集且数目多,向内则渐大且疏松,数目少,每个维管束的结构基本相似,都是外韧维管束,无形成层,亦称有限维管束。选取一个发育良好的维管束,转换成高倍镜观察维管束结构。

维管束鞘:包围在维管束外的一环厚壁组织。

初生韧皮部:位于维管束的外侧,其外方的原生韧皮部常被挤破成一狭条,内方的后生韧皮部结构明显。主要由筛管和伴胞组成。

初生木质部:依其形成的先后分为原生木质部和后生木质部两部分,在横切面上排列呈“V”形,“V”形的基部为原生木质部,有 1～3 个小型的环纹、螺纹导管以及少量的木薄壁细胞。“V”形的两臂上各有一个大型的孔纹导管和薄壁细胞,为后生木质部。导管间有木质化的木纤维(厚壁细胞)相连。

薄壁组织:位于茎的厚壁组织以内,除维管束外,均为薄壁组织细胞充满,其细胞越近中央越大。靠近厚壁组织的几层细胞中常含有叶绿体。

(三)茎的次生结构

被子植物茎中,只有双子叶植物木本茎才有较发达的次生结构,双子叶植物草本茎和单子叶植物茎一般没有或只有极少数的木质化组织。茎的次生结构是在初生结构的基础上产生的。

1.橡胶树茎的次生结构

取橡胶树次生茎横切面永久制片(彩图 17-3),在低倍镜下由外至内观察。可见下列各部分结构:

(1)周皮　由外至内为木栓层、木栓形成层和栓内层。最外几层褐色的栓化厚壁细胞为木栓层,紧接其内 1～2 层被染成绿色的扁平的小型薄壁细胞为木栓形成层,木栓形成层内方 1～2 层薄壁细胞为栓内层,细胞较木栓形成层大。在周皮上有时可见皮孔。茎的周皮发生是外起源的。橡胶树茎第一次形成的周皮是紧靠表皮下的皮层组织细胞转化成木栓形成层而产生的。

(2)次生维管柱　由外至内依次是次生韧皮部、形成层和次生木质部。

次生韧皮部:在被染成绿色的韧皮薄壁细胞中可见乳管,多染为深红褐色,还可见石细胞,多染为黄褐色。

形成层:次生韧皮部内方一层扁平的薄壁细胞是形成层,细胞质浓,细胞核明显,永久制片中的材料多在此处断裂。

次生木质部:在形成层以内,所占比例较大,由导管、管胞、木纤维和木薄壁细胞构成的是次生木质部。射线在木质部中为 1～2 列细胞。有的切片中可见木质部中的同心圆环,即生长轮,也称为年轮,每一生长轮中内侧的细胞较大,壁薄,为早材,外侧细胞较小,壁厚,为晚材。位于茎的中心,由大型薄壁细胞组成,占横切面很少部分的是髓。

(3)有次生结构的茎中的初生结构　在不太老的有次生结构橡胶树茎中,由于周皮首先紧靠在表皮下发生,因而皮层、中柱鞘纤维层和初生韧皮部仍然保留着,在生长年头比较多的老的橡胶树茎中则看不到这些结构。

初生韧皮部和髓部能保持很长时间。

2.椴树茎的次生结构

取椴树次生茎横切面永久制片进行观察,其次生结构基本上与橡胶树茎的次生结构相似,可见次生韧皮部中的楔形韧皮部射线、次生木质部中的生长轮以及髓部的初生木质部束以内的环髓带。

(1)表皮　已基本脱落,仅存部分残片。

(2)周皮　很明显,由木栓层、木栓形成层、栓内层组成,已代替表皮起次生保护作用。

(3)皮层　仅由数层紫红色的厚角组织和薄壁组织组成,而有些薄壁组织细胞内含有晶簇。

(4)韧皮部　在皮层和形成层之间,整个轮廓呈梯形(梯底近形成层)与轮廓呈喇叭形的韧皮射线薄壁细胞相间排列,在切片中明显可见的是被染成绿色的韧皮薄壁细胞、筛管和伴胞与染成微红色成束的韧皮纤维呈横条状相间排列，口径较大、壁薄的是筛管，其旁侧染色较深有核仁的是伴胞。

(5)形成层　只有一层细胞，因其刚分裂出来的幼嫩细胞还未分化成木质部和韧皮部的各种细胞，所以，看上去这种扁平细胞有 4～5 层之多，排列整齐，而且径向壁连成一线。

(6)木质部　形成层以内，在横切面上占有最大的面积，主要是次生木质部。在木质部可以看到年轮。年轮是由当年的早材和晚材组成，早材的导管和管胞口径较大而壁薄，颜色较浅，而晚材的导管和管胞则数量较少，颜色较深。紧靠髓周围的是几束初生木质部。在次生木质部内还有呈放射状排列的薄壁组织，是木射线。它和外面的韧皮射线组成维管射线。导管的管腔较大，被染成红色。

(7)髓　位于茎的中心，多数为薄壁细胞，还有少数石细胞，位于髓外侧的一圈是较小的厚壁细胞，称为环髓带。

也可以取接骨木次生茎横切面永久制片(彩图 17-4)进行观察。

五、课堂作业

1. 绘出所观察的叶芽纵切面的结构简图，并注明各部分名称。

2. 绘出橡胶树较老茎横切面结构(1/4)轮廓图，表示出所有初生结构和次生的结构，并注明各部分名称。

实验十八　被子植物叶的结构

一、实验目的及要求

1. 掌握双子叶植物和禾本科植物叶的基本结构。

2. 了解被子植物叶的某些特殊结构：C_4 植物叶结构、旱生植物叶结构等。

二、实验用品

普通光学显微镜、载玻片、盖玻片、镊子、刀片、纱布块、擦镜纸、吸水纸、蒸馏水等。

三、实验材料

1. 新鲜材料：银花苋等植物叶。

2. 永久制片：橡胶树叶片横切面永久制片、水稻叶片横切面永久制片、玉米叶片横切面永久制片、夹竹桃叶片横切面永久制片等。

四、实验内容

(一)双子叶植物叶的结构

取橡胶树叶片横切面永久制片(彩图 18-1)，在低倍镜下分辨出叶片的上表面、下表面、叶肉和叶脉，叶脉部分在下表面比较突出；叶脉的横切面上，木质部靠近上表面而韧皮部靠近下表面(图 18-1)。区分上下表皮、叶肉和叶脉后，再转用高倍镜观察细胞的详细结构。

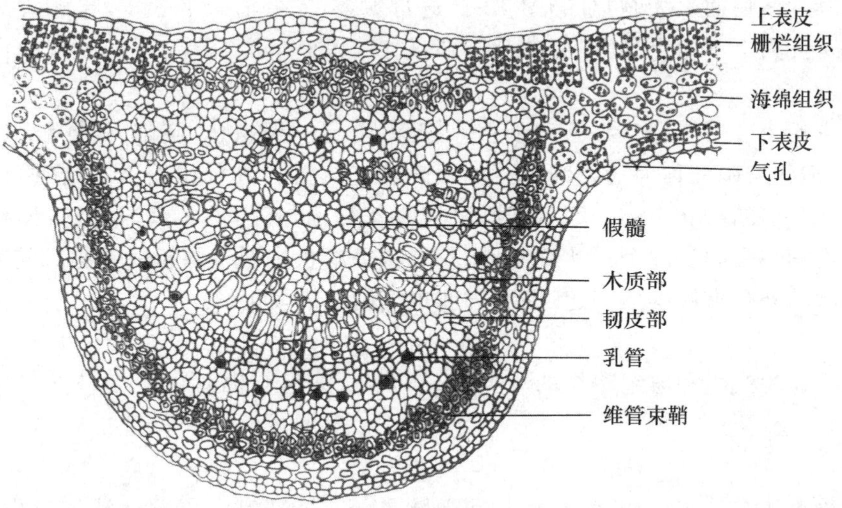

图 18-1　橡胶树叶片横切

1. 表皮

位于叶的最外层，上、下表面的最外一层细胞，分别为上、下表皮。表皮细胞长扁形，排列紧密。上表皮外壁可看到较厚较透明的角质层；下表皮很容易看到气孔器，组成气孔器的两个保卫细胞比表皮细胞小，且因为具有叶绿体呈现绿色，并略向下陷。在两保卫细胞之间的小孔便是气孔。

2. 叶肉

为上下表皮之间的薄壁组织，细胞中含有叶绿体，叶肉分化成栅栏组织和海绵组织两部分。因此称为异面叶。

(1)栅栏组织　栅栏组织直接与上表皮相连，位于上表皮之下，1～2 层细胞组成，细胞的长轴与表皮垂直，排列整齐、胞间隙较小，细胞长圆柱形，叶绿体较多。

(2)海绵组织　海绵组织位于栅栏组织和下表皮之间，由数层不规则排列的疏松的薄壁细胞组成，细胞间隙大，含叶绿体较少。在贴近下表皮的那层短柱状或长形的、排列也较整齐的薄壁细胞也属于海绵组织细胞。

3. 叶脉

主脉和大的侧脉由维管束和机械组织组成。主脉维管束鞘纤维细胞排列成一环状，中间为 2～3 个维管束，靠下表皮的一个较大，其木质部靠上表皮，具有内始式的初生木质部导管。韧皮部靠下表皮一方，细胞较小，中间有形成层，但形成层活动有限。在这个维管束的上方还有 1～2 个较小的维管束，它们木质部和韧皮部的排列与上述维管束相反，几个维管束所围绕的中央，是由薄壁细胞所组成的假髓。侧脉由维管束鞘、初生木质部和初生韧皮部组成，叶脉越小，结构就越简单，较小的侧脉只具有一些管状分子。维管束外有机械组织，外方有薄壁组织。

★ 问题与思考

有的制片中还可以看到叶脉的纵切面，为什么会这样？

(二)禾本科植物叶的结构

取水稻叶片横切面永久制片(彩图 18-2)进行观察，先分清上下表皮，再转为高倍镜观察。其叶片结构可分为上下表皮、叶肉和叶脉三部分。

1. 表皮

上下表皮均为一层细胞。细胞大小不等，是由于有长细胞、短胞细、气孔细胞和泡状细胞分化的原因，泡状细胞又称为运动细胞。上下表皮气孔器的数目相差不多，在横切面上，气孔器的结构与橡胶树的略有不同。泡状细胞呈透明状结构，其内见不到内含物，体积有大有小，大的伸入叶肉细胞之间。数个泡状细胞成为一组，呈扇状排列于两相邻侧脉之间的上表皮处。上下表皮细胞的外壁有些硅质突起，即乳突和单细胞的表皮毛。

2. 叶肉

叶肉没有栅栏组织和海绵组织的分化，为等面叶，细胞形状不规则，含丰富的叶绿体，细胞壁有内褶。

3. 叶脉

叶脉维管束的结构与茎相似，有粗脉和细脉之分。外部有一层含叶绿体较少的维管束鞘细胞。初生木质部对着上表皮，初生韧皮部对着下表皮，无束中形成层。在叶脉与上下表皮之间有一些厚壁细胞。叶片中部的叶脉处可见气腔。

(三)某些双子叶植物叶的特殊结构

1. C_4 植物叶的结构

取苋科 C_4 植物银花苋叶片制作横切面徒手切片，或取玉米、香茅(图 18-2)等其他 C_4 植物叶片横切面永久制片(彩图 18-3)和 C_3 植物水稻叶片横切面永久切片(彩图 18-2)进行观察。

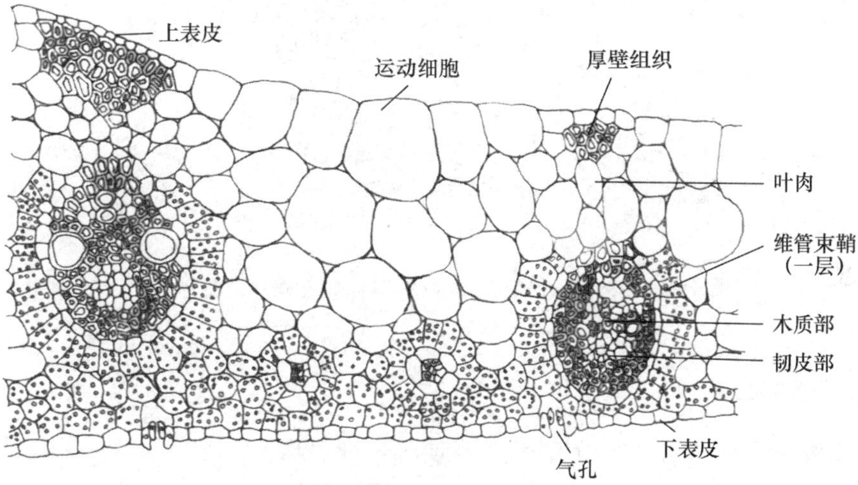

图 18-2　香茅叶片横切

C_4 植物具有较 C_3 植物光合效率高的机能，在双子叶植物和单子叶植物中都有 C_4 植物，C_4 植物与 C_3 植物的区别主要在叶片的结构上，而叶片结构上的区别主要在叶脉及其周围叶肉组织：C_4 植物叶片的维管束薄壁细胞较大，其中含有许多较大的叶绿体；维管束鞘的外侧密接一层成环状或近于环状排列的叶肉细胞，组成了“花环型”结构。C_3 植物的维管束鞘薄壁细胞较小，不含或很少含叶绿体，没有“花环型”结构，维管束鞘周围的叶肉细胞排列松散。

2. 旱生植物叶的结构

观察夹竹桃叶片横切面永久切片(彩图 18-4)，注意各部分的结构特点(图 18-3)。

(1)表皮　上下表皮各由 2～3 层细胞组成，这种表皮称为复表皮。表皮最外一层细胞壁有很厚的角质层。下表皮有许多地方凹陷成窝状。窝内分布有气孔器，而且被窝内的表皮毛所覆盖。

★ 问题与思考

这些表皮毛有何作用？

(2)叶肉　栅栏组织在上下表皮以内都有，而且是多层细胞的海绵组织位于上下两层栅栏组织之间，胞间隙发达。

(3)叶脉　较密集，主脉发达，其中的维管束是双韧维管束。

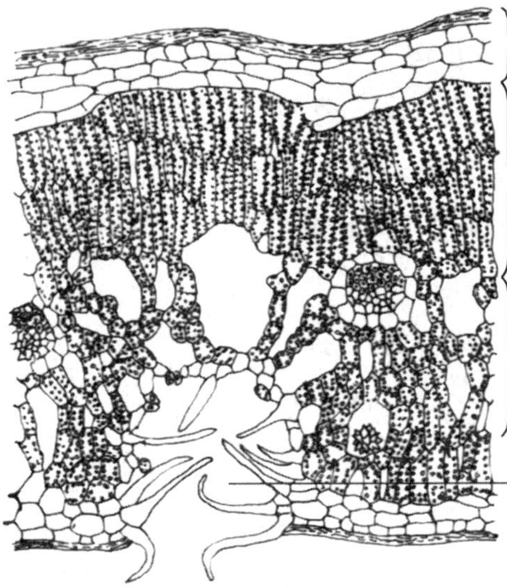

图 18-3 夹竹桃叶横切，示旱生结构（临李扬汉《植物学》）

五、课堂作业

1. 绘出橡胶树叶片横切面结构简图，并注明各部分名称。
2. 绘出水稻或小麦叶片横切面结构简图，并注明各部分名称。

V　植物界类群与特征

实验二十　藻类、菌类、地衣及其代表植物

低等植物包括藻类植物、菌类植物和地衣植物。大多数的低等植物生活在水里或潮湿的环境，没有根、茎、叶的分化；生殖器官常为单细胞；合子直接萌发形成新的植物体。

一、实验目的及要求

1. 了解几种常见藻类的形态特征及在植物进化过程中的地位。
2. 熟悉几种常见真菌植物的主要特征。
3. 掌握几种菌类及地衣的主要形态特征。

二、实验用具及药品

1. 用具：普通光学显微镜、体视显微镜、镊子、解剖针、载玻片、盖玻片、培养皿、纱布、吸水纸、酒精灯、牙签、盛水试剂瓶等。
2. 药品：I_2-KI 溶液、亚甲蓝溶液等。

三、实验材料

1. 新鲜材料：颤藻、念珠藻、水绵、轮藻、地木耳、匍枝根霉、酵母菌等。
2. 永久制片：酵母菌装片、水绵营养体装片、念珠藻装片、水绵接合生殖装片、细菌三型制片、黑根霉装片、青霉装片、颤藻装片、螺旋藻装片、草菇菌褶横切面制片等。
3. 陈列标本：木耳、银耳、灵芝、地衣等。

四、实验内容

（一）藻类植物（Algae）

1. 蓝藻门（Cyanophyta）

（1）颤藻属（*Oscillatoria*）　常生于富含有机质的水沟、水渠及湿地上，一年四季均能采到，尤以温暖潮湿的季节最旺盛。

将采集下来的颤藻放置培养皿，用时取少许放在载玻片的水滴中，然后用解剖针把实验材料展开，盖上盖玻片，置光学显微镜下观察。在低倍镜下可见颤藻为一根根单列细胞的丝状体，呈现蓝色，具有前后移动和左右摆动的能力，故名颤藻。在高倍镜下，可以观察到颤藻的细

胞呈扁平形(实际上是圆盘状)。藻体胶质鞘不明显,无异形胞。细胞中央较透明的部分细胞质较淡,具核物质,但无核结构,为中央质。色素与贮藏物在周围细胞质中,为周质,呈蓝绿色。在藻丝上有时可以看见死细胞(无色透明,上下横壁向内呈双凹形)或由胶化膨大的隔离盘将丝状体隔开成藻殖段。

(2)螺旋藻属(*Spirulina*) 多产于淡水、海水和微盐水中,呈墨绿色,由多细胞单列构成的纤细螺旋状藻体。

取螺旋藻装片(彩图 20-1)置显微镜下观察。只有在高倍镜下可以看到,植物体多为多细胞单列构成的丝状体,少数为单细胞纤细螺旋状藻体。群体内细胞呈圆柱形,组成疏松或紧密的有规则螺旋状弯曲丝状体。细胞或藻丝顶部不尖细,横壁不明显,顶端细胞圆形,无异形胞。往往多数藻丝聚集形成薄片状。藻丝弯曲,多数作有规律的螺旋状绕转,整个藻丝无胶鞘。能沿其长轴扭曲旋转,向前运动。在观察过程注意与颤藻进行比较。

(3)念珠藻属(*Nostoc*) 取念珠藻装片(彩图 20-2)或植物体为念珠状的丝状体组成的群体,外有共同的胶鞘,生于水中、湿土或石上。群体外形呈片状、球状或发丝状。

取新鲜的地木耳(*N. commune* Vauch.)或预先取干的地木耳置于培养皿中,加水泡发。先观察其外部形态,然后用镊子撕取少量置于载玻片上,并用镊子将其展开后,盖上盖玻片,在光学显微镜下进行观察。在低倍镜下可以看到,念珠藻是许多单列细胞的丝状体埋于胶质中。丝状体的细胞圆球形如念珠,连成弯曲的丝。换高倍镜观察,可见丝状体的单列细胞中有较大型的异形胞将丝状体隔成段(称藻殖段)。

2. 绿藻门(Chlorophyta)

(1)水绵属(*Spirogyra*) 在水池、沟渠、水田等地常有水绵丝状体的出现,这些丝状体呈散发状,鲜绿色,用手触摸有黏滑的感觉。

用镊子挑取少许水绵营养体,制成临时装片或取其永久制片(彩图 20-3),先置于低倍镜下观察,可见水绵营养体是由许多圆筒形细胞连接成不分枝的丝状体。再转换高倍镜仔细观察细胞的结构,在细胞壁外围是否有薄的胶质?每个细胞中能见到明显的一至数条螺旋状绕生的带状叶绿体(不同种类的水绵,带状叶绿体的数量及绕生的方式有所不同)。通过加 I_2-KI 溶液观察到,其上有很多颗粒状的淀粉核。细胞的中部有一个大液泡,注意调节细调焦齿轮,还能见到细胞核,核周围有很多呈放射状的细胞质丝与贴壁细胞质相连。有时因叶绿体的数目较多,细胞核往往被遮蔽,不易见到。

水绵有性生殖的观察:取水绵接合生殖制片(彩图 20-3)观察,可看到两条相邻丝状体的细胞间于相接处形成一短管,即为接合管相连(有的有隔膜,有的隔膜已消失)。在有些细胞中,可看到原生质体收缩成一团,这就是配子,有的两个配子已经融合成合子。这样使原来的一条藻丝的一些细胞仅留下空壁,另一条藻丝的一些细胞中形成了合子。这种接合方式称为“梯形接合”。此方式接合的两个配子外形上虽然没有区别,但生理上有雌雄之分,流动的是雄配子,留在细胞中不动的是雌配子。

(2)轮藻属(*Chara*) 植物体大型,多分布于淡水中。

取新鲜标本,观察其形态:轮藻有“主茎”“侧枝”“节”和“节间”之分,每一个节上着生一轮“叶”,基部有假根。

用镊子镊取具有红色精器及卵器的轮藻一小段，制成临时装片或采用永久制片（彩图20-4），在低倍镜下可见在“节”处“叶”的基部有一长卵形的卵囊，注意观察螺旋式包围卵外的五个管细胞及冠细胞。在卵囊的下方，可见一球形的精囊（成熟时为红色），取一个精子囊做好玻片标本，然后压破，观察盾细胞、盾柄细胞及造精丝。

★ 问题与思考

通过实验观察，说明蓝藻门和绿藻门有何异同？

（二）菌类植物（Fungi）

1. 细菌门（Bacteriophyta）

（1）观察细菌的三种基本形态　用牙签在自己的牙缝里挑取一些碎屑（牙垢），放在载玻片的一滴水中，然后用牙签搅拌，使牙垢分散在水中，将涂好牙垢的载玻片放在酒精灯的火焰上烤干（注意不要离火焰太近，以免烤坏细胞）。此时，细菌外面的一些胶质就可以黏着载片，使细胞固着在载片上。稍冷却后，加一滴亚甲蓝溶液，两分钟后用水冲洗，并吸去多余的水分。先在低倍镜下找到细菌，然后转换高倍镜（400 倍以上）观察，常可看到球菌、杆菌和螺旋菌的形态。由于弧菌的弧度不大，观察时应调节焦距，仔细观察，便可与杆菌区别开来。有时在视野中还可以找到螺旋菌。

再取细菌三型制片进行观察，这三种细菌是球菌、杆菌和螺旋菌，各呈球形、杆形和螺旋形。

（2）根瘤菌涂片　拔取一棵花生植株，将其根部洗净，用镊子取 1～2 个根瘤放于干净的载玻片上，压碎，挑掉残渣，然后放在酒精灯的火焰上烘干，再用蒸馏水冲洗。吸取亚甲蓝溶液（或龙胆紫溶液）滴染 5 min，再用蒸馏水冲洗掉多余的染料。在酒精灯火焰上烘干后，置高倍镜下，观察根瘤菌的形态。

2. 真菌门（Eumycophyta）

（1）观察匍枝根霉（黑根霉）（*Rhizopus nigricans* Ehr.）的形态　从培养基中镊取少许具有孢子囊的匍枝根霉（常见于发霉的馒头、面包及腐烂的水果等食品上），制成临时装片或取制好的黑根霉装片，在低倍镜下观察，可见菌丝分枝很多，无隔多核。匍匐于基质上的菌丝称为匍匐“枝”。匍匐“枝”向下产生具分枝的假根，向上产生许多直立的分枝。分枝末端产生珠形孢子囊，未成熟的孢子囊白色，成熟后黑色，孢子囊破裂后，孢子散出，囊轴即行出现。

（2）观察酵母菌（*Saccharomyces*）的形态　吸取含有酵母菌的培养液，置载玻片上，盖上盖玻片，在显微镜下观察。注意酵母菌细胞的形态，中央大液泡和出芽生殖所产生的新芽体（形态构造与母体相似），有时还可以看到几代芽细胞相连形成假菌丝的情况。

（3）观察青霉菌属（*Penicillium*）的形态　取青霉装片或用镊子挑取部分连同培养基的青霉放在载玻片上，在低倍镜下观察青霉菌丝分布及其分生孢子分布状况（注意勿弄污镜头，必要时可盖上盖玻片）。如分生孢子过多影响观察，可用吸管吸水，滴在载玻片的材料上，轻轻洗掉孢子，再做成临时装片进行观察。青霉菌丝体由分枝的菌丝组成，有横隔。菌丝顶端有形似扫帚状的分生孢子梗，分生孢子梗顶端有成串绿色的分生孢子（外生孢子）。

（4）观察曲霉属（*Aspergillus*）的形态　操作与青霉属相同，注意曲霉属菌丝有无分枝？

有无横隔？它的分生孢子梗顶端膨大呈球形，在其上布满多个分生孢子小梗，排成伞形，每一小梗顶端生一串分生孢子。分生孢子小梗是一层还是两层？

(5)观察木耳[*Auricularia auricula* (L. ex Hook.) Underw.]、银耳(*Tremella fuciformis* Berk.)和平菇[*Pleurotus ostreatus*(Jacq. ex Fr.)Kummer.]子实体(担子果)的形态。木耳和银耳均为木生腐朽菌，为食用菌。木耳的子实体胶质，浅圆盘形、耳形或不规则形，新鲜时软，干后强烈收缩，为角质状。子实层生里面，光滑或略有皱纹，红褐色或棕褐色，干后变深褐色或黑褐色。银耳的子实体纸白至乳白色，胶质，半透明，柔软有弹性，由数片至10余片瓣片组成，形似菊花形、牡丹形或绣球形，干后收缩变小成角质状的脆硬结构，白色或米黄色。子实层生瓣片表面。平菇子实体分菌盖和菌柄两部分，菌盖为贝壳状或扇状，菌盖下面有放射状排列的长短不一的片状物，称为菌褶，是产生孢子的场所。在每片菌褶的两面，产生子实层。菌盖下面柄状的部分称为菌柄，基部常被有白色绒毛。

取菌褶横切面永久制片在显微镜下观察，可见在菌褶片上生有许多担子，每个担子上有4个担子梗；每1担子梗上生有1枚孢子。孢子为圆柱形，光滑、无色，堆积后呈白色，风干时为淡紫色。

(6)观察灵芝[*Gamoderma lucidum* (Leyss. ex Fr.) karst.]子实体的形态结构　取灵芝标本观察：灵芝是一种多孔菌，担子果木质。菌盖半圆形、肾形或近圆形，坚硬，红褐色并有油漆光泽。柄侧生，与菌盖近垂直，少数偏生呈扇状。子实层生于管孔内壁表面。

★ 问题与思考

菌类植物之间有无亲缘关系？

(三)地衣植物(Lichens)

取地衣的标本，观察地衣三大类型：地衣是真菌和藻类共生的复合原植体植物。共生体由藻类进行光合作用制造营养物质供给全体，而菌类主要吸收水分和无机盐。植物体主要由菌丝体组成。按外部形态，可将其分为三类。

(1)壳状地衣　多生活在岩石上、树干上或干燥的土壤上，紧贴基质不易分离，上层为交错紧密的菌丝层，中间为藻类和菌类混生，最下面为疏松的菌丝贴在附着物上。这类地衣在自然界分布最广。

(2)叶状地衣　多生活在树皮上，形如枯叶，易采下。取叶状地衣永久切片(彩图20-5)观察，可见上层为紧密组合的菌丝，中层为藻菌混生，下层与上层相同但较薄。

(3)枝状地衣　多生活于干燥的土壤、岩石或树枝上，形如树枝。其中心是菌丝，中间层为藻类，最外层又为菌丝。

结合野外观察，认识三类不同生长型的地衣。

五、课堂作业

1. 绘地木耳显微结构图，注明营养细胞、异形胞、胶质鞘。
2. 绘螺旋藻显微结构图。
3. 绘一段水绵丝状体的结构图，注明各部分名称。

4.绘水绵的接合生殖图。

5.绘图并注明下列菌体各部分

(1)匍枝根霉:营养菌丝、匍匐菌丝、假根、孢子囊梗、孢子囊等。

(2)青霉:营养菌丝、分生孢子梗、小梗、分生孢子。

6.根据实验材料归纳出真菌各纲的主要特征。

实验二十一　苔藓、蕨类及裸子植物

一、实验目的及要求

1. 了解苔藓植物、蕨类植物的形态结构以及在植物进化中的地位。
2. 熟悉裸子植物的特征和识别几种常见的裸子植物。
3. 掌握苏铁大小孢子叶结构。

二、实验用具

普通光学显微镜、体视显微镜、解剖针、载玻片、盖玻片、镊子、吸水纸、培养皿、盛水试剂瓶等。

三、实验材料

1. 新鲜材料：地钱、葫芦藓、铁芒萁、肾蕨、木贼、华南毛蕨、满江红等植物的枝条或植株。

2. 永久制片：地钱叶状体横切面切片，地钱胞芽装片，地钱雌、雄托纵切面切片，地钱孢子体纵切面切片，葫芦藓精子器切片，葫芦藓颈卵器切片，蕨原叶体装片，蕨幼孢子体装片，松针叶横切面切片等。

3. 陈列标本：地钱雌配子体和雄配子体标本、华南毛蕨原叶体标本、苏铁大孢子叶标本、苏铁小孢子叶标本、松雄球花标本、松雌球花标本等。

四、实验内容

(一)苔藓植物的观察

1. 苔纲(Hepaticac)

地钱(*Marchantia polymorpha* L.)：植物体(配子体)为雌雄异株。多生活在阴湿的土壤表面、林下、水沟边等处。

观察雌配子体和雄配子体的浸渍标本：其植株为分叉状背腹型的扁平叶状体，背面绿色，生有胞芽杯(营养繁殖的结构)，腹面灰绿色，有假根和紫色鳞片。

雌配子体和雄配子体背面分叉处，分别产生雌托和雄托，雌托为一个多裂的星状体；雄托呈盘状，边缘有缺刻。

(1)取地钱胞芽装片及图片进行观察，可见叶状体背面的呈杯状结构的“胞芽杯”，杯内生有很多胞芽，外形呈“凸透镜”，周边薄，中央厚，两边还各有一个凹陷处。胞芽通过1短柄着生于胞芽杯的底部。

(2)取地钱叶状体横切面制片及图片观察，叶状体由上表皮、同化组织、贮藏组织和下表皮几部分组成。二叉分枝处有顶端细胞，背部具一层表皮细胞，表皮下有一层气室，气室底部有许多排列如小柱富含叶绿体的细胞，气室顶端具有通气孔，围成孔的细胞形成一个烟囱状的构造。通气孔不能自由闭、开，肉眼观察地钱背面，可见菱形或多角形小块，此为气室，每块中央有白点，即为通气孔。

(3)取地钱雌托纵切面制片在低倍镜下观察，在二芒线之间倒挂着几个长颈瓶状的颈卵器，选取一个较完整的颈卵器，换用高倍镜观察，颈卵器的外面为一层细胞结构的壁，膨大的腹部有一个大的卵细胞和一个腹沟细胞，细长颈部的中央有一串颈沟细胞(受精时腹沟细胞和颈沟细胞逐渐消失)。

(4)取地钱雄托纵切面制片在显微镜下观察，在托盘上陷生着许多球拍状的精子器。

(5)在示范镜下观察地钱孢子体纵切面永久制片及图片：孢子体生于雌托下方，其伸入雌托的部分称为基足，下面球形的为孢蒴，基足与孢蒴之间有一短柄，称为蒴柄。孢蒴内有圆形的孢子及长条形的弹丝。

2. 藓纲(Musci)

葫芦藓(*Funaria hygrometrica* Hedw.)：植物体(配子体)为雌雄同株。喜生于阴湿的环境。

(1)取新鲜的植株或装片，观察外形：它的配子体直立，“茎”单一或稀疏分枝，下方有假根。“叶”螺旋密生在细而短的“茎”上。雌雄同株，在不同的枝顶生有颈卵器和精子器。孢子体生于“茎”的顶端，它由细长的蒴柄和膨大的孢蒴连同蒴足三部分组成，由于蒴足伸入“茎轴”内，因此在外形上不能见到。

(2)取葫芦藓精子器制片(彩图 21-1)观察，呈棒状球形，外有一层不育的细胞组成的精子器壁围成套状，精子长形卷曲，顶端有 2 根长鞭毛。

(3)取葫芦藓颈卵器制片(彩图 21-2 和彩图 21-3)观察，外形似瓶子，外面一层是不育细胞组成的颈卵器壁，颈卵器上部细小为颈，下部膨大为腹部，腹部内有 1 个大型的细胞，为卵细胞。

受精卵在颈卵器内发育成孢子体。孢子体的孢蒴产生孢子。孢蒴成熟后裂开将孢子释放。在适当的环境下，孢子萌发成原丝体，再发育成配子体。

★ 问题与思考

苔纲与藓纲植物的特征有何不同？

(二)蕨类植物的观察

1. 观察铁芒萁 [*Dicranopteris linearis* (Burm. f.) Underw.]植株及图片

根状茎横走。叶轴有 5～8 回两歧分枝，第一次分叉处无托叶状羽片，裂片顶端钝或截平，细脉明显；叶片为坚纸质，上面绿色，下面灰白色，无毛。圆形的孢子囊群细小，排在主脉的两侧成 1 行，有 5～7 个孢子囊。

2. 观察肾蕨 [*Nephrolepis auriculata* (L.) Trimen.] 植株及图片

根状茎直立，下部有粗铁丝状匍匐茎向四方横展。叶簇生，覆瓦状排列，孢子囊群两列分布在主脉的两侧，肾形；囊群盖棕褐色。

3. 观察笔管草(纤弱木贼)(*Equisetum debile* Roxb.) 植株及图片

茎由地下的根状茎生出，中空，粗糙，表面有纵沟和明显的节；节上轮生鳞片叶，叶的基部愈合成鞘状，包在节间基部，常为管状或漏斗状。有的地上茎端发生孢子叶球，这种地上茎称为生殖茎，不着生孢子叶球的地上茎属于营养茎。

4. 观察华南毛蕨（金星草）[*Cyclosorus parasiticus*（L.）Farwell.] 新鲜植株及相关的图片

(1)华南毛蕨的孢子体是多年植物，具根状茎，无地上茎，仅从根状茎上丛生出叶子，其叶为羽状复叶，生殖时期在小叶背的中脉两侧各生一对孢子囊群。用镊子刮取一孢子囊群装片在低倍镜下观察，在视野内可看到多个孢子囊，选一个较完整的孢子囊至视野中部，换用高倍镜观察：孢子囊为椭圆形，有明显的柄，囊壁上有一列三面加厚的细胞，这列细胞自柄的一侧起至另一侧的 2/3 处被薄壁细胞所代替，此列三面加厚的细胞称为环带，在与环带相连的薄壁细胞中，有两个细胞形状较扁，细胞壁极薄，形似嘴唇，叫唇细胞。

(2)配子体（原叶体）的观察　孢子萌发产生原叶体（配子体），先用放大镜观察原叶体的生活状态，然后再在低倍镜下观察原叶体永久制片（彩图 21-4）。金星草的原叶体呈心脏形，平铺地面与土壤接触部分生有单细胞的假根，之间散生着球形精子器。颈卵器位于原叶体先端凹陷处，瓶状，其腹部藏在原叶体内，颈部伸出原叶体表面。当精卵结合形成合子后，便发育成孢子体。起初幼小孢子体留在配子体上，以后配子体腐烂，孢子体即行独立生活。

5. 观察满江红 [*Azolla imbricata*（Roxb.）Nakai.] 植物体形态及图片

浮水植物，形体呈圆形或三角形。茎短小，二歧分枝，根生于茎的下侧。叶小型，鳞片状，密集互生，覆瓦状排列，上下二裂。上裂片肉质，绿色（秋季或盛夏变为红色，故又称为红萍），称为同化叶，营光合作用，其腹面有共生腔，含胶质和蓝藻共生；下裂片沉水中，营吸收作用，膜质，形如鳞片。孢子果成对生于分枝基部的沉水裂片（下裂片）腋间。孢子果有大小之分。大孢子果为雌性，体积大，长卵形，内有一个大孢子囊，囊内有一发育的大孢子；小孢子果体积小，球形，果内有多数小孢子囊，每小孢子囊内有 64 个小孢子。

★ 问题与思考

结合实验说明蕨类植物的基本特征。

(三)裸子植物的观察

1. 观察苏铁（*Cycas revolute* Thunb.）植株

茎干粗壮不分枝，茎端簇生大型羽状复叶（幼时向内拳卷），并且有宿存的叶柄。开花时孢子叶球（花）分别着生在不同植株的顶端（为雌雄异株）。大小孢子叶螺旋状排列，形成或紧密或疏松的球果状。

2. 观察苏铁大孢子叶球标本及图片

大孢子叶扁平，上部呈羽状分裂，密生黄褐色绒毛，其下部两侧着生 1 至数个胚珠。

3. 观察浸渍的苏铁小孢子叶球及图片

它由多数小孢子叶螺旋状排列在轴上而成，其先端成盾状，每个小孢子叶的背面着生许多小孢子囊，囊内产生多数小孢子（花粉粒）。

4. 观察松属（*Pinus* spp.）

(1)形态观察　乔木，树皮不规则分裂，单轴分枝，侧枝常轮生，枝条有长枝和短枝之分；在长枝上有螺旋状排列呈赤褐色的鳞片叶，在鳞片叶的叶腋着生有短枝，短枝极短。叶为针形，通常 2～5 条成束，腋生于短枝顶端的苞状鳞片腋内，针叶的茎部围以膜质的叶鞘。

(2)松雄球花标本、图片及永久制片（彩图 21-5）观察：雄球花圆柱形，是由多数螺旋状排列的雄蕊所组成，每个雄蕊有花粉囊 2 个，纵裂，药隔鳞片状，每个花粉囊含有大量的花粉粒。

取一枚雄蕊放在载玻片上，用镊子或解剖针将花粉囊压破，让花粉粒溢出，滴上一滴水，盖上盖玻片，低倍镜观察，可见花粉粒黄色、扁球形，外壁光滑。两侧各有一个翅状的气囊，气囊膨大，外壁粗糙，具大小均匀纹理。

(3)雌球花标本、图片及永久制片（彩图 21-6）观察：雌球花卵圆形，由螺旋状排列的珠鳞构成，其腹面有 2 个胚珠，背面有 1 枚褐色的苞鳞，珠鳞顶端宽大部分是鳞盾，磷盾的中央突起是鳞脐。

(4)针叶横切面制片标本观察　取松针叶横切面永久制片（彩图 21-7）置显微镜下观察，分辨表皮层、叶肉、内皮层、维管束、树脂道等部分，注意表皮层下面是什么组织？叶肉组织有什么特点？下陷的气孔对植物本身有什么意义？

★ 问题与思考

为什么说裸子植物是一群介于蕨类植物与被子植物之间的维管植物？

五、作业

1. 绘地钱的颈卵器，注明卵细胞、腹沟细胞、颈沟细胞。
2. 绘葫芦藓植株外形，注明配子体、孢子体、孢蒴、蒴柄。
3. 绘华南毛蕨孢子囊一个，注明各部分。
4. 绘松属小孢子叶球纵切面及小孢子叶的外形和纵切面，注明小孢子囊和小孢子。
5. 绘松属大孢子叶球的一部分（一片大孢子叶）注明珠鳞、胚珠（珠被、珠孔）和苞鳞。

Ⅵ　植物学实验技术

实验二十二　普通光学显微镜的构造及使用方法

显微镜的种类很多，一般可分为光学显微镜和电子显微镜两大类。前者以可见光为光源，后者则以电子束为光源。光学显微镜包括机械装置和光学系统两大部分。

（一）显微镜（复式）的基本构造

1. 显微镜的机械装置

由金属制成，其作用是固定和调节光学系统和放置及移动标本等。

(1)镜座　显微镜的底座支持整个镜体，使显微镜保持平衡。

(2)镜柱　是在镜座后方中部直立向上的部分，支持镜臂及其以上部分。

(3)镜臂　全形弯曲，为取显微镜时执手之用，可以使镜臂及其以上所有的部分在90°范围内倾斜，以利观察，但通常不超过30°。

(4)载物台　载物台上有两个金属压夹，用作固定玻片标本。载物台中央有一个通光孔。反射镜反射上来的光线，通过通光孔而透到标本上。

(5)镜筒　是由金属制成的圆筒，其上端放置目镜下端连接物镜转换器及物镜，后侧有齿刻与镜臂相连。通过调焦螺旋可使镜筒上下升降。

(6)物镜转换器　由两种凹面上的金属圆盘组成。下盘有4个物镜螺旋口，用于安装物镜，以便更换观察使用的物镜，观察时扭动物镜转换器由低倍镜转向高倍镜。

(7)调焦装置　为了得到清晰的图像，必须调节物镜与标本之间的距离，使物镜的焦点对准标本，这种操作叫调焦。有粗调和细调两种。

2. 显微镜的光学系统

(1)物镜　安装在镜筒下端的物镜转换器下方，因为它靠近被视物体所以称为接物镜（物镜）。物镜的作用是将标本第一次放大成倒像。每个物镜由数片不同球面半径的透镜组成。物镜下端的透镜口径越小，镜筒越长，其放大倍数越高。物镜有低倍镜和高倍镜。其放大倍数一般刻在物镜的镜筒上，如10× 、20×、40×、60×、100×等。其中40～60倍叫高倍物镜，90倍或100倍称为油浸物镜（作用时需在标本和物镜之间加入折射率大于1，而与玻璃折射率相近的液体如香柏油作为介质才能看清物体）。

(2)目镜　安装在镜筒上端，因为它靠近观察的眼睛，又称为接目镜。目镜的作用是将物镜放大的实像进一步放大成一个直立的虚像。其作用相当于一个放大镜，但它并不增加显微镜的分辨率。目镜可安装一段头发，叫作“指针”，可以指示所观察的部位。根据需要，目镜内也可安装测微尺，用于测量观察物体的大小。目镜放大倍数刻在目镜边框上，如5× 、10×、15×等。显微镜的总放大倍数＝物镜放大倍数×目镜放大倍数。

(3)聚光镜 聚光镜又名聚光器,安装在载物台下方支架上,由一组透镜和光圈组成。调节圆孔大小,以调节光线的强弱。升降聚光器也可调节照明强度。

(4)反射镜(反光镜) 有两面,一面是平面镜,另一面是凹面镜,光线强用平面镜,光线弱用凹面镜。反光镜安装在聚光器下面,其作用是把光源投射来的光向上反射到聚光器直到标本等。它可以朝任意方向旋转以对准光源。没有聚光器的显微镜使用低倍镜时用平面镜,用高倍镜时则用凹面镜,因为凹面镜也会有聚光作用。有聚光器的显微镜,一般用平面镜,如果室内光线弱时,则可使用凹面镜。目前很多使用的生物显微镜是内置光源显微镜,内置的灯泡可调节光线的明暗,可排除外界环境光线对观察的影响。

(二)显微镜的使用方法

1.取用和放置

使用时首先从铁柜中取出显微镜,一手握持镜臂,另一手托住镜座,保持镜身直立,切不可用一只手倾斜提,防止摔落目镜。要轻取轻放,放时使镜臂朝向自己,距桌边沿 5～10 cm 处。

2.通电

接通电源,打开光源。

3.放置玻片标本

将制片标本放置物台上,使材料正对通光孔中央,再用弹簧片夹制片的两端,防止标本移动。

4.低倍物镜观察

因为低倍物镜观察范围大,较易找到物像,且易找到需作精细观察的部位。

(1)转动粗调,使镜筒下降,直到低倍物镜距标本 0.5 cm 左右为度。

(2)用左眼从目镜中观察,右眼自然睁开,用手慢慢转动粗调,使镜筒渐渐上升,直到视野内的物像清晰为止,此后改用微调使物像最清晰。

(3)用手前后左右轻轻移动载玻片标本或调节玻片移动器,便可以找到所观察的部位。要注意视野中的物像为倒像,移动玻片应向相反方向移动。

5.高倍观察

在低倍观察基础上,如放大倍数不够,可进行高倍观察。旋动转换器换高倍镜时,若高倍镜触及载玻片应立即停止旋动,转回低倍镜重新调节。如果高倍镜下观察目标物有点模糊,可调节细准焦螺旋,直到视野清晰。调节细准焦螺旋时要注意旋转方向与载物台上升或下降的关系,防止镜头与载玻片强力接触,损坏镜头或载玻片。

6.换片

观察完毕,如需换另一玻片标本时,将物镜转回低倍,取出玻片再换新片,稍加调焦,即可观察,千万不可在高倍物镜下换片,以防损坏镜头。

7.还原

观察结束后,调节光源到最小再关掉电源开关。调节粗调螺旋,使物台下降到最低,取下玻片,擦干净镜体,在使用登记表上做好记录,最后将显微镜放回铁柜。

实验二十三　植物临时装片及徒手切片的制作

(一)临时装片的制作

临时装片是用新鲜的植物材料切成薄片，放在载玻片上的水滴中，加盖盖玻片做成的玻片标本。其方法如下：

(1)揩擦玻片　用左手拇指和食指夹住载玻片两侧，右手将纱布夹住玻片上下两面，朝一个方向揩擦干净为止。擦盖玻片时，右手大拇指和食指用纱布夹住盖玻片，左手拿住盖玻片两侧并转动，擦时手指用力要轻而均匀，否则容易压碎玻片。

(2)滴液　用吸管吸取水，滴一滴于载玻片中央。

(3)放置材料　把观察物放置于载玻片上的水滴中，注意勿使材料重叠或皱缩。

(4)加盖玻片　用镊子夹住盖玻片一侧，使另一侧先接触载玻片上水滴的边缘，再慢慢放下盖玻片以利排除空气、防止气泡产生。如果盖玻片下水分多溢出盖玻片外，可用吸水纸从盖玻片一侧吸去溢出的水分。若水充满盖玻片则可从一侧滴入一滴水，以赶走气泡便于观察。

(5)显微镜观察　先低倍物镜观察，在低倍观察基础上，如放大倍数不够，可进行高倍观察。

(二)临时徒手切片的制作(以橡胶树片三切面为例)

徒手切片法不需要机械设备，只需要一片锋利的刀片就可以完成切片的制作。其优点是简单方便，由于没有经过复杂的化学处理，比较能保持活体的情况，在组织化学上及许多一般观察上常常用到。但因为是徒手切片，因此要切成在光学显微镜下能观察的透明薄片，需要反复认真的练习。徒手切片的过程如下：

1.工具及材料的选择

徒手切片的重要工具是刀片或剃刀，每次用后必须擦干净，注意保护，以免生锈。所用材料要软硬适度，太硬切不动，太软切片组织会变形、重叠或破裂。若材料太硬可经过软化处理，即将材料切成小块，浸没在50%的酒精＋等量甘油液中，经过一昼夜后便可软化。切较软的材料时，可用木瓜、马铃薯、萝卜块等将欲切的材料夹住，一起进行切片。有些叶片亦可卷成筒状再进行切片。

2.切片的步骤

(1)执握材料和持刀　应先将要切的材料修成适当的段块，并削平切面，一般截面的大小以不超过3～5 mm为宜，长度2～3 cm，较便于手持并进行切片。修好后，用左手的大拇指、食指和中指夹紧材料，大拇指要略低于食指，材料略突出指端，以免刀口损伤手指，食指可作为切片的支柱，调节切片的厚度。右手平执刀片，这时两只手应该是自由的，即不使它们靠紧身体或压在桌上。

(2)切片　右手持刀片，使刀口轻轻贴近经过削平的平面上，刀口向内，且与材料断面平行，然后以均匀轻快的动作，自左前方向右后方拉动切片（图 23-1），注意切片过程，左手不动，动的是右手，且要用整个手臂向后拉（手腕不必用力）。切片时动作要敏捷，材料要一次切下，切勿将刀像拉锯似的来回拉动数次才切下一片。此外，整个过程中应用清水湿润材料和刀面，使之润滑，否则材料容易破损，而且切下的薄片要立即投入已盛水的培养皿中备用，供临时装片观察或做成永久制片保存备用。徒手切片时最重要的是切下一小片平而薄的组织，而并不要求切下一个完整的切片。

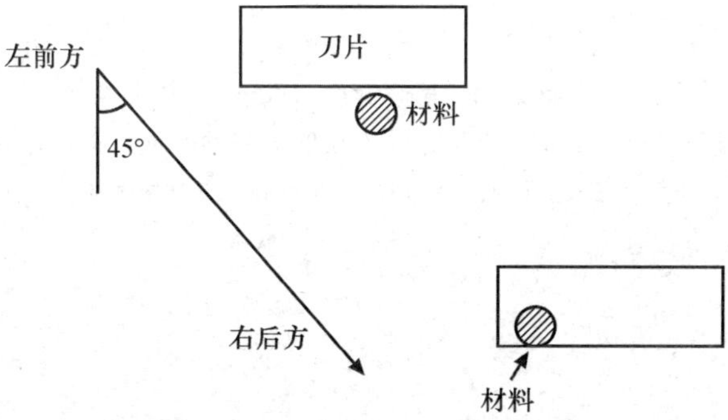

图 23-1　切片时，刀片移动方向示意图

3. 橡胶树片徒手切片及乳管染色

(1)用具和药品

①用具　广口瓶、培养皿、载玻片、盖玻片、打孔器、小刀、刀片、镊子、显微镜等。

②药品　FAA 固定液［70%酒精 90 mL、福尔马林 5 mL、冰醋酸 5 mL、苏丹Ⅲ(Sudan Ⅲ)］。

(2)材料　用打孔器在橡胶树干上挖取树皮（圆形皮块），投入装有 FAA（或 70%酒精）液的广口瓶中固定 24 h 后，可进行切片，也可以在其中长期保存，固定的目的是使乳管中的橡胶凝固等。

(3)切片和染色　用锋利小刀依照图 23-2 分别切下 a、b、c 三小块。a 块大小为(1.5×0.5) cm，其边长和茎长轴平行（即和树皮纹路平行），作为横切材料；b 块大小约(2.5×0.5) cm，其边长和茎长轴垂直（即和树皮纹路垂直），作为径向切材料；c 块为(0.5×0.5) cm 正方形，作为切向切材料。

A：圆形皮块，图中 a、b、c 表示三种材料切取位置方向，图中虚线表示树皮纹路。

(a、b、c 表示从 A 上切成的三种不同的形状方向的小皮块，其上箭头表示进行切片的开始位置。)

切片前用培养皿盛些水放自己前方，依照图 23-2 中箭头所指方向，用刀片将皮块修平，然后进行徒手切片，切下的切片放入培养皿水中，然后取切片置低倍镜下检查（不加盖玻片），假如切片充分透明，个别细胞可被看清楚，则切片可用于染色。假如切片很厚而不透明，则继续切，直到获得满意的切片为止，切片完毕，须将刀片擦净放好。

分别挑取横切、径向(纵)切和切向(纵)切的切片置于载玻片上，滴上苏丹Ⅲ染色，盖上盖玻片进行观察，结果乳管中的橡胶被染成红色。

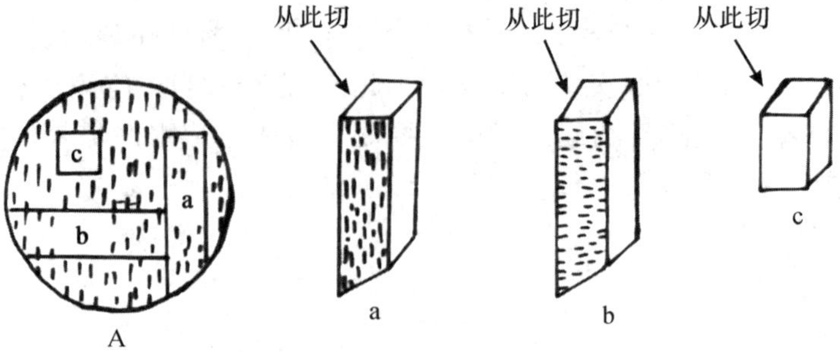

图 23-2 橡胶树皮切取示意图

A. 为圆形树皮块，a、b、c 表示从 A 上切取的三种不同方向的小树皮块，其上箭头表示进行切片的开始位置，图中虚线表示树皮纹路。

实验二十四　植物学绘图方法及植物形态描述简介

在植物学研究中，记述表达植物形态结构的特征，绘图是最基本最常用的方法。植物学绘图也是植物学实验的基本内容。欲使所绘之图形态逼真、结构准确，并能如实反映特点，掌握绘图方法尤为必要。

（一）植物学绘图方法

1.绘图用具

2H 或 3H 铅笔、绘图纸、削笔刀、橡皮、小尺等。

2.绘图要素

(1)基本要求

①仔细观察标本，区分正常结构与偶然、人为的差异，选择典型和正常的部分认真观察。充分了解各部分的结构特点是绘图的前提。科学、认真、实事求是的态度是绘图的保证。

②实验报告纸要保持平整、清洁。

③图和字一律用铅笔绘写，不得使用钢笔、圆珠笔及其他种颜色的笔。

(2)基本方法

①合理布局。一次实验要绘的图，无论数量多少及大小，一般都只能在一张实验报告纸的正面绘制。每幅图包括图和图注。绘图前，应根据要绘图的数量、大小、主次，在报告纸上作合理安排，使每一幅图在报告纸上的位置和大小适中，避免版面偏差。

②绘图一律用线条和点表示。各部分外围轮廓用线条表示，线条要一笔绘出，确保细致、清晰、光滑、连续。阴暗、深色部分用点的疏密表示，不能附加阴影，更不可涂抹。打点时，铅笔垂直，手腕均匀向下适当用力，致使所打之点细小、均匀、圆正，不拖尾。

③绘图时，先将要绘部分的全形轮廓用铅笔轻轻勾出，内部各部分亦然，求得准确后，再逐一绘实。

④每幅图均应有图注，图注由注示线和注释文字组成。注示线一律用平行横线引至图的右侧适当的位置，右端上下要对齐，间隔距离保持相等。图中较为集中的部分，可先用直斜线向右引出，然后再接着用平行横线引至右侧，横线与斜线间的夹角应大于 90°。注示线互不交叉，所指部位要清楚明确，一目了然。注释文字一律横向书写于注示线的右端，多字数名称紧缩字距，少字数名称匀开字距，使每一注释的首尾字上下对齐。文字力求用正楷或仿宋字体，书写工整，排列整齐。

⑤每幅图的正下方须横向标出详细图名和图示主题，并宜将该图的缩放比例准确标出。

(3)具体方法

①植物细胞图的绘法　细胞壁用双线条表示，线条间的距离表示壁的厚度，相邻细胞的一部分细胞壁应一并绘出，以示所绘细胞并非孤立。细胞器用单线条表示，细胞质、细胞核等结构因颜色较深，故用点的疏密表示。液泡一般不用线条绘出，留出较为透明的区域表示其存在

的位置、大小和形状即可。绘图时，要不断观察显微镜，力求各部分结构的大小、形状以及与整个细胞的比例都要切合实际。

②植物器官结构图的绘法　植物各器官细胞数量较多，在绘详图时，薄壁细胞的细胞壁一般用单线条绘出，厚壁细胞用双线条表示细胞壁的厚度，细胞内的结构除特殊情况（如厚角组织细胞内的叶绿体）外，一般可以不表示。在绘纵、横切面简图时，可仅用单线条勾绘出各部分轮廓，而无须绘出细胞，色深部分适当用点的疏密表示。

（二）植物形态描述

研究植物时，常常需要重点而且准确地描述植物，使按描述就能想象出植物整体及其他个别部分的形态。在描述时应遵守一定的规则：

①描述时应用准确而扼要的语言，尽量使其简略明晰，因此应删去使描述复杂化及拖长的字，为此要删去所有的谓语，主语不必重复。

②描述或观察应按照一定的顺序（当然依描述的目的不同，顺序可能是不同的）。一般来说应从外到内，从上到下逐个描述（例如从根、茎、叶到花序、苞片、花被、雄蕊、雌蕊最后到果实及种子），若根部无特殊情况（如无变态根、不定根或板根等）就不必描述。

③绘图是描述植物的重要方式之一，但绘图和文字叙述不能相互代替，只能相互补充。

实验二十五　花程式与花图式

(一)花程式

花程式是用字母、符号、数字来表示花的各个部分的组成、排列、位置、对称性及其相互关系的式子,以表述花的特征。现介绍花程式中常用的字母、符号和数字及其含义。

1. 字母的含义

K(德文 Kelch 的缩写):花萼;

C(拉丁文 Corolla 的缩写):花冠;

P(拉丁文 Perianthium 的缩写):花被;

A(拉丁文 Androecium 的缩写):雄蕊;

G(拉丁文 Gynoecium 的缩写):雌蕊。

2. 数字的含义

0:缺少或退化;1～10:花各部的数目;∞:多数(大于 10 的不定数)。

这些数字均写在代表各部分字母符号的右下角。

3. 符号的含义

↑:两侧对称花;*:辐射对称花;⚥:两性花;♂:雄花;♀:雌花;♂/♀:雌雄异株;( ):在数字外表示该部连合;+:某部分排列的轮数(一轮以上);G 右下方有三个数字,数字之间用“:”分开,第一个数字表示心皮数目,第二个数字表示子房室数,第三个数字表示每室胚珠数。—:在 G 上表示子房下位,在 G 下表示子房上位,同时在子房上下表示子房半下位;$\overset{\frown}{C\ A}$:冠生雄蕊。

例如:猪屎豆的花程式为:⚥↑$K_{(5)}C_{1+2+(2)}A_{(10)}\underline{G}_{1:1:\infty}$,其含义为:花两性,两侧对称;萼片 5 枚,合生;花瓣 5 枚,分离,三轮排列,其中 2 枚花瓣联合;雄蕊 10 枚,联合成单体雄蕊;子房上位,单雌蕊,一室,每室胚珠多数。

(二)花图式

花图式是用花的横切面的简图,用来表示花各部分的数目、离合、排列等的图解式,其实就是花的各部在垂直于花轴平面所做的投影。

1. 花各部分的表示形式

在绘制花图式时,小黑圈置于上方表示花轴;新月状空心弧形绘在下方或两侧,表示苞片或小苞片。如果是顶生花,则花轴、苞片和小苞片都不必绘出。花萼、花冠、雄蕊和雌蕊均位于花轴与苞片之间,内有线条的弧形表示萼片,由于萼片的中脉明显,故弧形的中央部分向外隆起突出。实心弧形表示花瓣。若为离生萼片、花瓣,各弧形彼此分离;若为连合,则以短实线或小弧线连接各弧片。同时,还应注意萼片及花瓣各轮的排列方式(镊合状、旋转状和覆瓦状)和相互关系(对生、互生)。萼片和花瓣若有距,则以弧线延长来表示。雄蕊以花药的横切面来表示,绘时还应表示出其排列方式和轮数、连合或分离、花药开裂方向、与花瓣之间的相互关系;如为退化雄蕊,则用虚线圈表示。雌蕊以子房横切面表示,绘制时应显示出心皮的数目、离合情况、子房室数、胎座类型及胚珠着生情况等。

2. 萼片和花瓣的排列方式

花图式必须表现出萼片与花瓣或其裂片在花芽中的排列方式。常见的有以下三种方式。

(1)镊合状:花瓣或萼片相邻间的边缘彼此接触,但相互间不遮盖(图 25-1 中的 1、2、3)。

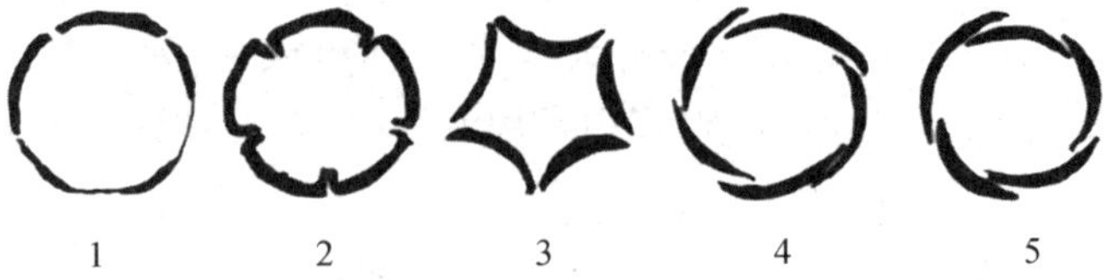

图 25-1 花瓣和花萼的排列方式

1～3. 镊合状 4. 旋转状 5. 覆瓦状

(2)旋转状:花瓣或萼片中的任意一片都是一边遮盖着相邻一片的边缘,而另一边又被另一相邻一片的边缘所遮盖(图 25-1 中的 4)。

(3)覆瓦状:与旋转状有些类似,但有所不同。在花瓣或萼片中,至少有一片完全在外及一片完全在内(图 25-1 中的 5)。

花图式的举例见图 25-2。

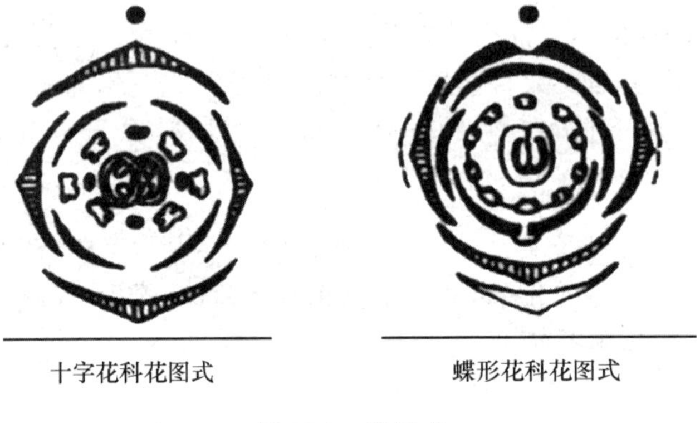

图 25-2 花图式

Ⅶ 附 录

附录 1 植物检索表的使用方法

一、检索表的编制方法

植物检索表是依据植物的特征，去检索植物的一种文字表。检索表是植物分类学中识别鉴定植物的钥匙。它是根据法国人拉马克（Lamarck，1744—1829）的二歧分类原则进行编制的，即通过对各种植物的形态特征进行对比分析，依次寻找其相同点和不同点，从而区分性质互不相容的二支，在每一支下，又寻找相同点和不同点，又区分为二支，如此继续分下去，直到所需要的分类单位（如科、属、种等）出现。

检索表中通常以生殖器官的形态特征为主要依据，并结合营养器官的形态。对那些包含大量种类、变异复杂的属，可分别以生殖器官和营养器官形态为主编制两个检索表。一个理想的检索表还应当反映植物类群之间的亲缘关系和演化顺序，以增强检索表的科学意义。

二、检索表的种类

检索表的种类主要有两种。一为定距检索表（内缩检索表），即相对的两个特征，相隔一定的距离；一为平行检索表，即相对的两个特征，相互平等排列紧密相连。这两种检索表的表达方式是：每一相对性状的叙述在左边一定距离处出现，而注明同样的号码，如 1—1、2—2、3—3 等，如此下去，最后出现某级名称。

（一）定距检索表举例

木槿属（*Hibiscus* Linn.）种的检索表

1. 一年生或多年生亚灌木状草本。
 2. 茎、叶柄及萼无刺，萼及小苞片肉质，紫红色 ………………………………………… 玫瑰茄
 2. 茎、叶柄及萼有刺，萼及小苞片与上不同……………………………………………… 大麻
1. 灌木或小乔木。
 2. 小苞片分离。
  3. 花瓣细裂如流苏状，小苞片极小，长不过 2 mm ……………………………… 吊灯花
  3. 花瓣不分裂，小苞片长达 5 mm 以上。
   4. 叶五角形或 5 裂，花白色或淡红色，后变为深红；各部均被灰色星状柔毛 ……… 木芙蓉

4. 叶阔卵形或三角状卵形,各部近秃净。

5. 叶阔卵形,雄蕊常突出,长于花瓣 ………………………………………………… 大红花

5. 叶三角状卵形或菱形;雄蕊短于花瓣……………………………………………… 木槿

2. 小苞片合生成一个 9～10 齿裂,宿存的杯状体,叶圆形;花黄色 ……………………… 黄槿

此类检索表是最常采用的一种,其优点是每对相对性状的特征都被排列在相同距离,分歧情况一目了然,使用方便。缺点是当检索类群较多、检索表很长时,容易排错位置,而且左边留出的空白处较多,比较占篇幅。

(二)平行检索表举例

木槿属(*Hibiscus* Linn.)种的检索表

1. 一年生或多年生灌木状草本……………………………………………………………… 2

1. 灌木或小乔木……………………………………………………………………………… 3

2. 茎、叶柄及萼无刺,萼及小苞片肉质紫红色 ……………………………………… 玫瑰茄

2. 茎、叶柄及萼有刺,萼及小苞片与上不同 ………………………………………… 大麻

3. 小苞片分离………………………………………………………………………………… 4

3. 苞片合生成一个 9～10 齿裂,宿存的杯状体,叶圆心形,花黄色……………………… 黄槿

4. 花瓣细裂如流苏状,小苞片极小,长不过 2 mm ………………………………… 吊灯花

4. 花瓣不分裂,小苞片长达 5 mm 以上 ……………………………………………………… 5

5. 叶五角形或 5 裂,花白色或淡红色,后变为深红;各部均被灰色星状柔毛…………… 木芙蓉

5. 叶阔卵形或三角状卵形,各部近秃净 ………………………………………………… 6

6. 叶阔卵形,雄蕊常突出,长于花瓣 ………………………………………………… 大红花

6. 叶三角状卵形或菱形;雄蕊短于花瓣……………………………………………… 木槿

此检索表的优点在于每一对相对特征的描述并列在相邻的两行,便于比较,由于不退格,节约纸张,且排列整齐。其缺点在于检索时每项下所包括的类群不能一目了然,使用不方便。

三、检索表的使用方法

植物分类检索表通常只有科、属、种三种,因此我们要鉴别一种未知的植物时首先要弄清楚该植物是属哪门、哪纲。然后再去找相应种类的检索表去查对。例如知道这种植物是属种子植物门,被子植物亚门和双子叶植物纲,则找被子植物双子叶植物纲的科属检索表查对,便可查到这种植物所属的科,再由这一科的检索表查出这种植物所属的属,最后由这一属的检索表查出种的学名来。

查定距检索表方法:查检索表必须一手拿着欲查的标本,一边观察其形态特征(必要时要使用手持放大镜或体视显微镜来观察。)一边与检索表所描述的特征对照。先看检索表号码 1,如与所列的特征符合就接着查 2,如符合再查 3;反之,就查第二个 1。总之,每个号码均有两项,二者必居其之。如此往下查,必得该植物的科、属、种名称。

查平行检索表方法:对照欲查植物特征先看第一个 1,如符合,就按其虚线后所示的号码再查第 2 项,如不符合,就查第 2 个 1,如此重复下去,最后必查出科、属、种名称。

四、查检索表的注意事项

首先要仔细观察和解剖花的构造，要正确判别植物各部分的特征和掌握各种术语的正确意义，才能根据检索表鉴定出来，否则在检索过程中如有一项特征疏忽弄错，就要影响鉴定的结果。其次，每次查到一个科名、属名或种名，都要按照标本特征与书本中所记载该科、该属、该种的特征仔细核对，如核对无误，最后就能查到该种植物的学名，如果不符合或有矛盾，那么就要重新逐次仔细复查。

附录2　常见被子植物分科检索表

1. 花各部器官常4～5数；叶常为网状脉，无叶鞘；子叶2枚；茎具中央髓部，通常有环状维管束；若为多年生的木本植物则有年轮 …………………… 一、双子叶植物纲 Dicotyledoneae
1. 花的各部器官常3数；叶常为平行脉，具叶鞘；子叶1枚；茎无中央髓部，通常有散生维管束；若为木质时，也无年轮状生长 ………………………… 二、单子叶植物纲 Monocotyledoneae

一、双子叶植物纲(Dicotyledoneae)

子叶2枚；叶片多为网状脉序；根多为直根系；花常4～5基数。

1. 花冠缺，或花萼呈花瓣状或花被全缺 ……………………………… (一)无花瓣亚区 Apetalae
1. 花萼与花冠均存在。
  2. 花瓣分离 ………………………………………………………… (二)离瓣花亚区 Choripetalae
  2. 花瓣部分合生 ……………………………………………………… (三)合瓣花亚区 Gamopetalae

(一)无花瓣亚区(Apetalae)

(花冠缺，或花萼呈花瓣状或花被全缺，若花被为单层时，无论有颜色与否均当为无花瓣对待)

1. 花单性，常具葇荑花序。
  2. 裸花，或雄花中有花萼。
    3. 雌花以花梗着生于椭圆形膜质苞片的中脉上；1个心皮 ……… 59. 漆树科 Anacardiaceae
    3. 雌花情形与上述不同；2至多个心皮。
      4. 多为木质藤本；单叶全缘；掌状叶脉；浆果 ……………………… 4. 胡椒科 Piperaceae
      4. 乔木或灌木；叶为各式；常为羽状叶脉；非浆果。
        5. 旱生性植物；小枝轮生或假轮生，具节；叶退化为鳞片状且轮生于节上 …………………………………………………… 48. 木麻黄科 Casuarinaceae
        5. 植物与上不同，木质或草质，有绿色、寻常的叶 ……………… 23. 胡桃科 Juglandaceae
  2. 具花萼，或雄花为裸花。
    3. 子房下位 …………………………………………………… 23. 胡桃科 Juglandaceae
    3. 子房上位。
      4. 植物体中有白色乳汁。
        5. 子房1室；聚花果 …………………………………………… 49. 桑科 Moraceae
        5. 子房2～3室；蒴果 ……………………………………… 43. 大戟科 Euphorbiaceae
      4. 植物体内无乳汁，稀具红色乳汁。
        5. 单心皮子房；雄蕊的花丝在花蕾中向内屈曲 ……………… 50. 荨麻科 Urticaceae
        5. 合生心皮子房；雄蕊的花丝在花蕾中常直立。
          6. 雄蕊10至多数，或少于10 ………………………………… 43. 大戟科 Euphorbiaceae

6. 雄蕊少数至数个，或和花萼裂片同数。
7. 草本或草质藤本；掌状分裂叶或掌状复叶 …………………………… 49. 桑科 Moraceae
7. 乔木或灌木；全缘叶或指状 3 小叶 ……………………… 43. 大戟科 Euphorbiaceae
1. 花两性或单性，不具葇荑花序。
2. 子房或子房室内有数个至多数胚珠。
3. 子房下位或半下位。
4. 单性花，如为两性花时则成肉穗花序 ……………………… 28. 秋海棠科 Begoniaceae
4. 两性花，但不成肉穗花序。
5. 子房 1 室。
6. 茎肥厚，绿色，常具棘刺，叶常退化 ……………………… 30. 仙人掌科 Cactaceae
6. 茎不成上述形状，叶正常 ………………………………… 7. 虎耳草科 Saxifragaceae
5. 子房 4 室或多室 ……………………………………… 17. 柳叶菜科 Onagraceae
3. 子房上位。
4. 雌蕊或子房 2 个，或多数。
5. 草本 ……………………………………………………… 7. 虎耳草科 Saxifragaceae
5. 木本 ……………………………………………………… 40. 梧桐科 Sterculiaceae
4. 雌蕊或子房 1 个。
5. 雄蕊生于萼筒或杯状花托上。
6. 羽状复叶；荚果 …………………………………… 46. 苏木科 Caesalpiniaceae
6. 单叶；非荚果 …………………………………………… 15. 千屈菜科 Lythraceae
5. 雄蕊着生于扁平或凸起的花托上。
6. 木质藤本 ………………………………………………… 11. 苋科 Amaranthaceae
6. 草本或亚灌木。
7. 侧膜胎座 ……………………………………………… 5. 十字花科 Cruciferae
7. 特立中央胎座。
8. 花序呈聚伞状；萼片草质 ……………………………… 8. 石竹科 Caryophyllaceae
8. 花序穗状、头状或圆锥状；萼片多少为干膜质 ………… 11. 苋科 Amaranthaceae
2. 子房或子房室内仅有 1 至数个胚珠。
3. 叶片中常有透明微点。
4. 羽状复叶 …………………………………………………… 54. 芸香科 Rutaceae
4. 单叶。
5. 草本植物；裸花，常穗状花序 ……………………………… 4. 胡椒科 Piperaceae
5. 木本；单被花，非穗状花序 ………………………… 43. 大戟科 Euphorbiaceae
3. 叶片中无透明微点。
4. 雄蕊连成一体。
5. 单性花，雄花成球形头状花序，雌花生于具钩状芒刺的果壳中 … 72. 菊科 Compositae
5. 两性花，如为单性花时，也无上述情形。
6. 草本；两性花。
7. 花显著，总苞连合成花萼状 ………………………… 19. 紫茉莉科 Nyctaginaceae

7. 花微小，总苞无上述情形 …………………………………… 11. 苋科 Amaranthaceae
6. 乔木或灌木；单性花或杂性花。
7. 花萼呈覆瓦状排列，至少在雄花中如此 ………………… 43. 大戟科 Euphorbiaceae
7. 花萼呈镊合状排列 ……………………………………… 40. 梧桐科 Sterculiaceae
4. 雄蕊相互分离。
5. 每花有雌蕊 2 个至多数。
6. 花托下陷，呈杯状或坛状 ………………………………… 44. 蔷薇科 Rosaceae
6. 花托扁平或隆起，有时延长 ……………………………… 1. 木兰科 Magnoliaceae
5. 每花仅有 1 个复合或单雌蕊。
6. 子房下位或半下位。
7. 叶片下被盾状或鳞片状附属物 ………………………… 53. 胡颓子科 Elaeagnaceae
7. 叶片下不被盾状或鳞片状附属物。
8. 叶缘有齿 …………………………………………………… 50. 荨麻科 Urticaceae
8. 叶全缘。
9. 寄生植物；果实浆果状 ………………………………… 52. 桑寄生科 Loranthaceae
9. 陆生植物，果实坚果状或核果状 ……………………… 34. 使君子科 Combetaceae
6. 子房上位。
7. 托叶呈鞘状抱茎，宿存 …………………………………… 10. 蓼科 Polygonaecae
7. 无托叶鞘，若有则早落。
8. 草本，稀亚灌木。
9. 无花被。
10. 花两性或单性，子房 1 室 ……………………………… 4. 胡椒科 Piperaceae
10. 花单性，子房 2～3 室 ………………………………… 43. 大戟科 Euphorbiaceae
9. 有花被。
10. 花萼呈花瓣状，并为管状。
11. 花有总苞 ……………………………………………… 19. 紫茉莉科 Nyctaginaceae
11. 花无总苞 ……………………………………………… 18. 瑞香科 Thymelaeaceae
10. 花萼非如上述情形。
11. 雄蕊生于花被上。
12. 复叶，具草质托叶 …………………………………… 44. 蔷薇科 Rosaceae
12. 单叶，无草质托叶。
13. 花被片和雄蕊各为 4～5 个，对生；托叶膜质 …… 8. 石竹科 Caryophyllaceae
13. 花被片和雄蕊各为 3 个，互生；无托叶 ………… 10. 蓼科 Polygonaecae
11. 雄蕊生于子房下面。
12. 花柱或其分枝为 2 至数个。
13. 子房 3 室 ……………………………………………… 43. 大戟科 Euphorbiaceae
13. 子房 1～2 室。
14. 复叶，若单叶则有托叶 …………………………… 49. 桑科 Moraceae
14. 单叶，无托叶 ……………………………………… 11. 苋科 Amaranthaceae

12. 花柱 1 个。
13. 两性花 …………………………………………………… 5. 十字花科 Cruciferae
13. 单性花 …………………………………………………… 50. 荨麻科 Urticaceae
8. 木本植物。
9. 耐寒旱性灌木,叶微小而细长或鳞片状 ……………… 8. 石竹科 Caryophyllaceae
9. 非上述植物;叶片矩圆形至披针形,或宽广至圆形。
10. 果实及子房均为 2 至数室,稀为不完全的 2 至数室。
11. 两性花。
12. 花萼 3～5 片,覆瓦状排列 ………………………… 43. 大戟科 Euphorbiaceae
12. 花萼多为 5 片,镊合状排列 ……………………… 39. 杜英科 Elaeocarpaceae
11. 单性花或杂性花。
12. 果实坚果状或有翅的蒴果 ………………………… 58. 无患子科 Sapindaceae
12. 果实为无翅蒴果,多为室间开裂 ………………… 43. 大戟科 Euphorbiaceae
10. 果实及子房均为 1～2 室,稀 3 室。
11. 花萼具明显的萼筒,常呈花瓣状。
12. 叶无毛或下面被柔毛;萼筒脱落 ………………… 18. 瑞香科 Thymelaeaceae
12. 叶下面被银白色或棕色鳞片;萼筒宿存 ………… 53. 胡颓子科 Elaeagnaceae
11. 花萼不具上述情形,或为裸花。
12. 花药 2 或 4 瓣裂 ……………………………………………… 3. 樟科 Lauraceae
12. 花药非瓣裂。
13. 叶对生 ………………………………………………………… 68. 木犀科 Oleaceae
13. 叶互生。
14. 羽状复叶。
15. 二回羽状复叶,或叶退化呈叶状柄 …………… 45. 含羞草科 Mimosaceae
15. 一回羽状复叶。
16. 两性花或杂性花 ……………………………… 58. 无患子科 Sapindaceae
16. 单性花 ………………………………………… 59. 漆树科 Anacardiaceae
14. 单叶。
15. 无被花 ……………………………………………………… 4. 胡椒科 Piperaceae
15. 有被花,尤其在雄花。
16. 植物体内有乳汁 …………………………………………… 49. 桑科 Moraceae
16. 植物体内无乳汁。
17. 花柱或其分枝 2 至数个 ………………… 43. 大戟科 Euphorbiaceae
17. 花柱 1 个。
18. 花两性 …………………………………………… 20. 山龙眼科 Proteaceae
18. 花单性。
19. 花生于当年新枝上;雄蕊多数 …………………… 44. 蔷薇科 Rosaceae
19. 花生于老枝上;雄蕊和萼片同数 ……………… 50. 荨麻科 Urticaceae

（二）离瓣花亚区（Choripetalae）

（花萼和花冠均存在，花瓣彼此分离）
1. 雄蕊10个以上，或超过花瓣的2倍。
 2. 子房下位或半下位。
  3. 植物体肉质多刺，常无真正的叶 ……………………………… 30. 仙人掌科 Caceaceae
  3. 植物体为普通形态，有真正的叶。
   4. 草本，稀亚灌木。
    5. 花单性 ……………………………………………………… 28. 秋海棠科 Begoniaceae
    5. 花两性 ……………………………………………………… 9. 马齿苋科 Portulacaceae
   4. 木本，稀亚灌木，有时以气生小根而攀缘。
    5. 叶常对生。
     6. 叶缘有齿或全缘，花序常有不孕的边花 …………………… 7. 虎耳草科 Saxifragaceae
     6. 叶全缘；花序无不孕花。
      7. 叶脱落性；花萼朱红色 ………………………………………… 16. 石榴科 Punicaceae
      7. 叶常绿性；花萼非朱红色。
       8. 叶片中有腺体微点 ………………………………………… 32. 桃金娘科 Myrtaceae
       8. 叶片中无腺体微点 ………………………………………… 35. 红树科 Rhizophoaceae
    5. 叶互生。
     6. 花瓣细长，花后向外翻转 ……………………………………… 60. 八角枫科 Alangiaceae
     6. 花瓣不成细长形，花后不向外翻转。
      7. 无托叶 ……………………………………………………… 66. 灰木科 Symplocaceae
      7. 有托叶。
       8. 花萼裂片在果时扩大成翅状 …………………………… 22. 龙脑香科 Dipterocarpaceae
       8. 花萼裂片无上述变化。
        9. 子房1室；侧膜胎座………………………………………… 25. 天料木科 Samydaceae
        9. 子房2～5室；中轴胎座 ……………………………………… 44. 蔷薇科 Rosaceae
 2. 子房上位。
  3. 周位花。
   4. 叶对生或轮生；花瓣常于蕾中呈皱折状 ………………………… 15. 千屈菜科 Lythraceae
   4. 叶互生，单叶或复叶；花瓣不呈皱折状。
    5. 花瓣覆瓦状排列，蔷薇形花冠 ……………………………………… 44. 蔷薇科 Rosaceae
    5. 花瓣镊合状排列，非蔷薇形花冠………………………………… 45. 含羞草科 Mimosaceae
  3. 下位花。
   4. 雌蕊少数至多数，分离或稍有连合。
    5. 雄蕊的花丝连成一体 ……………………………………………… 42. 锦葵科 Malvaceae
    5. 雄蕊的花丝互相分离。
     6. 草本，稀亚灌木；裂叶或复叶 ……………………………………… 44. 蔷薇科 Rosaceae
     6. 木本；单叶。

7. 萼片及花瓣均为镊合状排列；胚乳具嚼痕 …………………… 2. 番荔枝科 Annonaceae
7. 萼片及花瓣均为覆瓦状排列；胚乳无嚼痕 …………………… 1. 木兰科 Magnoliaceae
4. 雌蕊 1 个，但花柱或柱头可 1 至多数。
5. 叶片具透明微点。
6. 叶互生，羽状复叶或单身复叶 ………………………………… 54. 芸香科 Rutaceae
6. 叶对生，单叶。
7. 花两性；蒴果 …………………………………………… 36. 金丝桃科 Hypericaceae
7. 花两性或杂性；浆果或核果 ………………………………… 37. 藤黄科 Guttiferae
5. 叶片无透明微点。
6. 子房单纯，具 1 子房室 ………………………………… 45. 含羞草科 Mimosaceae
6. 子房为复合性。
7. 子房 1 室，或子房基部为 3 室。
8. 特立中央胎座。
9. 草本；子房基部为 3 室 ………………………………… 9. 马齿苋科 Portulacaceae
9. 灌木；子房 1 室 ……………………………………… 35. 红树科 Rhizophoaceae
8. 侧膜胎座 ………………………………………………… 24. 红木科 Bixaceae
7. 子房 2 至多室，或为不完全的 2 至多室。
8. 草本；萼片略呈花瓣状 ……………………………… 43. 大戟科 Euphorbiaceae
8. 木本或陆生草本；萼片不呈花瓣状。
9. 萼片镊合状排列。
10. 雄蕊分离或连合成数束。
11. 花药 1 至数室；复叶或单叶，全缘 ……………… 41. 木棉科 Bombacaceae
11. 花药 2 室；单叶，叶缘常有齿。
12. 花药顶端孔裂 ………………………………… 39. 杜英科 Elaeocarpaceae
12. 花药纵长裂开 ………………………………… 38. 椴树科 Tiliaceae
10. 雄蕊连合成单体，具雄蕊管，稀外层雄蕊不连合。
11. 花单性；萼片 2～3 片 ……………………… 43. 大戟科 Euphorbiaceae
11. 花常两性；萼片多 5 片。
12. 花药 2 至多室。
13. 无副萼 ………………………………………… 40. 梧桐科 Sterculiaceae
13. 有副萼 ………………………………………… 41. 木棉科 Bombacaceae
12. 花药 1 室。
13. 花粉粒表面平滑；掌状复叶 ………………… 41. 木棉科 Bombacaceae
13. 花粉粒表面有刺；叶有各种情形 ……………… 42. 锦葵科 Malvaceae
9. 萼片覆瓦状或旋转状排列。
10. 单性花；蒴果 ……………………………… 43. 大戟科 Euphorbiaceae
10. 多两性花；果实为其他情形。
11. 萼片在果实时增大成翅状 …………………… 22. 龙脑香科 Dipterocarpaceae
11. 萼片无上述变化。

12. 蒴果具5个棱角,成熟时瓣裂 …………………………… 44. 蔷薇科 Rosaceae
12. 非蒴果,若为蒴果,成熟时背裂 ………………………… 31. 山茶科 Theaceae
1. 雄蕊10个或更少,如多于10个,其数目不超过花瓣的2倍。
2. 雄蕊和花瓣同数,且和它对生。
3. 雌蕊3至多个,离生 ……………………………………… 44. 蔷薇科 Rosaceae
3. 雌蕊1个。
4. 子房2至数室。
5. 单叶 ………………………………………………… 40. 梧桐科 Sterculiaceae
5. 掌状复叶 …………………………………………… 41. 木棉科 Bombacaceae
4. 子房1室,稀子房下部呈3室。
5. 子房下位或半下位。
6. 叶互生,边缘有齿;蒴果 ………………………… 25. 天料木科 Samydaceae
6. 叶常对生或轮生,全缘;浆果或核果 ……………… 52. 桑寄生科 Loranthaceae
5. 子房上位。
6. 缠绕草本;叶肥厚、肉质 …………………………… 12. 落葵科 Basellaceae
6. 直立草本或木本;叶非上述情形。
7. 雄蕊连成单体 …………………………………… 40. 梧桐科 Sterculiaceae
7. 雄蕊相互分离 …………………………………… 9. 马齿苋科 Portulacaceae
2. 雄蕊和花瓣不同数,如同数时则雄蕊和它互生。
3. 单性花;雄蕊8个,不等长 ……………………………… 59. 漆树科 Anacardiaceae
3. 两性花或单性花;雄花中的雄蕊等长。
4. 花萼或其筒部和子房多少有些连合。
5. 每子房室内含胚珠2至多个。
6. 花药顶端孔裂 ……………………………………… 33. 野牡丹科 Melastomaceae
6. 花药纵长开裂。
7. 草本或亚灌木,有时为攀缘性。
8. 具卷须的攀缘草本;单性花 ……………………… 27. 葫芦科 Cucubitaceae
8. 无卷须的植物;常为两性花。
9. 萼片或花萼裂片2片;植物体多少肉质而多水分 …… 9. 马齿苋科 Portulacaceae
9. 萼片或花萼裂片4～5片;植物体常不为肉质。
10. 花柱2至多个;种子具胚乳 ……………………… 7. 虎耳草科 Saxifragaceae
10. 花柱1个;种子无胚乳 ………………………… 17. 柳叶菜科 Onagraceae
7. 木本。
8. 叶互生。
9. 叶掌状分裂;子房1室 …………………………… 7. 虎耳草科 Saxifragaceae
9. 叶缘有齿,有时全缘;子房3～5室 ……………… 65. 安息香科 Styracaceae
8. 叶常对生。
9. 胚珠多数,侧膜或中轴胎座;无托叶 ……………… 7. 虎耳草科 Saxifragaceae
9. 胚珠2至数个,近于子房室顶端悬垂。

10. 无托叶，种子无胚乳 ………………………………… 34. 使君子科 Combetaceae
10. 有托叶；种子常有胚乳，胎生 ………………………… 35. 红树科 Rhizophoaceae
5. 每子房室内含胚珠 1 个。
6. 双悬果；常为伞形花序…………………………………………… 62. 伞形科 Umbelliferae
6. 非双悬果；各式花序。
7. 草本 ……………………………………………………………… 17. 柳叶菜科 Onagraceae
7. 木本。
8. 花瓣镊合状排列；常不为伞形或头状花序 ……………… 60. 八角枫科 Alangiaceae
8. 花瓣呈覆瓦状或镊合状排列；花序常为伞形或头状花序 …… 61. 五加科 Araliaceae
4. 花萼和子房相分离。
5. 叶片中有透明微点。
6. 花整齐，极少为两侧对称；非荚果 …………………………… 54. 芸香科 Rutaceae
6. 花整齐或不整齐；荚果 ……………………………………… 45. 含羞草科 Mimosaceae
5. 叶片中无透明微点。
6. 雌蕊 2 个或更多，互相分离或仅有子房局部连合；或子房分离而花柱连合成一个。
7. 多水分的草本，具肉质的茎及叶 ………………………………… 6. 景天科 Crassulaceae
7. 植物体为其他情形。
8. 周位花。
9. 蔷薇形花冠；种子有胚乳 ………………………………… 44. 蔷薇科 Rosaceae
9. 非蔷薇形花冠；种子无胚乳 ……………………………… 7. 虎耳草科 Saxifragaceae
8. 下位花，稀微呈周位。
9. 单叶。
10. 雌蕊 7 至多数；直立或缠绕性灌木；两性花或单性花
………………………………………………………………… 1. 木兰科 Magnoliaceae
10. 雌蕊 4～6；直立木本；两性花 ………………………… 59. 漆树科 Anacardiaceae
9. 复叶 ………………………………………………………… 55. 苦木科 Simaroubaceae
6. 雌蕊 1 个，或至少其子房为 1 个。
7. 单心皮，1 室子房。
8. 核果或浆果。
9. 花药瓣裂 ……………………………………………………………… 3. 樟科 Lauraceae
9. 花药纵裂。
10. 落叶性；雄蕊 10 个；周位花 ………………………………… 44. 蔷薇科 Rosaceae
10. 常绿性；雄蕊 1～5 个；下位花…………………………… 59. 漆树科 Anacardiaceae
8. 蓇葖果或荚果。
9. 蓇葖果 ………………………………………………………… 44. 蔷薇科 Rosaceae
9. 荚果。
10. 假蝶形花冠，上升覆瓦状排列，旗瓣在最内侧……… 46. 苏木科 Caesalpiniaceae
10. 蝶形花冠，下降覆瓦状排列，旗瓣在最外侧 ……… 47. 蝶形花科 Papilionaceae
7. 多心皮复子房，或结合成 1 室子房。

8. 子房1室或上部1室，或中央有1假隔膜而发育成2室。
9. 花下位，花瓣4片 ………………………………………………… 5. 十字花科 Cruciferae
9. 花周位或下位，花瓣3～5，稀2片或更多。
10. 每子房室内仅有1胚珠。
11. 木本；常为羽状复叶 ………………………………… 59. 漆树科 Anacardiaceae
11. 木本或草本；单叶。
12. 常为木本；无膜质托叶 ………………………………………… 3. 樟科 Lauraceae
12. 草本或亚灌木；具膜质托叶 ………………………………… 10. 蓼科 Polygonaecae
10. 每子房室内有2至多个胚珠。
11. 木本或攀缘植物。
12. 花瓣及雄蕊均着生于花萼上 ……………………………… 15. 千屈菜科 Lythraceae
12. 花瓣及雄蕊均着生于花托上或子房柄上。
13. 花瓣有直立而常彼此连接的瓣爪 ……………… 21. 海桐花科 Pittosporaceae
13. 花瓣无细长的瓣爪 ……………………………………… 26. 西番莲科 Passifloraceae
11. 草本或亚灌木。
12. 胎座位于子房室的中央或基部。
13. 花瓣着生于花萼的喉部 ……………………………… 15. 千屈菜科 Lythraceae
13. 花瓣着生于花托上。
14. 萼片2片；叶互生 ……………………………………… 9. 马齿苋科 Portulacaceae
14. 萼片5或4片；叶对生 ………………………………… 8. 石竹科 Caryophyllaceae
12. 侧膜胎座。
13. 具副花冠及子房柄 ……………………………………… 26. 西番莲科 Passifloraceae
13. 无副花冠及子房柄 ……………………………………… 7. 虎耳草科 Saxifragaceae
8. 子房2室或多室。
9. 花瓣形状彼此极不相等。
10. 子房2室 ……………………………………………………… 7. 虎耳草科 Saxifragaceae
10. 子房5室 ……………………………………………………… 14. 凤仙花科 Balsminaceae
9. 花瓣形状彼此相等或微有不等。
10. 雄蕊数和花瓣数既不相等，也不是它的倍数。
11. 叶对生 ……………………………………………………………… 68. 木犀科 Oleaceae
11. 叶互生。
12. 单叶；单性花 ……………………………………………… 43. 大戟科 Euphorbiaceae
12. 单叶或复叶；两性花或杂性花。
13. 萼片镊合状排列；雄蕊连成一体 …………………… 40. 梧桐科 Sterculiaceae
13. 萼片覆瓦状排列；雄蕊分离。
14. 子房4或5室；种子具翅 ……………………………………… 57. 楝科 Meliaceae
14. 子房常3室；种子无翅 ………………………………… 58. 无患子科 Sapindaceae
10. 雄蕊和花瓣数相等，或是它的倍数。
11. 每子房室内有胚珠3至多数。

12. 复叶。
13. 雄蕊连合为单体 ………………………………………… 13. 酢浆草科 Oxalidaceae
13. 雄蕊彼此分离。
14. 2～3 回的三出复叶，或掌状叶 ………………… 7. 虎耳草科 Saxifragaceae
14. 一回羽状复叶 …………………………………………………… 57. 楝科 Meliaceae
12. 单叶。
13. 草本或亚灌木。
14. 花周位；花托有些中空。
15. 雄蕊着生于杯状花托的边缘 ……………………… 7. 虎耳草科 Saxifragaceae
15. 雄蕊着生于杯状或管状花萼或花托的内侧 …… 15. 千屈菜科 Lythraceae
14. 花下位，花托常扁平。
15. 叶对生或轮生，常全缘 …………………………… 8. 石竹科 Caryophyllaceae
15. 叶互生或基生，稀对生，叶缘有齿，或叶退化为鳞片状
……………………………………………………………… 38. 椴树科 Tiliaceae
13. 木本。
14. 花瓣常有彼此衔接或其边缘互相依附的柄状瓣爪
…………………………………………………… 21. 海桐花科 Pittosporaceae
14. 花瓣无瓣爪，或仅具互相分离的细长柄状瓣爪。
15. 花托空凹。
16. 叶常绿性，互生，叶缘有齿 ……………………… 7. 虎耳草科 Saxifragaceae
16. 叶脱落性，对生或互生，全缘 ………………… 15. 千屈菜科 Lythraceae
15. 花托扁平或微凸起 ………………………………… 39. 杜英科 Elaeocarpaceae
11. 每子房室内有胚珠 1～2 个。
12. 草本，有时基部呈灌木状。
13. 花单性或杂性。
14. 复叶；具卷须藤本 ………………………………………… 58. 无患子科 Sapindaceae
14. 单叶；直立草本或亚灌木 …………………………… 43. 大戟科 Euphorbiaceae
13. 花两性 ………………………………………………………………… 38. 椴树科 Tiliaceae
12. 木本。
13. 复叶，稀单叶而有具翅的果实。
14. 雄蕊连合为单体。
15. 花萼及花瓣为三出数 ……………………………………… 56. 橄榄科 Burseraceae
15. 花萼及花瓣为 4～6 出数 ……………………………………… 57. 楝科 Meliaceae
14. 雄蕊互相分离。
15. 花柱 3～5 个；叶常互生 …………………………… 59. 漆树科 Anacardiaceae
15. 花柱 1 个；叶对生或互生 ………………………… 58. 无患子科 Sapindaceae
13. 单叶；果实无翅。
14. 雄蕊连成单体，若为 2 轮，则内轮雄蕊连合 …… 43. 大戟科 Euphorbiaceae
14. 雄蕊彼此分离，稀和花瓣相连合而形成 1 管状物。

15. 蒴果 ………………………………………………… 43. 大戟科 Euphorbiaceae
15. 核果或浆果。
16. 花瓣呈镊合状排列 ……………………………… 35. 红树科 Rhizophoaceae
16. 花瓣呈覆瓦状排列。
17. 单性花;花瓣比萼片小 ………………………… 43. 大戟科 Euphorbiaceae
17. 两性花或单性花;花瓣常比萼片大 ………… 51. 冬青科 Aquifoliaceae

(三)合瓣花亚区(Gamopetalae)

(花萼和花瓣均存在,花瓣多少连合)
1. 雄蕊或单体雄蕊的数目多于花冠裂片。
2. 离生心皮雌蕊或单心皮雌蕊。
3. 单叶对生,肉质 ………………………………………………… 6. 景天科 Crassulaceae
3. 复叶互生,非肉质……………………………………………… 45. 含羞草科 Mimosaceae
2. 合生心皮雌蕊。
3. 花单性或杂性。
4. 无分枝木本;子房1室 ………………………………………… 29. 番木瓜科 Caricaceae
4. 具分枝木本;子房2至多室。
5. 雄蕊连合成单体,或内层雄蕊连合;蒴果 ………………… 43. 大戟科 Euphorbiaceae
5. 雄蕊彼此分生;浆果 ………………………………………… 63. 柿树科 Ebenaceae
3. 花两性。
4. 花瓣连成一盖状物,或花萼裂片及花瓣均可合成为1～2层的盖状物。
5. 单叶,有透明微点 …………………………………………… 32. 桃金娘科 Myrtaceae
5. 复叶,无透明微点 …………………………………………… 61. 五加科 Araliaceae
4. 花瓣及花萼裂片均不连成盖状物。
5. 每子房室中有3个至多个胚珠。
6. 雄蕊5～10个或不超过花冠裂片的2倍。
7. 复叶;子房上位;花柱5个 ………………………………… 13. 酢浆草科 Oxalidaceae
7. 单叶;子房下位;花柱1个 ………………………………… 65. 安息香科 Styracaceae
6. 雄蕊为不定数。
7. 萼片和花瓣常各为多数,无显著的区分;子房下位 ………… 30. 仙人掌科 Caceaceae
7. 萼片和花瓣各为5片,有显著的区分;子房上位。
8. 萼片呈镊合状排列;单体雄蕊 ……………………………… 42. 锦葵科 Malvaceae
8. 萼片呈覆瓦状排列 ………………………………………… 31. 山茶科 Theaceae
5. 每子房室中常仅有1～2个胚珠。
6. 有些萼片在果时扩大成翅状 ………………………… 22. 龙脑香科 Dipterocarpaceae
6. 萼片无上述变大情况。
7. 子房下位或半下位;果实歪斜 …………………………… 66. 灰木科 Symplocaceae
7. 子房上位。
8. 单体雄蕊 ………………………………………………… 42. 锦葵科 Malvaceae

8. 非单体雄蕊。
9. 子房1～2室;蒴果 ······································ 18. 瑞香科 Thymelacaceae
9. 子房6～8室;浆果 ······································ 64. 山榄科 Sapotaceae
1. 雄蕊数目不多于花冠裂片,有时因花丝的分裂则可超过。
2. 雄蕊和花冠裂片同数且对生。
3. 植物体内有乳汁 ······································ 64. 山榄科 Sapotaceae
3. 植物体内无乳汁。
4. 子房下位或半下位 ······································ 52. 桑寄生科 Loranthaceae
4. 子房上位。
5. 攀缘性草本;萼片2;果为肉质花萼所包围 ······································ 12. 落葵科 Basellaceae
5. 直立草本或亚灌木,有时为攀缘性;萼片或萼裂片5;果不为花萼所包围 ······································ 73. 白花丹科 Plumbaginaceae
2. 雄蕊和花冠裂片同数且互生,或雄蕊数少于花冠裂片。
3. 子房下位。
4. 藤本,具卷须;瓠果 ······································ 27. 葫芦科 Cucubitaceae
4. 植物体直立,若为藤本则无卷须;非瓠果。
5. 雄蕊连合
6. 头状花序;子房1室 ······································ 72. 菊科 Compositae
6. 非头状花序;子房2或3室 ······································ 75. 半边莲科 Lobelioideae
5. 雄蕊离生。
6. 雄蕊4～5,和花冠裂片同数。
7. 叶轮生,如为对生时,则有托叶存在 ······································ 70. 茜草科 Rubiaceae
7. 叶对生,无托叶 ······································ 71. 忍冬科 Caprifoliaceae
6. 雄蕊1～4个,少于花冠裂片 ······································ 71. 忍冬科 Caprifoliaceae
3. 子房上位。
4. 子房深裂为2～4部分,花柱自子房裂片间伸出。
5. 叶对生;花冠唇形 ······································ 82. 唇形科 Labiatae
5. 叶互生;花冠非唇形 ······································ 77. 旋花科 Convolvulaceae
4. 子房完整或微有分割,或为2个离生心皮所组成,花柱自子房顶端伸出。
5. 花冠多少有些二唇形。
6. 每子房室内含1～2个胚珠。
7. 叶对生或轮生 ······································ 81. 马鞭草科 Verbenaceae
7. 叶互生或基生 ······································ 78. 玄参科 Scrophulariaceae
6. 每子房室内有2至多个胚珠。
7. 子房1室 ······································ 79. 紫葳科 Bignoniaceae
7. 子房2～4室。
8. 叶对生;种子具种钩 ······································ 80. 爵床科 Acanthaceae
8. 叶互生或对生;种子无种钩。
9. 花冠裂片具深缺刻 ······································ 76. 茄科 Solanaceae

9. 花冠裂片全缘或仅先端有一凹陷 ………………… 78. 玄参科 Scrophulariaceae

5. 花冠整齐或近于整齐。

6. 雄蕊数较花冠裂片为少。

7. 子房 2～4 室，每室含 1～2 个胚珠。

8. 雄蕊 2 个 ………………………………………………… 68. 木犀科 Oleaceae

8. 雄蕊 4 个 ………………………………………… 81. 马鞭草科 Verbenaceae

7. 子房 1～2 室，每室有数个至多数胚珠。

8. 雄蕊 2 个；胚珠垂悬于子房室的顶端 ……………………… 68. 木犀科 Oleaceae

8. 雄蕊 4 或 2 个；胚珠着生于中轴或侧膜胎座上。

9. 花冠于花蕾中常折叠；植物揉之常有腐败气味 …………… 76. 茄科 Solanaceae

9. 花冠于花蕾中不折叠，呈覆瓦状排列；植物揉之无腐败气味

……………………………………………… 78. 玄参科 Scrophulariaceae

6. 雄蕊和花冠裂片同数。

7. 子房 2 个，或为 1 个而成熟后呈双角状 ………………… 69. 夹竹桃科 Apocynaceae

7. 子房 1 个，不呈双角状。

8. 子房 1 室或因 2 侧膜胎座的深入而成 2 室。

9. 单心皮子房。

10. 花簇生；瘦果 ……………………………………… 19. 紫茉莉科 Nyctaginaceae

10. 头状花序；荚果 ……………………………………… 45. 含羞草科 Mimosaceae

9. 合生心皮子房 ………………………………………… 77. 旋花科 Convolvulaceae

8. 子房 2～10 室。

9. 无绿叶而为缠绕性寄生植物 ……………………… 77. 旋花科 Convolvulaceae

9. 非上述特征的植物。

10. 叶常对生，且多在两叶之间具有托叶所成的连接线或附属物

……………………………………………………… 67. 马钱科 Loganiaceae

10. 叶常互生，或基生或轮生，若为对生，则两叶之间无托叶所成的连系物。

11. 雄蕊 4 个。

12. 无主茎的草本；花细小、干膜质；有延长的穗状花序

…………………………………………………… 74. 车前科 Plantaginaceae

12. 乔木、灌木，或具有主茎的草本；花及花序非上述情形。

13. 叶互生 ………………………………………… 51. 冬青科 Aquifoliaceae

13. 叶对生或轮生。

14. 子房 2 室，每室多个胚珠 ……………… 78. 玄参科 Scrophulariaceae

14. 子房 2 至多室，每室 1～2 个胚珠 …………… 81. 马鞭草科 Verbenaceae

11. 雄蕊 5 至多个。

12. 每子房室内仅 1～2 个胚珠 ………………… 77. 旋花科 Convolvulaceae

12. 每子房室内有多个胚珠。

13. 花冠多于花蕾中折叠；雄蕊的花丝无毛；浆果，或纵裂或横裂的蒴果

…………………………………………………………… 76. 茄科 Solanaceae

13. 花冠不于花蕾中折叠；雄蕊的花丝具毛茸；室间开裂的蒴果或浆果。
14. 室间开裂的蒴果 ………………………………… 78. 玄参科 Scrophulariaceae
14. 浆果……………………………………………………………… 76. 茄科 Solanaceae

二、单子叶植物纲(Monocotyledonneae)

子叶1枚；叶片多为平行脉；根常为须根序；花常3基数。

1. 叶为棕榈型(即叶大而坚硬，掌状或羽状)；花序极大，托以佛焰状苞片 …………………………………………………………………… 97. 棕榈科 Palmaceae
1. 叶非棕榈型(即叶不大，非掌状或羽状)。
2. 有花被，常显著而呈花瓣状。
3. 子房上位。
4. 花被分化为花萼和花冠2轮，外轮的绿色，内轮的花瓣状。
5. 非头状花序，往往藏于舟状或风帽状的苞片内；雄蕊6个 ……………………………………………………… 83. 鸭跖草科 Commelinaceae
5. 头状花序且极小，常为2至多枚总苞状的苞片所包围；雄蕊3个 ………………………………………………………………… 84. 黄眼草科 Xyridaceae
4. 花被裂片彼此相同或近于相同，1～2列，通常花瓣状且极明显。
5. 花为伞形花序，生于花茎顶端，苞片为佛焰苞状 …………… 93. 石蒜科 Amarylidaceae
5. 花不为伞形花序，若或近于伞形花序时，苞片非佛焰苞状。
6. 水生植物；花序常从叶鞘内抽出；雄蕊彼此不相同 …… 91. 雨久花科 Pontederiaceae
6. 陆生或湿生植物；花序不从叶鞘内抽出；雄蕊相同。
7. 陆生或湿生植物；叶不具纤维；花柱常分裂；花各式排列 ……………………………………………………………………… 90. 百合科 Liliaceae
7. 陆生植物；叶常具纤维；花柱单生；花常排成大型的圆锥花序 ……………………………………………………………… 96. 龙舌兰科 Agavaceae
3. 子房下位或半下位。
4. 发育雄蕊1枚(或2枚)，其他的常变为花瓣状的假雄蕊，且比花被更为明显。
5. 花被片均成花瓣状；雄蕊和花柱多少有些互相连合……………… 99. 兰科 Orchidaceae
5. 花被片并非均成花瓣状；雄蕊和花柱分离。
6. 花药2室；萼片合生成一个佛焰苞状的管 ……………………… 87. 姜科 Zingiberaceae
6. 花药1室；萼片分离或仅粘连。
7. 子房3室，胚珠每室多数 ……………………………………… 88. 美人蕉科 Cannaceae
7. 子房3室或因退化而成1室，胚珠每室1颗 ……………… 89. 竹芋科 Marantaceae
4. 发育雄蕊3至多枚，无花瓣状假雄蕊。
5. 花冠多少2唇形，顶截头状或各种的齿裂；植物通常高大 ……… 86. 芭蕉科 Musaceae
5. 花被裂片非明显的2列，全为花瓣状。
6. 草质藤本；花小，不明显，单性或两性 ……………………… 95. 薯蓣科 Dioscoreaceae
6. 植物非藤状；花两性或很少单性。
7. 雄蕊3枚 ………………………………………………………… 94. 鸢尾科 Iridaceae

7. 雄蕊 6 枚。

8. 子房半下位 ……………………………………………………………………… 90. 百合科 Liliaceae

8. 子房全下位。

9. 花单生或为伞形花序，有 1 至数枚佛焰状的苞片；花丝分离或基部扩大合生成假副花冠……………………………………………………………… 93. 石蒜科 Amaryllidaceae

9. 花序与上不同，为硕大的圆锥花序或长而开展的总状花序式的穗状花序；无假副花冠 ……………………………………………………………… 96. 龙舌兰科 Agavaceae

2. 无花被。

3. 花藏于或附托于覆瓦状排列的壳状鳞片（称为颖）中，由 1 至多朵花组成小穗。

4. 茎无明显的节；秆常三棱形，中实；叶 3 列；叶鞘管筒状闭合 … 100. 莎草科 Cyperaceae

4. 茎具明显的节；秆常圆柱形，中空；叶 2 列；叶鞘于一边开裂…… 101. 禾本科 Gramineae

3. 花非包藏于壳状的鳞片中。

4. 花两性或单性同株；叶戟形或箭形，全缘或各式分裂 …………… 92. 天南星科 Araceae

4. 花单性异株；叶线形，边缘和中脉常有刺 …………………… 98. 露兜树科 Pandanaceae

附录3　常见被子植物属、种检索表

一、木兰科 Magnoliaceae

1. 叶全缘；聚合蓇葖果。
 2. 花顶生，雌蕊群无柄。
  3. 每心皮具3～12个胚珠 ………………………………………… 1. 木莲属 *Manglietia* Bl.
  3. 每心皮具2个胚珠。
   4. 托叶与叶柄多少连合，叶柄有托叶痕 ……………………………… 2. 木兰属 *Magnolia* Linn.
   4. 托叶不与叶柄合生，叶柄无托叶痕 ……… 3. 拟单性木兰属 *Parakmeria* Hu. et Cheng.
 2. 花腋生，雌蕊群具显著的短柄。
  3. 蓇葖果离生，部分心皮常不发育 ……………………………… 4. 含笑属 *Michelia* Linn.
  3. 蓇葖果合生，全部心皮发育 ……………………………… 5. 观光木属 *Tsoogiodendron* Chun.
1. 叶缘裂片，顶端开裂；聚合翅果 ……………………………… 6. 鹅掌楸属 *Liriodendron* Linn.

1. 木莲属 *Manglietia* Bl.

1. 小枝、芽、叶柄和果梗密被锈褐色卷曲绒毛……………………… 1. 毛桃木莲 *M. moto* Dandy.
1. 小枝、芽、叶柄和果梗被细柔毛或平伏毛。
 2. 叶缘无波状起伏；外轮花被片长圆状椭圆形；每心皮有8～10胚珠
  ………………………………………………………………………… 2. 木莲 *M. fordiana* Oliv.
 2. 叶缘波状起伏；外轮花瓣片宽卵形或倒卵形；每心皮有5～8个胚珠
  …………………………………………………………… 3. 海南木莲 *M. hainanensis* Dandy.

2. 木兰属 *Magnolia* Linn.

1. 叶常绿，革质；花药内向开裂。
 2. 灌木；叶凸净，网脉两面均甚突起；叶柄上有托叶痕 ……… 1. 夜合 *M. coco*（Lour.）DC.
 2. 乔木；叶背常被毛，网脉仅叶面明显；叶柄上无托叶痕
  ……………………………………………………… 2. 荷花玉兰 *M. grandirflora* Linn.
1. 叶脱落，膜质；花药侧向开裂。
 2. 瓣状花被片紫色或紫红色；灌木……………………… 3. 紫花玉兰 *M. liliflora* Desr.
 2. 花被片纯白色，内轮与外轮近等长；乔木 ……………………… 4. 玉兰 *M. denudata* Desr.

3. 拟单性木兰属 *Parakmeria* Hu et Cheng.

1. 花两性，花被顶端有突尖，外轮花被片背面紫红色
 ………………………………………… 1. 光叶拟单性木兰 *P. nitida*（W. W. Smith）Law.
1. 花杂性，雄花两性花异株，花被片顶端圆或尖
 ……………………… 2. 乐东拟单性木兰 *P. lotungensis*（Chun et C. Tsoong.）Law.

4. 含笑属(白兰属)*Michelia* Linn.

1. 托叶与叶柄贴生，叶柄上有托叶痕。
 2. 托叶痕不达叶柄顶端；花被片多于 10 片。
  3. 托叶痕长达叶柄的一半，花黄色 …………………… 1. 黄兰 *M. champaca* Linn.
  3. 托叶痕短于叶柄的一半；花白色 …………………… 2. 白兰 *M. alba* DC.
 2. 托叶痕达叶柄顶端；花被片 6 片 …………………… 3. 含笑 *M. figo* (Lour.) Spreng.
1. 托叶与叶柄离生，叶柄上无托叶痕。
 2. 花冠狭长，花被片扁平。
  3. 叶倒卵形或椭圆状倒卵形，很少菱形。
   4. 叶革质，叶背被灰色平伏短绒毛 …………………… 4. 醉香含笑 *M. macclurei* Dandy.
   4. 叶薄革质，无毛 …………………… 5. 香子含笑 *M. hedyosperma* Law.
  3. 叶长圆状椭圆形，卵状椭圆形或菱状椭圆形。
   4. 花被片倒卵形或倒卵状匙形，基部具爪 …………………… 6. 深山含笑 *M. maudiae* Dunn.
   4. 花被片匙形 …………………… 7. 白花含笑 *M. mediocris* Dandy.
 2. 花冠杯状，花被内凹。
  3. 叶背及叶柄无毛 …………………… 8. 石碌含笑 *M. shiluensis* Chun et Y. F. Wu.
  3. 叶背密被短绒毛。
   4. 叶背被红铜色短柔毛；花被片阔卵形 …… 9. 金叶玉兰 *M. foveolata* Merr. ex Dandy.
   4. 叶背紧贴银灰色及红褐色的短绒毛；花被片椭圆形，倒卵状椭圆形
   …………………… 10. 亮叶含笑 *M. fulgens* Dandy.

5. 观光木属 *Tsoongiodendron* Chun.

1. 观光木 *T. odorum* Chun.

6. 鹅掌楸属 *Liriodendron* Linn.

1. 鹅掌楸 *L. chinense* Sarg.

二、番荔枝科 Annonaceae

1. 花瓣 6 片，成 2 轮排列。
 2. 花瓣覆瓦状排列；全株常被星状柔毛 …………………… 1. 紫玉盘属 *Uvaria* Linn.
 2. 花瓣镊合状排列；全株常被单毛。
  3. 总花梗钩状 …………………… 2. 鹰爪花属 *Artabotrys* R. Br. ex Ker.
  3. 总花梗不成钩状。
   4. 外轮花瓣与内轮花瓣等大或较大。
    5. 内轮花瓣具爪 …………………… 3. 哥纳香属 *Goniothalamus* Hook. f. et Thoms.
    5. 内轮花瓣不具爪 …………………… 4. 瓜馥木属 *Fissistigma* Griff.
   4. 外轮花瓣远比内轮花瓣小，并与萼片相似 …………………… 5. 假鹰爪属 *Desmos* Lour.
1. 花瓣 3 片，内轮退化成鳞片状，若成 2 轮排列，则成熟心皮具小突起
 …………………… 6. 番荔枝属 *Annona* Linn.

1. 紫玉盘属 *Uvaria* Linn.

1. 花梗及叶无毛；花梗有1～2朵花，花瓣革质…………………………………………………………………………………………… 1. 光叶紫玉盘 *U. boniana* Finet ex Gagnep.
1. 花梗及叶被星状毛；花单生，花瓣薄纸质 ……………… 2. 那大紫玉盘 *U. macclurei* Diels.

2. 鹰爪花属 *Artabotrys* R. Br. ex Ker.

1. 叶背密被褐色柔毛；药隔近截形 ………………… 1. 毛叶鹰爪 *A. pilosus* Merr. et Chun.
1. 叶背无毛或被稀疏柔毛。
 2. 柱头线状长椭圆形；药隔三角形 ………………… 2. 鹰爪 *A. hexapetalus*（L. f.）Bhandari
 2. 柱头短棒状；药隔顶端近截平圆形 ……………… 3. 狭瓣鹰爪 *A. hainanensis* R. E. Fries.

3. 哥纳香属 *Goniothalamus* Hook. f. et Thoms.

1. 外轮花瓣狭披针形或长圆状披针形；每心皮有2个胚珠。
 2. 柱头2裂 …………………………………………… 1. 哥纳香 *G. chinensis* Merr. et Chun.
 2. 柱头全缘 ……………………………… 2. 长叶哥纳香 *G. gardneri* Hook. f. et Thoms.
1. 外轮花瓣宽卵形；每心皮有6个胚珠 …………… 3. 海南哥纳香 *G. howii* Merr. et Chun.

4. 瓜馥木属 *Fissistigma* Griff.

1. 花1～3朵生于叶腋；柱头2裂；每心皮有胚珠5或10颗。
 2. 花与果均被黄棕色绒毛；药隔稍偏斜；叶顶圆或微凹
 …………………………………………………………… 1. 瓜馥木 *F. oldhamii*（Hemsl.）Merr.
 2. 花与果均被黑色绒毛；药隔三角形；叶顶端急尖或渐尖 … 2. 毛瓜馥木 *F. maclurei* Merr.
1. 花多集生成花序；柱头全缘
 2. 花无梗或近无梗；内轮花瓣基部稍内弯 ……… 3. 头序瓜馥木 *F. capitatum* Merr. ex Li.
 2. 花具梗；外轮花瓣外密被黄褐色短柔毛 … 4. 多花瓜馥木 *F. polyanthum*（Wall.）Merr.

5. 假鹰爪属 *Desmos* Lour.

1. 假鹰爪 *D. chinensis* Lour.

6. 番荔枝属 *Annona* Linn.

1. 叶背及枝条被短绒毛 ……………………………… 1. 毛叶番荔枝 *A. cherimolia* Mill.
1. 叶背及枝条无毛。
 2. 侧脉两面凸起；花蕾卵圆形或近球形，内轮花瓣存在。
  3. 果牛心状，果皮光滑，仅有不明显的小窝点 ………………… 2. 牛心果 *A. glabra* Linn.
  3. 果近球形，果皮幼时具弯刺，成熟脱落 ……………… 3. 刺果番荔枝 *A. muricata* Linn.
 2. 侧脉在叶面扁平，在叶背凸起；花蕾披针形，内轮花瓣退化成鳞片状
 ……………………………………………………………………… 4. 番荔枝 *A. squamosa* Linn.

三、樟科 Laruaceae

1. 乔木或灌木，有正常绿色的叶。
 2. 第三轮雄蕊花药向外；花序疏松，有花梗；多为两性花。
  3. 花药4室，内轮罕退化为2室。

4. 发育雄蕊的花丝基部有橙黄色的腺体；果大型，具硬木质的果皮，果肉可食 …………………………………………………………… 1. 鳄梨属 *Persea* Mill.

4. 发育雄蕊第一和第二轮的花丝基部都没有腺体；果小型，不可食。

5. 叶脉 3 出；花被裂片花后早落 ………………………………… 2. 樟属 *Cinnamomum* Trew.

5. 叶脉羽状；花被裂片果时宿存，向外反卷或展开 …………… 3. 桢楠属 *Machilus* Ness.

3. 花药 2 室 ……………………………………………………… 4. 厚壳桂属 *Cryptocarya* R. Br.

2. 各轮雄蕊花药均为向内开裂；花序常较短，密集，无梗或有短梗；多为单性花。

3. 花药 2 室；发育雄蕊 9 枚 ……………………………………… 5. 山胡椒属 *Lindera* Thumb.

3. 花药 4 室；发育雄蕊 12 或更多枚 …………………………… 6. 木姜子属 *Litsea* Lamarck

1. 攀缘寄生藤本，无正常叶 ……………………………………… 7. 无根藤属 *Cassytha* Linn.

1. 鳄梨属 *Persea* Mill.

1. 鳄梨 *P. Americana* Mill.

2. 樟属 *Cinnamomum* Trew.

1. 圆锥花序无毛或近无毛。

2. 离基三出脉；主脉的腋内有隆起的腺体 …………………… 1. 樟 *C. camphora*（L.）Presl.

2. 羽状脉；叶下面侧脉脉腋腺窝不明显，上面相应处也不明显呈泡状隆起 ……………………………………………………… 2. 黄樟 *C. porrectum*（Roxb.）Kosterm

1. 圆锥花序分枝末端常为 1～3 花的聚伞花序。

2. 主脉的腋内无腺体；果托 6 齿裂 ………… 3. 阴香 *C. burmanii*（C. G. et Th. Nees.）Bl.

2. 中脉和侧脉上面凹入；果托截平或有小裂齿 ……………… 4. 锡兰肉桂 *C. zeylanicum* Bl.

3. 桢楠属 *Machilus* Ness.

1. 花序顶生或近顶生，极少有顶生花序小枝上有腋生的花序。

2. 叶背面被绒毛 ……………………………… 1. 绒毛桢楠 *M. velutina* Champ. ex Benth.

2. 叶背面无毛或有微绒毛。

3. 花序近顶端或上部 1/4 处分枝。

4. 花序短于 6.5 cm；果直径不及 1 cm ………… 2. 桢楠 *M. chinensis*（Champ.）Hemsl.

4. 花序长达 9 cm；果直径约 3 cm ………… 3. 黎桢楠 *M. pomifera*（Korsterm.）S. Lee.

3. 花序近中部分枝，少数在上部 1/3 处分枝。

4. 花被裂片大小相等或近相等。

5. 小枝节上无脱落苞片遗留的痕迹；果球形 ………… 4. 乐会桢楠 *M. lohuiensis* S. lee.

5. 小枝节上有脱落苞片遗留的痕迹；果长 ……………… 5. 刻节桢楠 *M. cicatricosa* S. Lee.

4. 花被裂片大小不相等 ……………………………… 6. 尖峰桢楠 *M. monticola* S. Lee.

1. 花序非上所述情形 ………………………………… 7. 芳槁桢楠 *M. suaveolens* S. Lee.

4. 厚壳桂属 *Cryptocarya* R. Br.

1. 叶离基三出脉，叶片长椭圆形；果较小，有 15 条纵棱 …………………………………………………… 1. 厚壳桂 *C. chinensis*（Hance）Hemsl.

1. 叶羽状脉，叶片披针形或长椭圆状披针形；果较大，有皱纹 ……………………………………………………………… 2. 海南厚壳桂 *C. hainanensis* Merr.

5. 山胡椒属 *Lindera* Thumb.

1. 叶三出脉，叶片卵圆形，叶背面有柔毛 …………… 1. 乌药 *L. aggregata* (Sims.) Kosterm
1. 叶羽状脉，叶片椭圆形，叶背面略带粉绿 ……………… 2. 山钩樟 *L. metcalfiana* Allen.

6. 木姜子属 *Litsea* Lamarck

1. 叶纸质 ……………………………………………………………… 1. 木姜子 *L. cubeba* (Lour.) Pers.
1. 叶革质或近革质。
 2. 叶 4～5 枚聚生，披针形至倒披针状矩圆形，先端渐尖；叶柄极短，长 2～6 mm
 ……………………………………………………………………… 2. 槁木姜 *L. verticillata* Hance.
 2. 叶非聚生，为互生。
  3. 叶长 12 cm 以上。
   4. 叶披针形，干时叶背带棕色；叶柄长 1.6～3 cm；果托杯状
   ……………………………………………………………… 3. 大果木姜 *L. lancilimba* Merr.
   4. 叶椭圆形或长椭圆形；中脉在叶面平坦；果托杯状，顶部截形
   ………………………………………………………… 4. 大萼木姜 *L. baviensis* H. Lecomte.
  3. 叶长不过 12 cm，若超过 12 cm，则叶片不为上列形状。
   4. 叶较大，长 6.5～10 cm，每边侧脉 12 条
   …………………………………………………… 5. 潺槁木姜 *L. glutinosa* (Lour.) C. B. Rob.
   4. 叶较小，长约 7 cm，每边侧脉 5～8 条 …… 6. 假柿木姜 *L. monopetala* (Roxb.) Pers.

7. 无根藤属 *Cassytha* Linn.

1. 无根藤 *C. filiformis* Linn.

四、胡椒科 Piperaceae

1. 攀缘状亚灌木或稍为木质藤本；有托叶 ………………………………… 1. 胡椒属 *Piper* Linn.
1. 矮小、肉质草本；无托叶 ……………………………… 2. 草胡椒属 *Peperomia* Ruiz et Pavon.

1. 胡椒属 *Piper* Linn.

1. 花杂性，雌雄异株；苞片长圆形或倒卵长圆形，腹面贴生于花序轴上
……………………………………………………………………………… 1. 胡椒 *P. nigrum* Linn.
1. 花单性，雌雄异株；苞片圆形，中央或近中央具柄或无柄着生于花序轴上。
 2. 叶卵形或近圆形，基部截头形至心形；雄花序长约 2.5 cm
 ……………………………………………………………………… 2. 假蒟 *P. sarmentosum* Roxb.
 2. 叶矩圆状披针形，基部钝或楔尖；雄花序长 7～9 cm ………… 3. 山蒟 *P. hancei* Maxim.

2. 草胡椒属 *Peperomia* Ruiz et Pavon.

1. 叶对生或 3～4 片轮生，肉厚质；茎叶常无毛或稀被毛
…………………………………………… 1. 豆瓣绿 *P. tetraphlla* (Forst. F.) Hook. et Arn.
1. 叶互生，基部心形 ……………………………………… 2. 草胡椒 *P. pellucida* (L.) Kunth

五、十字花科 Cruciferae

1. 果实成熟后开裂。
 2. 果实为短角果。
  3. 植株无毛或有单毛；果扁压状 ………………………………… 1. 独行菜属 *Lepidium* Linn.
  3. 植株有分枝毛或无毛；果倒三角形至倒心脏形 ………………… 2. 荠属 *Capsella* Medic.
 2. 果实为长角果。
  3. 长角果有喙 ……………………………………………………… 3. 芸苔属 *Brassica* Linn.
  3. 长角果无喙。
   4. 花黄色；果球形至条形 ………………………………………… 4. 蔊菜属 *Rorippa* Scop.
   4. 花白色、红色或紫红色；果条形或长椭圆形。
    5. 叶常羽状或掌状分裂；草本有块茎、鳞茎或珠芽 ……… 5. 碎米荠属 *Cardamine* Linn.
    5. 叶不裂或分裂；草本无块茎、鳞茎或珠芽 ………… 6. 豆瓣菜属 *Nasturtium* R. Brown.
1. 果实成熟后不开裂。
 2. 匍匐草本；叶羽状分裂；花白色 ………………………… 7. 臭荠属 *Coronopus* J. G. Zinn.
 2. 直立草本；叶形不一；花淡红色或紫色 ……………………… 8. 萝卜属 *Raphanus* Linn.

1. 独行菜属 *Lepidium* Linn.

1. 野独行菜 *L. ruderale* Linn.

2. 荠属 *Capsella* Medic.

1. 荠 *C. bursa-pastoris*（L.）Medic.

3. 芸苔属 *Brassica* Linn.

1. 叶粉蓝色或粉绿色；花大，白色至浅黄色；花瓣基部狭长；萼片直立，基部常为囊状。
 2. 花常黄白或极浅黄色；二年生或多年生草本，可食部分肥厚。
  3. 叶大且厚，肉质；部分或全部茎生叶无柄或抱茎；茎不肥大而成块茎
  …………………………………………………………………………… 1. 甘蓝 *B. oleracea* Linn.
   4. 叶包叠成一大球 ……………………………… 1a. 椰菜 *B. oleracea var. capitata* Linn.
   4. 叶矩圆形，斜举；茎顶有一紧密而实头状体，由花序柄、花柄和不发育的花和苞片变成
   ……………………………………………………… 1b. 花椰菜 *B. olesacea var. botrytis* Linn.
  3. 叶较少而薄；茎生叶有细柄；茎在近地面处肥厚成块茎
  ………………………………………………………… 2. 芥兰头（擘蓝）*B. caulorapa* Pasq.
 2. 花常白色和淡黄色；一年生草本，茎不增粗 ………… 3. 芥兰 *B. alboglabra* L. H. Bailey.
1. 叶绿色或仅表面粉绿；花小，鲜黄色或浅黄色；花瓣柄不大明显；萼片分离或扩展而不常为囊状。
 2. 种子不具明显窝孔；长角果不成串珠状；植株不具辛辣味。
  3. 茎生叶抱茎。
   4. 块根下部生根 ……………………………………………………… 4. 芜菁 *B. rapa* Linn.
   4. 无块根。
    5. 基生叶和最下部的茎生叶的叶柄宽，扁平，边缘有具撕裂状的翅

……………………………………………………………… 5. 白菜 *B. pekinensis* Rupr.

5. 基生叶和最下部的茎生叶的叶柄厚,边缘无明显的翅 …… 6. 青菜 *B. chinensis* Linn.

3. 茎生叶有柄或有狭基,但不抱茎 ………………… 7. 菜心 *B. parachinensis* L. H. Bailey.

2. 种子具明显窝孔;长角果于种子间略收缩而稍成串珠状;植株有辛辣味

……………………………………………………… 8. 芥菜 *B. juncea* (L.) Czern. et Coss.

4. 蔊菜属 *Rorippa* Scop.

1. 长角果细柱形或线形。

2. 有花瓣;种子每室2行 ……………………………… 1. 蔊菜 *R. indica* (L.) Hiern.

2. 无花瓣;种子每室1行 ……………………………… 2. 无瓣蔊菜 *R. dubia* (Pers.) Hara.

1. 短角果球形、圆柱形、椭圆形或长圆形。

2. 总状花序顶生,花具叶状苞片;果圆柱形 …… 3. 微子蔊菜 *R. cantoniensis* (Lour.) Owhi.

2. 总状花序顶生或腋生;无苞片;果球形 ………… 4. 圆果蔊菜 *R. globosa* (Turcz.) Hayek.

5. 碎米荠属 *Cardamine* Linn.

1. 碎米荠 *C. hisuta* Linn.

6. 豆瓣菜属 *Nasturtium* R. Brown.

1. 西洋菜 *N. officinale* R. Br.

7. 臭荠属 *Coronopus* J. G. Znn.

1. 臭荠 *C. didymus* (L.) J. E. Smith.

8. 萝卜属 *Raphanus* Linn.

1. 萝卜 *R. sativus* L.

六、景天科 Crassulaceae

1. 花瓣管状合生。

2. 花丝着生在花冠管中部或上部;花常直立;花冠基部呈坛状

……………………………………………………… 1. 伽蓝菜属 *Kalanchoe* Adanson

2. 花丝着生在花冠管基部;花常下垂;萼片常合生为管状或中部膨大的管状

……………………………………………………… 2. 落地生根属 *Bryophyllum* Salisb.

1. 花瓣分生,或基部合生 ……………………………… 3. 景天属 *Sedum* Linn.

1. 伽蓝菜属 *Kalanchoe* Adanson.

1. 叶羽状分裂 ……………………………………… 1. 伽蓝菜 *K. lacniata* (L.) DC.

1. 叶匙状长圆形,基部渐狭 ……………………… 2. 匙叶伽蓝菜 *K. spathulata* DC.

2. 落地生根属 *Bryophyllum* Salisb.

1. 叶有柄,对生,扁平 ………………………… 1. 落地生根 *B. pinnatum* (L. F.) Oken.

1. 叶有柄,对生或轮生,近圆柱形 ……………… 2. 洋吊钟 *B. tubiflorum* Harvey.

3. 景天属 *Sedum* Linn.

1. 植株无毛；花黄色。
  2. 叶线形，轮生 ………………………………………………………… 1. 佛甲草 *S. lineare* Thunb.
  2. 叶长圆状披针形或匙形，互生或对生。
    3. 叶长匙形；萼片大 ……………………………… 2. 石碇佛甲草 *S. sekiteiense* Yamamoto
    3. 叶长圆状披针形；萼片小 ……………………… 3. 小萼佛甲草 *S. microsepalum* Hayata
1. 植株全面被腺毛；花黄色或白色。
  2. 一年生，茎软；叶大 ……………………………………… 4. 大叶火焰草 *S. drymarioides* Hance
  2. 二年生，茎略呈木质；叶小 ………………………………… 5. 火焰草 *S. stellariifolium* Franch

七、虎耳草科 Saxifragaceae

1. 花有花瓣；叶通常根生而成束，或生于茎上的互生 ………… 1. 虎耳草属 *Saxifraga* Linn.
1. 花无花瓣；叶互生于茎上……………………………………………… 2. 扯根菜属 *Penthorum* Linn.

1. 虎耳草属 *Saxifraga* Linn.

1. 具鞭匐枝；花瓣具羽状脉序；有花盘………………………… 1. 虎耳草 *S. stolonifera* Merr.
1. 无鞭匐枝；花瓣全缘，无毛 ……………………………………… 2. 大字虎耳草 *S. imparilis* Balf. f.

2. 扯根菜属 *Penthorum* Linn.

1. 扯根菜 *P. chinense* Pursh.

八、石竹科 Caryophyllaceae

1. 萼片分离。
  2. 花柱分离；叶无托叶。
    3. 花柱 3～5，如为 5 则必与萼片互生；花瓣 2 裂深达中部或基部
    ……………………………………………………………………………… 1. 繁缕属 *Stellaria* Linn.
    3. 花柱 5，与萼片对生；花瓣分裂达 1/3 ……………………………… 2. 卷耳属 *Cerastium* L.
  2. 花柱联合成一柱；叶有薄膜质的托叶。
    3. 花柱短；萼片背部有脊起；叶矩圆形或匙形 ……… 3. 多荚草属 *Polycarpon* Loefl. ex L.
    3. 花柱伸长；萼片背部无脊起；叶条状锥尖 ……………… 4. 白鼓钉属 *Polycarpaea* Lam.
1. 萼合生成一管 ……………………………………………………………… 5. 石竹属 *Dianthus* Linn.

1. 繁缕属 *Stellaria* Linn.

1. 叶具柄，有毛；萼片被毛或有腺状突起；茎有长柔毛 ……… 1. 繁缕 *S. media* (Linn.) Cyr.
1. 叶无柄；萼秃净；全株无毛 …………………………………… 2. 雀舌草 *S. uliginosa* Merr.

2. 卷耳属 *Cerastium* L.

1. 花柱 3；蒴果 6 齿裂 ………………………………… 1. 六齿卷耳 *C. cerastoides* (L.) Britt.
1. 花柱 3；蒴果 10 齿裂；植株矮小；花丝无毛……………………… 2. 山卷耳 *C. pusillum* Ser.

3. 多荚草属 *Polycarpon* Loefl. ex L.

1. 多荚草 *P. postratum* (Forsskal) Ascherson et Schweinfurth.

4. 白鼓钉属 *Polycarpaea* Lam.

1. 白鼓钉 *P. corymbosa* Lam.

5. 石竹属 *Dianthus* Linn.

1. 花较小，花瓣有髯毛；蒴果圆筒形。
 2. 叶片线状披针形；苞片长达花萼 1/2 以上 ························ 1. 石竹 *D. chinensis* Linn.
 2. 叶片线形或钻状；苞片长为花萼 1/3 至 1/2 ············ 2. 细石竹 *D. turkestanicus* Preobr.
1. 花较大，有香气，花瓣无髯毛；蒴果卵球形 ················ 3. 香石竹 *D. caryophyllus* Linn.

九、马齿苋科 Portulacaceae

1. 花单生或簇生；子房半下位；蒴果盖裂 ····························· 1. 马齿苋属 *Portulaca* Linn.
1. 总状或圆锥花序；子房上位；蒴果 2～3 瓣裂 ···················· 2. 土人参属 *Talinum* Adans.

1. 马齿苋属 *Portulaca* Linn.

1. 叶扁平；花小，黄色；植物体秃净 ································· 1. 马齿苋 *P. oleracea* Linn.
1. 叶圆柱状；花大，淡红色、红色或黄色；植物体多少被毛。
 2. 花下及叶腋疏生长柔毛；花丝基部合生 ················· 2. 松叶牡丹 *P. grandiflora* Hook.
 2. 花下及茎节上部密被长柔毛；花丝基部不合生 ····················· 3. 毛马齿苋 *P. pilosa* L.

2. 土人参属 *Talinum* Adans.

1. 土人参 *T. paniculatum* (Jacq.) Gaertn.

十、蓼科 Polygonaceae

1. 无叶灌木；茎扁平，有横节和有线条 ······················· 1. 竹节蓼属 *Homalocladium* Bailey
1. 有叶草本、亚灌木或藤本。
 2. 攀缘植物，有卷须 ·· 2. 珊瑚藤属 *Antigonon* Endl.
 2. 直立草本或亚灌木，若为攀缘状时亦无卷须。
  3. 花被 6 深裂，裂片不等大，外轮 3 枚小，内轮 3 枚大；小苞片单生
  ·· 3. 酸模属 *Rumex* Linn.
  3. 花被 4～6 深裂，裂片等大；小苞片常为 2 片且连合 ··········· 4. 蓼属 *Polygonum* Linn.

1. 竹节蓼属 *Homalocladium* Bailey

1. 竹节蓼 *H. Platycladium* (F. Muell.) Bailey.

2. 珊瑚藤属 *Antigonon* Endl.

1. 珊瑚藤 *A. leptopus* Hook. et Arn.

3. 酸模属 *Rumex* Linn.

1. 假菠菜 *R. maritimus* Linn.

4. 蓼属 *Polygonum* Linn.

1. 叶小；花 1～3 朵簇生于叶腋内 ································· 1. 腋花蓼 *P. plebeium* R. Br.
1. 叶大；花组成顶生或腋生的各种花序。

2. 宿存花萼包裹着整个瘦果。
3. 托叶鞘状，抱茎。
4. 花序主轴及分枝无腺毛。
5. 托叶顶端无缘毛。
6. 叶缘、叶脉和叶柄均被短糙伏毛；叶背有腺点 ………………………… 2. 酸模叶蓼 *P. lapathifolium* Linn.
6. 叶全部无毛；叶两面均有腺点 ………………………… 3. 光蓼 *P. glabrum* Willd.
5. 托叶顶端有缘毛。
6. 总状花序常直立，花密集而使花序成穗状。
7. 托叶顶端有扩大、外反的叶状小片 ………………………… 4. 红蓼 *P. orientale* Linn.
7. 托叶顶端无扩大、外反的叶状小片。
8. 托叶只有顶端被缘毛；叶干时暗蓝色 ………………………… 5. 蓝蓼 *P. tinctorium* Hort.
8. 托叶被毛；叶干时褐色或草黄色。
9. 叶有柄；托叶长且具长而硬的缘毛 ………………………… 6. 毛蓼 *P. barbatum* Linn.
9. 叶无柄；托叶短且具短而软的缘毛 ………………………… 7. 小蓼 *P. minus* Huds.
6. 总状花序常弯垂，花疏散而彼此分离。
7. 花萼、叶片均有腺点。
8. 茎无毛或近无毛；叶无毛或仅在边缘或中脉被短疏毛；托叶鞘内常有内藏的瘦果。
9. 托叶鞘顶端的缘毛细而疏；瘦果常三角形 ………… 8. 水蓼 *P. hydropiper* Linn.
9. 托叶鞘顶端的缘毛粗而密；瘦果双凸镜形或钝三角形 ………………… 8a. 辣蓼变种 *P. hydropiper* var. *flaccidum* (Meissn.) Steward
8. 茎密被毛；叶两面均密被毛；托叶鞘内无内藏的瘦果 ………………………… 8b. 粗毛变种 *P. hydropiper* var. *hispidum* (Hk. f.) Steward
7. 花萼、叶片均无腺点 ………………………… 9. 红辣蓼(丛枝蓼) *P. caespitosum* Bl.
4. 花序主轴及分枝有腺毛。
5. 总状花序排列呈二歧状的聚伞花序；托叶顶端无外反的叶状小片，无毛。
6. 茎无倒生小钩刺；花萼果时增大且富含汁液 ………… 10. 火炭母 *P. chinense* Linn.
6. 茎有倒生小钩刺；花萼果时不增大，干膜质…………… 11. 二歧蓼 *P. dichotomum* Bl.
5. 总状花序单生或数个组成圆锥花序；托叶顶端具外反的叶状小片，有毛 ………………………… 12. 戟叶蓼 *P. thunbergii* Sieb. et Zucc.
3. 托叶叶状，不抱茎 ………………………… 13. 扛板归 *P. perfoliatum* Linn.
2. 宿存花萼仅包裹瘦果的基部或下半部 ………………………… 14. 荞麦 *P. fagopyrum* Linn.

十一、苋科 Amaranthaceae

1. 叶互生。
2. 花丝分离；子房室有胚珠 1 个 ………………………… 1. 苋属 *Amarahthus* Linn.
2. 花丝基部合成一杯状体；子房室有胚珠 2 或多个 ………………… 2. 青箱属 *Celosia* Linn.
1. 叶对生。
2. 花为无柄或具柄的头状花序。

3. 无退化雄蕊；头状花序大，具长柄，下部常有叶状苞片 2 枚；柱头 2 裂
……………………………………………………………… 3. 千日红属 *Gomphrena* Linn.
3. 有退化雄蕊；头状花序小，无柄或近无柄，单生或簇生；柱头 1
……………………………………………… 4. 虾钳菜属（莲子草属）*Alternanthera* Forsk.
2. 花序非头状。
3. 发育花 1 至数朵，不育花退化成钩状 ………………………… 5. 杯苋属 *Cyathula* Lour.
3. 花全部发育。
4. 花于开放后向下折，贴近总轴；小苞片有刺，基部翅状；叶通常绿色
……………………………………………………………… 6. 牛膝属 *Achyranthes* Linn.
4. 花非下弯；叶常红色 ……………………………………………… 7. 血苋属 *Iresine* P. Br.

1. 苋属 *Amaranthus* Linn.

1. 植物有刺；苞片常成 2 锐刺；萼片 5 枚 ……………………… 1. 刺苋 *A. spinosus* Linn.
1. 植物无刺；萼片 2～3 枚。
2. 苞片短于萼片及果；胞果皱缩，不开裂 ……………………… 2. 野苋 *A. viridis* Linn.
2. 苞片约与萼片等长，锥尖；胞果环状横裂 ……………………… 3. 苋 *A. tricolor* Linn.

2. 青箱属 *Celosia* Linn.

1. 穗状花序圆锥状或椭圆状，无分枝；花被片白色或粉红色 ……… 1. 青箱 *C. argentea* Linn.
1. 穗状花序鸡冠状、卷冠状或羽毛状，多分枝；花被片红、黄、淡紫或杂色等
……………………………………………………………… 2. 鸡冠花 *C. cristata* Linn.

3. 千日红属 *Gomphrena* Linn.

1. 茎被灰色粗毛；花序常紫红色；花被片在开花后不变硬 ……… 1. 千日红 *G. globosa* Linn.
1. 茎被白色柔毛；花序银白色；花被片在开花后变硬 ………… 2. 银花苋 *G. celosioides* Mart.

4. 虾钳菜属（莲子草属）*Alternthera* Forsk.

1. 茎和叶绿色；小枝有两行白色绒毛；雄蕊常 3 枚
…………………………………… 1. 虾钳菜（莲子草）*A. sessilis*（L.）R. Br. ex Schult.
1. 茎和叶紫红色；小枝被白色绒毛；雄蕊常 4 枚 ……… 2. 红草 *A. versicolor* Hort. ex Regel.

5. 杯苋属 *Cyathula* Bl.

1. 杯苋 *C. prostrata*（L.）Bl.

6. 牛膝属 *Achyranthes* Linn.

1. 小苞片披针形，基部具膜质边缘；不育雄蕊约与花丝等长，裂成纤毛状
……………………………………………………………… 1. 土牛膝 *A. aspera* Linn.
1. 小苞片针刺状，近基部两侧具耳状边缘；不育雄蕊舌状，短于花丝，顶端不裂
……………………………………………………………… 2. 牛膝 *A. bidentata* Bl.

7. 血苋属 *Iresine* P. Br.

1. 血苋 *I. herbstii* Hook. f.

十二、落葵科 Basellaceae

落葵属 *Basella* Linn.

1. 落葵(藤菜)*B. allba* Linn.

十三、酢浆草科 Oxalidaceae

1. 乔木或灌木;奇数羽状复叶;肉质浆果 ………………………………… 1. 阳桃属 *Averrhoa* Linn.
1. 草本或茎基部木质化的草本;指状三小叶或偶数羽状复叶;蒴果。
 2. 草本;指状三小叶 ……………………………………………………… 2. 酢浆草属 *Oxalis* Linn.
 2. 茎基部木质化的草本;偶数羽状复叶 ………………………… 3. 感应草属 *Biophytum* DC.

1. 阳桃属 *Averrhoa* Linn.

1. 阳桃 *A. carambola* Linn.

2. 酢浆草属 *Oxalis* Linn.

1. 花黄色;匍匐状草本;植株无鳞茎 ……………………………… 1. 酢浆草 *O. corniculata* Linn.
1. 花紫红色;直立草本;植株有鳞茎 …………………………… 2. 红花酢浆草 *O. corymbosa* DC.

3. 感应草属 *Biophytum* DC.

1. 花 1 至数朵聚生于总花梗的顶端,总花梗较长。
 2. 茎常分枝;花梗较长;小叶两面均被稀疏柔毛 ……… 1. 分枝感应草 *B. fruticosum* Lévl.
 2. 茎不分枝;花梗极短;小叶两面无毛 ……………… 2. 感应草 *B. sensitivum* (Linn.) DC.
1. 花数朵聚生于茎的顶端;无总花梗 ……………… 3. 无柄感应草 *B. petersianum* Klotzsch.

十四、凤仙花科 Balsaminaceae

凤仙花属 *Impatiens* Linn.

1. 蒴果短,椭圆形,中部肿大,两端成喙状;种子圆球形。
 2. 叶对生,无柄或近无柄;蒴果无毛 ……………………………… 1. 华凤仙 *I. chinensis* Linn.
 2. 叶互生,具柄;蒴果被绒毛或密柔毛 ………………………… 2. 凤仙花 *I. balsamina* Linn.
1. 蒴果纺锤形、棒状或线状圆柱形;种子长圆形或倒卵形
 ……………………………………………………………… 3. 海南凤仙花 *I. hainanensis* Y. L. Chen.

十五、千屈菜科 Lythraceae

1. 草本或亚灌木。
 2. 蒴果不规则开裂;花单生或腋生聚伞花序或稠密花束 ……… 2. 水苋属 *Ammannia* Linn.
 2. 蒴果 2～4 裂;花单生或穗状花序或总状花序 ………………… 1. 节节菜属 *Rotala* Linn.
1. 乔本或灌木。
 2. 叶背有黑色小腺点 ……………………………………………… 3. 虾子花属 *Woodfordia* Salisb.
 2. 叶背无黑色小腺点。
  3. 植物体无刺;花瓣常 6 片;雄蕊多数;种子顶端有翅 …… 4. 紫薇属 *Lagerstroemia* Linn.

3. 植物体有刺；花瓣 4 片；雄蕊 8 枚；种子无翅 ················ 5. 散沫花属 *Lawsonia* Linn.

1. 节节菜属 *Rotala* Linn.

1. 花萼裂片间无附属体。
 2. 叶片非近圆形，长度大于宽度；萼裂片 4。
  3. 叶片为倒卵状椭圆形，基部楔形；小苞片线状披针形；花瓣不及花萼裂片的 1/2 长 ·· 1. 节节菜 *R. indica* (Willd.) Koehne
  3. 叶片为狭矩圆形，基部近心形；小苞片卵形；花瓣约为花萼裂片的 2 倍长 ·· 2. 异叶节节菜 *R. diversifolia* Koehne
 2. 叶片近圆形，基部近心形；萼裂片 3～6。
  3. 萼常 3～4 齿裂，花瓣约为花萼的 2 倍长 ·· 3. 圆叶节节菜 *R. rotundifolia* (Buch.-Ham.) Koehne
  3. 萼 6 齿裂；花瓣与花萼近等长 ······················ 4. 海南节节菜 *R. hainantensis* Maiamune
1. 花萼裂片间有附属体，花瓣 5 ··················· 5. 密花节节菜 *R. densiflora* (Roth.) Koehne

2. 水苋属 *Ammannia* Linn.

1. 叶基部心状耳形；萼 4 裂；早期常有花瓣。
 2. 叶较长；雄蕊 4～8 枚；花柱长于子房或两者等长 ·· 1. 耳基水苋 *A. arenaria* Willd. Hort. Berol.
 2. 叶较短；雄蕊 4 枚；花柱短于子房的 2～3 倍 ············ 2. 多花水苋 *A. multiflora* Roxb.
1. 叶基部渐狭，不呈耳状；萼 6 裂；常无花瓣 ······················ 3. 细叶水苋 *A. baccifera* Linn.

3. 虾子花属 *Woodfordia* Salisb.

1. 虾子花 *W. fruticosa* (L.) Kurz.

4. 紫薇属 *Lagerstroemia* Linn.

1. 灌木或乔木；叶较小，长不超 12 cm；萼无棱或无槽纹，无毛或密被黄色星状绒毛；花瓣有长爪。
 2. 小枝四棱形，有翅；花紫红色，花萼无棱，无毛；雄蕊 36～42 枚 ········ 1. 紫薇 *L. indica* Linn.
 2. 小枝近圆柱形；花萼内外均密被黄色星状毛；雄蕊 60～70 枚 ·· 2. 毛紫薇 *L. balansae* Koehne
1. 乔木；叶大，长 10～25 cm；萼有棱或槽纹 12 条，被秕糠柔毛；雄蕊 100～200 枚 ·· 3. 大花紫薇 *L. speciosa* (Linn.) Pers.

5. 散沫花属 *Lawsonia* Linn.

1. 散沫花 *L. inermis* Linn.

十六、石榴科 Punicaceae

石榴属 *Punica* Linn.

1. 安石榴 *P. granatun* Linn.

十七、柳叶菜科 Onagraceae

1. 种子有种缨……………………………………………………… 1. 柳叶菜属 *Epilobium* L.
1. 种子无种缨。
 2. 花梗顶端无苞片；果室背开裂 ………………………………… 2. 月见草属 *Oenothera* L.
 2. 花梗顶端有 2 苞片；果室间开裂。
  3. 雄蕊 2 轮，8～12 枚 ……………………………………………… 3. 水龙属 *Jussiaea* Linn.
  3. 雄蕊 1 轮，4～6 枚 ……………………………………………… 4. 丁香蓼属 *Ludwigia* Linn.

1. 柳叶菜属 *Epilobium* L.

1. 柱头 4 裂。
 2. 叶基部半抱茎；花瓣较长；柱头花时伸出高过花药 …………… 1. 柳叶菜 *E. hirsutum* L.
 2. 叶基部抱茎；花瓣较短；柱头花时围以外轮花药
  ……………………………………………………… 2. 小花柳叶菜 *E. parviflorum* Schreb.
1. 柱头全缘或微凹。
 2. 植物直立，松散丛生；茎多分枝；叶线形，有时狭披针形
  ……………………………………………… 3. 阔叶柳叶菜 *E. platystigmatosum* C. B. Robins.
 2. 植物上升或近铺地，成丛生；茎不分枝或只下部分枝；叶椭圆形至披针形
  ……………………………………………………… 4. 合欢柳叶菜 *E. hohuanense* S. S. Ying.

2. 月见草属 *Oenothera* L.

1. 种子椭圆状或近球状，不具棱角，表面有洼点………… 1. 待宵草 *O. stricta* Ledeb. et Link.
1. 种子短楔形或棱形，具棱角，表面无洼点 …………………………… 2. 月见草 *O. biennis* L.

3. 水龙属 *Jussiaea* Linn.

1. 陆生直立草本或亚灌木，常分枝；叶披针形；花 4 数，黄色。
 2. 植物体常被粗毛；花大………………………………………… 1. 毛草龙 *J. suffuticosa* Linn.
 2. 植物体无毛；花小 ……………………………………………… 2. 草龙 *J. linifolia* Vahl.
1. 浮水草本；叶倒卵形；花 5 数，白色 ………………………………… 3. 水龙 *J. repens* Linn.

4. 丁香蓼属 *Ludwigia* Linn.

1. 茎常直立；蒴果长柱形；种脊不明显
  ……………………………………………………………… 1. 细花丁香蓼 *L. perennis* L.
1. 茎常平卧，或下部伏地而后上举；蒴果线形，具 4 棱；种脊狭而明显
  ……………………………………………………………… 2. 丁香廖 *L. prostrata* Roxb.

十八、瑞香科 Thymelaeaceae

1. 灌木；萼管喉部无鳞片状退化花瓣；子房 1 室。
 2. 叶常互生；花盘全缘，环状或杯状 ………………………………… 1. 瑞香属 *Daphne* Linn.
 2. 叶常对生；花盘分裂，鳞片状或狭舌状 ……………………… 2. 荛花属 *Wikstroemia* Endl.

1. 乔木；萼管喉部有鳞片状退化花瓣；子房 2 室 ························ 3. 沉香属 *Aquilaria* Lam.

1. 瑞香属 *Daphne* Linn.

1. 白瑞香 *D. papyracea* Wall.

2. 荛花属 *Wikstroemia* Endl.

1. 子房完全无毛；花序呈短总状。
 2. 叶大，长椭圆形；花黄绿色 ································ 1. 大叶荛花 *W. liangii* Merr. et Chun.
 2. 叶小，卵形或长卵形；花黄色 ································ 2. 海南荛花 *W. hainanensis* Merr.
1. 子房被毛或至少在顶端被毛。
 2. 头状花序顶生；叶互生，卵形、宽卵形至卵状披针形；二年生枝黑紫色，多少龟裂
 ·· 3. 光叶荛花 *W. glabra* Cheng.
 2. 总状花序顶生或腋生，有时为不明显的小圆锥花序；叶对生，少近对生，长圆形、披针形，较大。
  3. 叶长圆形，先端多钝毛，侧脉较稀疏不明显；叶两面异色，背面被白粉
  ·· 4. 粗轴荛花 *W. pachyrachis* S. L. Tsai.
  3. 叶长圆形至披针形，侧脉细密，极倾斜；叶两面同色，背面无白粉
  ·· 5. 子哥王 *W. indica*（L.）C. A. Mey.

3. 沉香属 *Aquilaria* Lam.

1. 土沉香（白木春）*A. sinensis*（Lour.）Gilg.

十九、紫茉莉科 Nyctaginaceae

1. 灌木、藤状灌木或乔木。
 2. 花多，常组成圆锥花序式的聚伞花序；苞片缺 ······················ 1. 胶果木属 *Ceodes* Forst.
 2. 花少，常 3 朵簇生；具 3 枚苞片 ························ 2. 叶子花属 *Bougainvillea* Comm.
1. 草本。
 2. 直立草本，茎上部的叶无柄；花 1 至数朵簇生于 5 个萼状总苞内；无小苞片
 ·· 3. 紫茉莉属 *Mirabilis* Linn.
 2. 披散草本，茎上部的叶有柄；花多朵成花序，但无上所述的总苞；具小苞片
 ·· 4. 黄细心属 *Boerhavia* Linn.

1. 胶果木属 *Ceodes* Forst.

1. 胶果木 *C. umbellifera* Forst. Char. Gen.

2. 叶子花属 *Bougainvillea* Comm.

1. 枝叶全秃净或近秃净；苞片长圆形或椭圆形，与花近等长
·· 1. 光叶子花 *B. glabra* Choisy.
1. 枝叶被以茸毛；苞片椭圆状卵形，较花长 ························ 2. 叶子花 *B. spectabilis* Willd.

3. 紫茉莉属 *Mirabilis* Linn.

1. 紫茉莉 *M. jalapa* Linn.

4. 黄细心属 *Boerhavia* Linn.

1. 黄细心 *B. diffusa* Linn.

二十、山龙眼科 Proteaceae

1. 叶轮生或近对生 ………………………………………… 1. 澳洲坚果属 *Maceadamia* F. Muell.
1. 叶互生。
 2. 叶二回羽状分裂；蓇葖果；种子有翅 ………………………… 2. 银桦属 *Grevillea* R. Br.
 2. 叶不分裂或多裂至羽状分裂；非蓇葖果；种子无翅。
  3. 叶不分裂；花两性；坚果 ………………………………………… 3. 山龙眼属 *Helicia* Lour.
  3. 叶全缘或多裂至羽状分裂；花单性异株；核果 ……… 4. 假山龙眼属 *Heliciopsis* Sleum.

1. 澳洲坚果属 *Maceadamia* F. Muell.

1. 澳洲坚果 *M. ternifolia* F. Muell.

2. 银桦属 *Grevillea* R. Br.

1. 银桦 *G. robusta* A. Cunn.

3. 山龙眼属 *Helicia* Lour.

1. 叶具柄，侧脉每边 12～13 条；花序被毛 ………………… 1. 山龙眼 *H. formosana* Hemsl.
1. 叶几无柄，侧脉每边 7～8 条；花序无毛 …………… 2. 海南山龙眼 *H. hainanensis* Hayata

4. 假山龙眼属 *Heliciopsis* Sleum.

1. 叶二型，羽状深裂；花黄色；子房退化或不存在 …… 1. 调羹树 *H. lobata*（Merr.）Sleum.
1. 叶不分裂；花白色；退化子房存在 ………… 2. 假山龙眼 *H. henryi*（Diels.）W. T. Wang.

二十一、海桐花科 Pittosporaceae

海桐花属 *Pittosporum* Banks.

1. 蒴果 3 瓣裂；叶革质，顶端圆或钝而微缺 ……………………………… 1. 海桐花 *P. tobiar* Ait.
1. 蒴果 2 瓣裂；叶纸质或薄纸质，顶端急尖或渐尖。
 2. 叶卵状椭圆形或长圆状披针形；花梗极短或无；萼片长圆状披针形
 ………………………………………………………… 2. 聚花海桐花 *P. confertum* Hayata
 2. 叶狭披针形；花梗短；萼片线状披针形 ……………… 3. 皱叶海桐花 *P. baileyanum* Gowda

二十二、龙脑香科 Dipterocarpaceae

1. 萼片基部连合成杯状或罐状；雄蕊多数 …………… 1. 龙脑香属 *Dipterocarpus* Gaertn. f.
1. 萼片自基部分裂或仅基部稍连合；雄蕊常 15 个。
 2. 萼片覆瓦状排列；药隔顶的附属体钻形或丝形 …………………… 2. 坡垒属 *Hopea* Roxb.
 2. 萼片镊合状排列；药隔顶的附属体短而钝 ………………………… 3. 青梅属 *Vatica* Linn.

1. 龙脑香属 *Dipterocarpus* Gaertn. f.

1. 纤细龙脑香 *D. garcilis* Bl. Fl.

2. 坡垒属 *Hopea* Roxb.

1. 坡垒 *H. hainanensis* Merr. et Chun.

3. 青梅属 *Vatica* Linn.

1. 青梅 *V. astrotricha* Hance

二十三、胡桃科 Juglandaceae

黄杞属 *Engelhardia* Leschen. ex Bl.

1. 坚果无毛;花柱缺 …………………………………………… 1. 黄杞 *E. roxburghiana* Wall.
1. 坚果被粗毛;花柱短 …………………………………… 2. 云南黄杞 *E. spicata* Leschen. ex Bl.

二十四、红木科 Bixaceae

红木属 *Bixa* Linn.

1. 红木 *B. orellana* Linn.

二十五、天料木科 Samydaceae

1. 花序为腋生或顶生的总状花序或圆锥花序;有花瓣;子房半下位
…………………………………………………………………… 1. 天料木属 *Homalium* Jacq.
1. 花序为腋生、密花或疏花的团伞花序,或数朵丛生或有时仅为一单花;花瓣缺;子房上位
…………………………………………………………………… 2. 嘉锡树属 *Casearia* Jacq.

1. 天料木属 *Homalium* Jacq.

1. 红花天料木 *H. hainanense* Gagnep.

2. 嘉锡树属 *Casearia* Jacq.

1. 嘉锡树 *C. glomerata* Roxb.

二十六、西番莲科 Passifloraceae

西番莲属 *Passiflora* Linn.

1. 植株近秃净;苞片全缘或近锯齿状。
 2. 叶卵状矩圆形,全缘;苞片全缘 ……………………… 1. 樟叶西番莲 *P. laurifolia* Linn.
 2. 叶掌状3深裂,裂片有锯齿;苞片有锯齿或几为全缘 ………… 2. 鸡蛋果 *P. edulis* Sims.
1. 植株被毛;叶浅裂或波状;苞片1～3回羽状分裂为多数细线状小裂片
…………………………………………………………………… 3. 龙珠果 *P. foetida* Linn.

二十七、葫芦科 Cucurbitaceae

1. 合瓣花,单性花,钟状,5裂仅达中部;粗壮藤本,花大,雌花有退化雄蕊3个,生在萼管基部
…………………………………………………………………… 1. 南瓜属 *Cucurbita* Linn.
1. 离瓣花,轮状或阔钟状。

2.花白色;雄花的萼管延长;花药内藏。
3.叶柄顶有2个腺体,卷须有分裂;雄花单生;果大 ……………… 2.葫芦属 *Lagenaria* Ser.
3.叶柄顶无腺体;卷须少有分裂;雄花单生或总状花序,有苞片;果中等大 …………………………………………………………………… 3.金瓜属 *Gymnopetalum* Arn.
2.花通常黄色;雄花的萼管短;花药常突出。
3.雄花排成总状花序;果成熟时干燥,顶端盖裂 ……………………… 4.丝瓜属 *Luffa* Linn.
3.雄花单生有时或2朵以上同生于一腋内。
4.萼片近叶状,有锯齿,反折;子房密被长毛 ……………………… 5.冬瓜属 *Benincasa* Savl.
4.萼片非叶状,全缘,直立或略扩展。
5.花序柄有盾状苞片1枚;卷须不分枝,果有钝瘤凸起或多刺或平滑 ………………………………………………………………… 6.苦瓜属 *Momordica* Linn.
5.花序柄无盾状苞片。
6.叶羽状深裂;卷须2～3裂 ………………………………… 7.西瓜属 *Citrullus Schrad*.
6.叶有角或3～7浅裂;卷须不分枝 ……………………………… 8.黄瓜属 *Cucumis* Linn.

1.南瓜属 *Cucurbita* Linn.

1.南瓜 *C.moschata*(*Duch.*) Poir.

2.葫芦属 *Lagenaria* Ser.

1.葫芦 *L.siceraria* (*Molina*) Standl.

3.金瓜属 *Gymnopetalum* Arn.

1.金瓜 *G.chinesnse* (Lour.) Merr.

4.丝瓜属 *Luffa* Linn.

1.雄蕊2或3枚;子房或果有棱角;叶有角或浅裂 ……… 1.丝瓜 *L.acutangula* (L.) Roxb.
1.雄蕊5枚;子房或果无棱角;通常圆柱形而被柔毛;叶深裂 …………………………………………………………… 2.水瓜 *L.cylindrical* (L.) Roem.

5.冬瓜属 *Benincasa* Savl.

1.冬瓜 *B.hispida* (Thunb.) Cogn.

6.苦瓜属 *Momordica* Linn.

1.苦瓜 *M.charantia* Linn.

7.西瓜属 *Citrullus* Schrad.

1.西瓜 *C.lanatus* (Thunb.)Mansf.

8.黄瓜属 *Cucumis* Linn.

1.果有刺状突起物 ……………………………………… 1.黄瓜(胡瓜) *C.sativus* Linn.
1.果无小刺状突起物。
2.叶不分裂,但有角 ……………………………………………… 2.甜瓜 *C.melo* Linn.
2.叶分裂 ……………… 2.越瓜(白瓜) *C.melo* var.*conomon* (Thunb.) Mak.

二十八、秋海棠科 Begoniaceae

秋海棠属 *Begonia* Linn.

1. 植物有茎。
 2. 草本，有稍肉质的茎；叶非全缘，边缘有小齿和睫毛，上面无白色斑点。
  3. 植物秃净；叶不分裂，长在 10 cm 以下 …… 1. 四季秋海棠 *B. semperflorens* Link. et Otto.
  3. 植物被毛；叶大，5～7 裂，长 12 cm 以上，基部心形 … 2. 裂叶秋海棠 *B. palmata* D. Don
 2. 亚灌木，有木质的茎；叶全缘，腹面有白色斑点，花淡红色或白色
 …………………………………………………………………… 3. 竹节秋海棠 *B. maculata* Raddi.
1. 植物无地上茎，叶和花枝由地下茎抽出。
 2. 叶片暗绿色，中部有银灰色的环带 …………………………… 4. 毛叶秋海棠 *B. rex* Putz.
 2. 叶片杂色，有斑点或有彩纹 ………………………………… 5. 斑叶秋海棠 *B. rex-cultorum* Bailey

二十九、番木瓜科 Caricaceae

番木瓜属 *Carica* Linn.

1. 番木瓜 *Carica papaya* Linn.

三十、仙人掌科 Cactaceae

1. 茎三棱形，有气根 ………………………………………… 1. 量天尺属 *Hylocereus* Britt. et Rose
1. 茎扁平。
 2. 茎非掌状，稍薄，无刺。
  3. 茎衰弱，分为多数短节，无叶，花玫瑰红色 …………… 2. 蟹爪兰属 *Zygocatus* K. Schum.
  3. 茎粗壮，有长节，花大，白色 ……………………………… 3. 昙花属 *Epiphyllum* Haw.
 2. 茎掌状，多肉，有刺 ………………………………………… 4. 仙人掌属 *Opuntia* Mill.

1. 量天尺属 *Hylocereus* Britt. et Rose

1. 量天尺 *H. undatus* (Haw.)Britt. et Rose

2. 蟹爪兰属 *Zygocatus* K. Schum.

1. 蟹爪兰 *Z. truncates* (Haw.)Schum.

3. 昙花属 *Epiphyllum* Haw.

1. 昙花 *E. oxypetalum* Haw.

4. 仙人掌属 *Opuntia* Mill.

1. 仙人掌 *O. dilleuii* (Ker) Haw.

三十一、山茶科 Theaceae

1. 种子无翅，苞片早落，萼片宿存 ………………………………… 1. 茶属 *Camellia* Linn.
1. 种子有翅。
 2. 果扁球形 ……………………………………………………… 2. 木荷属 *Schima* Reiuw.

2. 果长圆形，种子一侧具翅 ………………………………………………… 3. 大头茶属 *Gordonia* Ellis.

1. 茶属 *Camellia* Linn.

1. 花有柄；萼片宿存………………………………………………………… 1. 茶 *C. sinensis* O. Ktze.
1. 花无柄；萼片脱落。
  2. 花通常红色，直径 7～10 cm；子房秃净 ………………………… 2. 山茶花 *C. japonica* Linn.
  2. 花白色，直径约 4 cm；子房被毛 ………………………………… 3. 油茶 *C. oleifera* Abel.

2. 木荷属 *Schima* Reinw.

1. 木荷 *S. superba* Gardn. et Champ.

3. 大头茶属 *Gordonia* Ellis

1. 大头茶 *G. axillafis* Dietr.

三十二、桃金娘科 Myrtaceae

1. 果为一浆果或浆果状核果，不开裂。
  2. 花萼在花蕾时紧闭或于顶部张开，开花后为不规则 4～5 深裂，子房室无假隔膜 ………………………………………………………………… 1. 番石榴属 *Psidium* Linn.
  2. 花萼于花芽时 4～5 裂或帽状，开花时不在深裂。
    3. 子房 1～3 室，每室有胚珠 2 列为纵的和横的假隔膜所分隔；叶基部 3 出脉 ………………………………………………………… 2. 桃金娘属 *Rhodomyrtus* Reichb.
    3. 子房 2～3 室，每室有胚珠数颗，无假隔膜；叶为羽状脉。
      4. 萼非帽状，裂片在花蕾时或开花时明显 ……………………… 3. 蒲桃属 *Syzygium* Gaertn.
      4. 萼帽状，其顶端部分环裂成帽状脱落 ……………………… 4. 水翁属 *Cleistocalyx* Bl.
1. 果蒴果状开裂。
  2. 花萼与花瓣在开花时分离。
    3. 花有柄，单独或成花序于叶腋 ………………………………… 5. 红胶木属 *Tritania* R. Br.
    3. 花无柄，密集为头状花序或穗状花序生于枝顶；雄蕊长突起，因此全花序成一毛帚状，花后合轴继续生长成一具叶的枝。
      4. 雄蕊分离，树皮不易脱落 ………………………………………… 6. 红千层属 *Callistemon* R. Br.
      4. 雄蕊合生成束并与花瓣对生，树皮呈薄片状剥落 ……… 7. 白千层属 *Melaleuca* Linn.
  2. 花萼与花瓣合生成一帽状体；环裂成帽状脱落 …………………… 8. 桉属 *Eucalyptus* L. Her.

1. 番石榴属 *Psidium* Linn.

1. 幼小枝四棱形；叶矩圆形至椭圆形，基部浑圆或钝，背被柔毛，叶脉上面凹入，背面凸起 ……………………………………………………………… 1. 番石榴 *P. guajava* Linn.
1. 幼小枝圆柱形；叶倒卵状椭圆形，基部楔尖，秃净，叶脉不明显 ………………………………………………………… 2. 草莓番石榴 *P. littorale* Raddi

2. 桃金娘属 *Rhodomyrtus* Reichb.

1. 桃金娘 *R. tomentosa*（Ait.）Hassk.

3. 蒲桃属 *Syzygium* Gaertn.

1. 叶披针形，两端均渐狭；果卵形或球形，黄绿色 ……………… 1. 蒲桃 *S. jambos*（L.）Alston

1. 叶椭圆形至长椭圆形,基部浑圆或狭心形;果钟形或洋梨形,淡粉红色,光亮如蜡 ………………………………………………………… 2. 洋蒲桃 *S. samarangense* Merr. et Perry

4. 水翁属 *Cleistocalyx* Bl.

1. 水翁 *C. operculatus*(Roxb.)Merr. et Perry

5. 红胶木属 *Tritania* R. Br.

1. 红胶木 *T. conferta* R. Br.

6. 红千层属 *Callistemon* R. Br.

1. 叶宽 3～6 mm,两侧均有明显的小突点;雄蕊红色 …………… 1. 红千层 *C. rigidus* R. Br.
1. 叶宽达 8 mm 以上,无明显的小突点;雄蕊青黄色………… 2. 柳叶红千层 *C. salignus* DC.

7. 白千层属 *Melaleuca* Linn.

1. 叶长 4 cm 以上,有纵脉 3～5 条,有时 7 条 ……………… 1. 白千层 *M. leucadendra* Linn.
1. 叶长不及 1.8 cm,有极细的纵脉 7～9 条 …………… 2. 细花白千层 *M. parviflora* Lindl.

8. 桉属 *Eucalyptus* L. Her.

1. 伞形花序排成伞房花序或圆锥花序。
 2. 伞形花序为顶生的伞房花序或圆锥花序;花大,直径达 2 cm 以上 ……………………………………………………………………… 1. 美叶桉 *E. calophylla* R. Br.
 2. 伞形花序为侧生或顶生的圆锥花序,如为顶生时花茎径不过 2 cm(*E. maculata* 有时达 2 cm),树皮脱落 ……………………………………… 2. 柠檬桉 *E. citriodora* Hook
1. 伞形花序单生或很少 2～3 个生腋内。
 2. 花序柄非常扁平。
  3. 果瓣明显地突出于萼管外 …………………………………… 3. 粗皮桉 *E. pellita* F. V. Muell.
  3. 果瓣仅与萼管口平头或微突出。
   4. 花小,萼茎径不过 4 mm;帽状体薄,极短,平压状;雄蕊在外轮的不发育,花药心形;果小,直径不过 5 mm ………………………………… 4. 小帽桉 *E. microcorys* F. V. Muell.
   4. 花较大;帽状体约与萼管等长或过之;雄蕊全部发育;果稍大,直径 6～10 mm。
    5. 花大,直径达 18 mm;果大,直径 8～10 mm;叶大,宽 3.5～7.5 cm ……………………………………………………………… 5. 桉(大叶桉)*E. robusta* Smith.
    5. 花稍小,直径约 10 mm;果稍小,直径 6～8 mm;叶小,宽在 2.5 cm 以上 ……………………………………………………………… 6. 斑叶桉 *E. punctata* DC.
 2. 花序柄近圆柱状或有角,但非压扁。
  3. 果缘明显地突出于萼管外。
   4. 果缘极隆起,突出萼管外足达 3 mm ………………… 7. 隆缘桉 *E. exserta* F. V. Muell
   4. 果缘突出萼管外在 3 mm 以内。
    5. 帽状体通常急剧收缩成一尖喙,或有时渐尖而锐,其长(不连喙)约与萼管相等;果稍小,直径在 6 mm 以下 ………………… 8. 赤桉 *E. camaldulensis* Dehnhardt.
    5. 帽状体通常渐尖,长为萼管 2.5～4 倍;果稍大,直径 6～8 mm ……………………………………………………………… 9. 细叶桉 *E. tereticornis* Smith

3. 果缘与萼管口平头或稍微突出(突出部分不超过1 mm) ……………………………… 10. 广叶桉 *E. amplifolia* Naud.

三十三、野牡丹科 Melastomaceae

1. 叶有主脉3～7条或更多;子房4～5室,雄蕊极不相等;果稍肉质,不规则地开裂 ……………………………… 1. 野牡丹属 *Melastoma* Linn.
1. 叶有主脉一条;子房一室,特立中央胎座果实有种子一颗,胚大 ……………………………… 2. 谷木属 *Memecylon* Linn.

1. 野牡丹属 *Melastoma* Linn.

1. 匍匐状亚灌木;叶面除边缘外全秃净 ……………… 1. 地稔 *M. dodecandrum* Lour.
1. 直立灌木。
 2. 叶的背面近无毛或仅沿脉上被极稀的短粗毛;小枝被散生、扩展的长粗毛 ……………………………… 2. 毛稔 *M. sanguineum* Sims
 2. 叶面被粗毛;萼密被长而紧贴、鳞片状、有小齿的刚毛。
  3. 茎被扩展的长粗毛;叶基狭而急尖,有主脉3～5条 ……………………………… 3. 展毛野牡丹 *M. normale* D. Don
  3. 茎被短而多少紧贴的鳞片状毛。
   4. 叶背密被长柔毛;叶基狭心形,有主脉5～7条………… 4. 野牡丹 *M. candidum* D. Don
   4. 叶背被短柔毛;叶基狭,短尖而渐狭,有主脉5条,稀7条 ……………………………… 5. 多花野牡丹 *M. affine* D. Don

2. 谷木属 *Memecylon* Linn.

1. 谷木 *M. ligustrifolium* Champ. ex Benth.

三十四、使君子科 Combretaceae

1. 藤状灌木,花萼延长成一管,花瓣5枚,自由变红,花柱大部分与萼管合 ……………………………… 1. 使君子属 *Quisqualis* Linn.
1. 大乔木,花萼钟形,花瓣缺,叶缘或叶柄上部有腺体 ……… 2. 榄仁树属 *Terminalia* Linn.

1. 使君子属 *Quisqualis* Linn.

1. 使君子 *Q. indica* Linn.

2. 榄仁树属 *Terminalia* Linn.

1. 叶大,常聚生于枝顶,倒卵形;果略压扁 ……………… 1. 榄仁树 *T. catappa* Linn.
1. 叶较小;互生或近对生,卵形或椭圆形;有5棱 ……………… 2. 诃子 *T. chebula* Retz.

三十五、红树科 Rhizophoraceae

竹节树属 *Carallia* Roxb.

1. 竹节树 *C. brachiata* (Lour.) Merr.

三十六、金丝桃科 Hypericaceae

1. 灌木或草本；蒴果室间开裂；种子无翅 ………………………… 1. 金丝桃属 *Hypericum* Linn.
1. 小乔木或灌木；蒴果室背开裂；种子有翅 ………………………… 2. 黄牛木属 *Cratoxylum* Bl.

1. 金丝桃属 *Hypericum* Linn.

1. 灌木；花大，花柱 5 枚 ………………………………………… 1. 金丝桃 *H. monogynum* Linn.
1. 草本；花小，花柱 3 枚 ………………………………………… 2. 地耳草 *H. japonicum* Thunb.

2. 黄牛木属 *Cratoxylum* Bl.

1. 黄牛木 *C. ligustrinum* (Spach.) Bl.

三十七、山竹子科（藤黄科）Guttiferae

1. 子房 2 室或多室；叶的侧脉较少，疏而斜举，浆果，种子有多汁的假种皮
………………………………………………………………………… 1. 藤黄属 *Garcinia* Linn.
1. 子房 1 室；叶的侧脉极密而平行，几与中脉成直角开出，核果，种子无假种皮
………………………………………………………………………… 2. 红厚壳属 *Calophyllum* Linn.

1. 藤黄属 *Garecinia* Linn.

1. 花大部分两性，为伞房花序式的总状花序或圆锥花序；雄蕊 4 束
………………………………………………………………… 1. 多花山竹子 *G. multiflora* Champ.
1. 花单性，单生或簇生；雄蕊 1 束 ……………………… 2. 岭南山竹子 *G. obongifolia* Champ.

2. 红厚壳属 *Calophyllum* Linn.

1. 薄叶红厚壳 *C. memebranaceum* Gardn. et Champ.

三十八、椴树科 Tiliaceae

1. 灌木；果为一核果。
 2. 小聚伞花序单生或丛生；核果圆裂 ………………………… 1. 解宝叶属 *Grewia* Linn.
 2. 小聚伞花序结成圆锥花序；核果全缘 ……………………… 2. 布渣叶属 *Microcos* Linn.
1. 草本或亚灌木状草本；果为蒴果，开裂或不开裂。
 2. 蒴果有刺或有刺毛；叶基无尾状附属物 ……………………… 3. 刺蒴麻属 *Triumfetta* Linn.
 2. 蒴果无刺，但有棱，叶基两侧的锯齿常延伸为一尾状附属物 …… 4. 黄麻属 *Corchorus* Linn.

1. 扁担杆属（解宝叶属）*Grewia* Linn.

1. 无柄扁担杆（无柄解宝叶）*G. sessilifolia* Gagnep.

2. 布渣叶属 *Microcos* Linn.

1. 布渣叶 *M. paniculata* Linn.

3. 刺蒴麻属 *Triumfetta* Linn.

1. 叶常 3 裂；蒴果小，直径约 4 mm，刺短，无毛，先端钩状 …… 1. 刺蒴麻 *T. bartramia* Linn.
1. 叶不分裂；蒴果大；直径达 1 cm，刺长，先端直，全部散生或疏长毛
………………………………………………………………………… 2. 毛刺蒴麻 *T. tomentosa* Boj.

4. 黄麻属 *Corchorus* Linn.

1. 蒴果球形，无喙，5 室 ………………………………………… 1. 黄麻 *C. capsularis* Linn.
1. 蒴果长柱形，有喙，3 室。
 2. 蒴果 6～8 棱，其中 3 或 4 棱呈翅状，喙 3～5 裂 …………… 2. 甜麻 *C. acutangulus* Linn.
 2. 蒴果 10 棱，无翅，喙全缘 …………………………………………… 3. 长蒴黄麻 *C. olitorius* Linn.

三十九、杜英科 Elaeocarpaceae

1. 杜英属 *Elaeocarpus* L.

杜英属 *Elaeocarpus* L.

1. 叶基渐窄下延连至叶柄，或不下延而为耳垂形。
 2. 叶基渐窄下延至叶柄。
  3. 叶倒卵状椭圆形，叶缘钝锯齿，脉腋有时有腺体 …… 1. 杜英 *E. sylvestris* (Lour.) Poir.
  3. 叶狭披针形或倒披针形，有时较阔而为卵状披针形，脉腋无腺体。
   4. 叶狭披针形或倒披针形，叶缘有细密锯齿；花大而苞片显著
   ………………………………………………………………… 2. 海南杜英 *E. hainanensis* Oliv.
   4. 叶狭披针形至倒披针形，叶缘有疏锯齿 ………… 3. 剑叶杜英 *E. lanceaefofius* Roxb.
 2. 叶基耳垂形，叶倒卵形或披针形，叶缘有波状浅牙齿；叶面中脉粗大而隆起
 ………………………………………………………………… 4. 尖叶杜英 *E. apiculatus* Mast.
1. 叶基与上不同，叶柄两端稍肿大。叶背有黑褐色斑点……… 5. 锡兰橄榄 *E. serratus* Linn.

四十、梧桐科 Sterculiaceae

1. 乔木。
 2. 花瓣缺。
  3. 花药无数；果菁葖状，开裂。
   4. 果皮厚，成熟时始开裂 ……………………………………… 1. 苹婆属 *Sterculia* Linn.
   4. 果皮膜质，成熟前早开裂 ………………………………… 2. 梧桐属 *Frimiana* Marsili
  3. 花药 5 枚；果皮木质，具龙骨状突起或短翅 ………………… 3. 银叶树属 *Heritiera* Aiton
 2. 花瓣 5 枚。
  3. 花腋生、单生或数朵聚生；花药具柄，蒴果木质 …… 4. 翅子树属 *Pterospermum* Schreber
  3. 花多数，为顶生的伞房花序；花药无柄 ……………………… 5. 梭罗树属 *Reevesia* Lindl.
1. 灌木、草本或藤本。
 2. 木质攀缘藤本；果大，球形，有刺 ………………………… 6. 刺果藤属 *Byttneria* Loefl.
 2. 茎直立；果无翅。
  3. 花药 3 枚成一组，与假雄蕊互生。
   4. 叶阔，卵状矩圆形；假雄蕊倒心形，极短，连合如杯；花药近无柄；蒴果膜质，有 5 翅，
   种子无翅 ………………………………………………………… 7. 昂天莲属 *Ambroma* Linn. f.
   4. 叶狭披针形；假雄蕊条状匙形，约与花瓣等长；上部分离，花药具柄；蒴果近球形，稍
   革质 ……………………………………………………………… 8. 午时花属 *Pentapetes* Linn.

3. 花药单生,但聚集于雄蕊柱之顶;蒴果多少木质,矩圆形,常密被棉毛状的茸毛,
种子无翅 ………………………………………………… 9. 山芝麻属 *Helicteres* Linn.

1. 苹婆属 SterculiaLinn.

1. 萼分离至中部,裂片条形;蓇葖宽 2.5~3 cm …………………… 1. 苹婆 *S. nobilis* Smith
1. 萼分离几达基部,裂片矩圆状披针形;蓇葖较少,宽 1.2~1.5 cm
……………………………………………………………… 2. 假苹婆 *S. lanceolata* Cav.

2. 梧桐属 *Frimiana* Marsili

1. 梧桐 *F. platanifolia*(L. f.)Marsili

3. 银叶树属 *Heritiera* Aiton

1. 长柄银叶树 *H. angustata* Pierre

4. 翅子树属 *Pterospermum* Schreber

1. 翻白叶树 *P. heterophyllum* Hance

5. 梭罗树属 *Reevesia* Lindl.

1. 两广梭罗树 *R. thyrsoidea* Lindl.

6. 刺果藤属 *Byttneria* Loefl.

1. 刺果藤 *B. aspera* Colebr.

7. 昂天莲属 *Ambroma* Linn. f.

1. 昂天莲 *A. augusta* (L.) Linn. f.

8. 午时花属 *Pentapetes* Linn.

1. 午时花 *P. phoenicea* Linn.

9. 山芝麻属 *Helicteres* Linn.

1. 叶矩圆状披针形至狭披针形,基部钝,边全缘;花萼长不过 8 mm;蒴果被星状短柔毛
…………………………………………………………… 1. 山芝麻 *H. angustifolia* Linn.
1. 叶矩圆形至矩圆状卵形,基部狭心形,边有锯齿;花萼长 1 cm 以上;蒴果密被星状柔毛
及杂以线状、被毛的突出体 …………………………………… 2. 雁婆麻 *H. hirsute* Lour.

四十一、木棉科 Bombacaceae

木棉属 *Bombax* Linn.

1. 木棉 *B. malabaricum* DC.

四十二、锦葵科 Malvaceae

1. 果由一心皮所成,成熟时心皮由中轴分离。
 2. 花柱与心皮同数。
  3. 胚珠每室 1 颗。
   4. 胚珠上举;小苞片 3 枚。

5. 柱头条形;成熟的心皮无刺;叶圆形 …………………………… 1. 锦葵属 *Malva* Linn.
5. 柱头头状;成熟的心皮有短刺 3 枚;叶卵状矩圆形 …… 2. 赛葵属 *Malvastrum* A. Gray
4. 小苞片缺,胚珠倒垂;成熟心皮有芒刺 2 条或无刺 …………… 3. 黄花稔属 *Sida* Linn.
3. 胚珠每室 2 颗或更多 ………………………………………… 4. 苘麻属 *Abutilon* Mill.
2. 花柱或柱头的分枝为心皮数 2 倍。
3. 总苞的小苞片 5 枚,下部合成一杯;花小;果为 5 个有钩刺的心皮所成
………………………………………………………………… 5. 梵天花属 *Urena* Linn.
3. 总苞的小苞片多于 5 枚;花大,红色,倒垂;心皮合成一肉质体
……………………………………………………………… 6. 悬铃花属 *Malvaviscus* Dill.
1. 果为一蒴果;子房由数个合生心皮所成。
2. 花柱上部分离;种子通常肾形;总苞的小苞片 2 狭。
3. 萼有规则地分离,钟状或蝶状,宿存 ………………………… 7. 木槿属 *Hibiscus* Linn.
3. 萼佛焰苞状,沿一边开裂且盖状脱落 ……………………… 8. 秋葵属 *Abelmoschus* Medicus
2. 花柱合生成一棒状体;种子卵形,总苞的小苞片极大,心形
………………………………………………………………… 9. 棉属 *Gossypium* Linn.

1. 锦葵属 *Malva* Linn.

1. 锦葵 *M. sinensis* Gavan.

2. 赛葵属 *Malvastrum* A. Gray

1. 赛葵 *M. coromandelinum* (L.) Carcke

3. 黄花稔属 *Sida* Linn.

1. 叶披针形,先端渐尖,两面均绿色,近秃净;托叶条状披针形,3 脉;花柄短或有时略长于花,中部以下有节 ………………………………………… 1. 黄花稔 *S. acuta* Burm. f.
1. 叶非披针形,先端短尖、钝或凹入,背灰色,被星状柔毛。
2. 叶矩圆形至菱形,长 1～4 cm,先端短尖或浑圆;花柄伸长
……………………………………………………… 2. 白背黄花稔 *S. rhombifolia* Linn.
2. 叶小,倒卵状矩圆形至倒卵形,长 1～2 cm,先端浑圆至凹入,基部楔尖;花柄短
……………………………………………………… 3. 小叶黄花稔 *S. retusa* Linn.

4. 苘麻属 *Abutilon* Mill.

1. 花柄粗壮;花瓣略长于萼;成熟的心皮有长芒 2 枚………… 1. 苘麻 *A. theophrasti* Medicus
1. 花柄柔弱;花瓣长于花萼 2 倍以上;成熟的心皮具短芒
……………………………………………………… 2. 磨盘草 *A. indicum* (L.) Sweet

5. 梵天花属 *Urena* Linn.

1. 地桃花(野棉花)*U. lobata* Linn.

6. 悬铃花属 *Malvaviscus* Dill.

1a. 垂花悬铃花 *M. arboreus* Cav. var. *penduliflorus* (DC.) Schery
1b. 小悬铃花 *M. arboreus* Cav. var. drummondii Schery

7. 木槿属 *Hibiscus* Linn.

1. 一年生或多年生亚灌木状草本。
 2. 植株不具皮刺；萼及小苞片肉质，紫红色 …………………… 1. 玫瑰茄 *H. sabdariffa* Linn.
 2. 茎、叶柄及萼有刺；萼及小苞片与上不同 …………………… 2. 大麻槿 *H. cannabinus* Linn.
1. 灌木或小乔木。
 2. 小苞片分离。
  3. 花瓣分裂成流苏状；小苞片极小，长不过 2 mm ……………………………………………… 3. 吊灯花 *H. schizopetalus* (Mast.) Hook. f.
  3. 花瓣不分裂，小苞片长达 5 mm 以上。
   4. 叶五角形或 5 裂；花白色或淡红色，后变为深红；各部均密被灰色星状柔毛 ………………………………………………………………… 4. 木芙蓉 *H. mutabilis* Linn.
   4. 叶阔卵形或三角状卵形；各部近秃净。
    5. 叶阔卵形；雄蕊柱长突出，长于花瓣 …………………… 5. 朱槿 *H. rosa-sinensis* Linn.
    5. 叶三角状卵形或菱形；雄蕊柱短于花瓣 …………………… 6. 木槿 *H. syriacus* Linn.
 2. 小苞片合生成一个 9～10 齿裂、宿存的杯状体；叶圆心形；花黄色 ………………………………………………………………………… 7. 黄槿 *H. tiliaceus* Linn.

8. 秋葵属 *Abelmoschus* Medicus

1. 黄葵 *A. moschatus* (L.) Medicus

9. 棉属 *Gossypium* Linn.

1. 总苞片撕裂状，裂齿的宽度约为长的 1/3 或更狭。
 2. 雄蕊柱长，花药紧排于等长的短花丝上；种子与纤毛易分离，蒴果长圆状卵形 ………………………………………………………………… 1. 海岛棉 *G. barbadense* Linn.
 2. 雄蕊柱短，花药散列于长短不等的花丝上(上部的通常较下部的为长)；蒴果卵圆形，种子与纤毛不剥离 ………………………………………………… 2. 陆地棉 *G. hirsutum* Linn.
1. 总苞片紧贴花冠，基部连生，全缘或于顶端有齿缺 3～5，宽约为长之半或更宽；花萼全缘 ………………………………………………………………………… 3. 树棉 *G. arboreum* Linn.

四十三、大戟科 Euphorbiaceae

1. 花无花被，为大戟花序，即雌雄花同生于萼状的总苞内，雌花单生，居中，周围围绕着数个或多个、由雄蕊及 1 花柄所成的雄花；花被缺；植物有丰富的乳状液汁。
 2. 总苞辐射对称 ……………………………………………………… 1. 大戟属 *Euphorbia* Linn.
 2. 总苞左右对称，基部有 1 短矩 ………………… 2. 红雀珊瑚属 *Pedilanthus* Neck. ex Poit.
1. 花不包藏于总苞内，有花被。
 2. 子房有胚珠 2 颗；雌雄花不同于 1 花序上。
  3. 花有花瓣；子房 2 室，核果或为具肉质外果皮的蒴果 ……… 3. 土蜜树属 *Bridelia* Willd.
  3. 花无花瓣。
   4. 花腋生、单生或丛生。
    5. 果干燥，蒴果状，有 3 至多个开裂的果瓣或为一浆果。

6. 果干燥，非浆果。
7. 草本；雌雄同株，雌雄花均有花盘 …………………… 4. 叶下珠属 *Phyllanthus* Linn.
7. 灌木或小乔木；花盘缺 ……………………… 5. 算盘子属 *Glochidion* J. R. et G. Forst.
6. 花萼分离，花柱合生，果为一浆果 …………………… 4. 叶下珠属 *Phyllanthus* Linn.
5. 果有果瓣 3～6 个，包藏于一肉质果皮内。
6. 花萼连合，果呈浆果状，不裂 ………………… 6. 黑面神属 *Breynia* J. R. et G. Forst.
6. 花萼 5 深裂，结果时不扩大 ……………………………… 7. 白饭树属 *Fluggea* Willd.
4. 花为腋生或顶生的穗状花序或总状花序。
5. 子房 2 室；花柱或柱头 2 ……………………………………… 8. 银柴属 *Aporosa* Bl.
5. 子房 1 室；花柱或柱头 3 或 4 …………………………… 9. 五月茶属 *Antidesma* Linn.
2. 子房室有胚珠 1 颗。
3. 花有花瓣，最低限度在雄花中有花瓣。
4. 花为顶生或腋生的聚伞花序或圆锥花序。
5. 灌木或亚灌木；叶柄顶端无腺体；有花盘 ……………… 10. 麻疯树属 *Jatropha* Linn.
5. 乔木；叶柄顶端有腺体 2 个。
6. 落叶乔木，无星状毛；花大，直径 2.5 cm 以上；子房 3～8 室；果为核果状，无花盘 …………………………………………………… 11. 油桐属 *Vernicia* Lour.
6. 常绿乔木，有星状毛；花小，直径约 8 cm；子房 2 室 ……………………………………… 12. 石栗属 *Aleurites* J. R. et G. Forst.
4. 花为腋生的总状花序或穗状花序。
5. 叶杂色或有各色斑点，秃净；雄蕊 15～30 枚及以上；花萼早落；柱头不裂 ………………………………………………… 13. 变叶木属 *Codiaeum* A. Juss.
5. 叶绿色，秃净或被星状柔毛或星状鳞片；雄蕊 10～20 枚 …… 14. 巴豆属 *Croton* Linn.
3. 花瓣与上不同。
4. 雄蕊多数。
5. 花丝分离；雌雄花不同于一花序上。
6. 植物体被星状毛；叶面基部及背面常有腺体；果平滑或有软刺；花药侧生 …………………………………………………… 15. 野桐属 *Mallotus* lour.
6. 叶无腺体，果平滑；花药直立 ……………………… 16. 白桐树属 *Claoxylon* A. Juss.
5. 雄蕊合生成束；花序上部为雌花，下部为雄花；叶片盾状着生，掌状深裂 …………………………………………………… 17. 蓖麻属 *Ricinus* Linn.
4. 雄蕊 2～10 枚。
5. 雄蕊 2～3 枚。
6. 雌雄花通常同序，花序顶生；叶柄顶有腺体 2 个……… 18. 乌桕属 *Sapium* P. Browne
6. 花序近腋生；叶柄顶无腺体 ………………………… 19. 土沉香属 *Excoecaria* Linn.
5. 雄蕊 6 枚以上。
6. 植物有乳状液汁。
7. 叶为掌状复叶；具小叶 3 枚；花小 ……………………… 20. 橡胶树属 *Hevea* Aublet
7. 叶通常掌状 3～10 深裂；花萼近钟状，有色彩，呈花瓣状 …… 21. 木薯属 *Manihot* Mill.

6. 植物无乳状液汁。

7. 雄蕊环状排列；花柱长，锥尖，果为开裂的蒴果 …… 22. 山麻杆属 *Alchornea* Swartz

7. 雄蕊排列于一延长的中轴上；柱头无柄，盘状；果不开裂 ………………………………………………………… 23. 黄桐属 *Endospermum* Benth.

1. 大戟属 *Euphorbia* Linn.

1. 直立、多枝灌木或乔木。

2. 茎有刺。

3. 枝极厚，3～6 角形；小枝有翅 3～5 条；刺长不及 4 mm ………………………………………………………… 1. 火殃勒 *E. antiquorum* Linn.

3. 枝厚不及 1 cm；刺极长，长 4～12 mm；总苞红色 ………………………………………………………… 2. 铁海棠 *E. milii* Ch. des Moulins

2. 茎无刺；枝圆柱状，绿色，近无叶 ……………………………… 3. 绿玉树 *E. tirucalli* Linn.

1. 直立、无刺灌木或亚灌木；花序下的叶红色或于基部红色，状如苞片，极美丽。

2. 直立灌木；叶长 7～14 cm，苞片状叶大，全体鲜红色 ………………………………………………………… 4. 一品红 *E. pulcherrima* Willd.

2. 亚灌木；叶长 3～10 cm，苞片状叶基部红色或有红白斑点，上部绿色 ………………………………………………………… 5. 猩猩草 *E. heterophylla* Linn.

1. 直立或匍匐状、矮小草本；花极小，腋生。

2. 叶长逾 1 cm 以上。

3. 植物秃净或被微毛 ……………………………………………… 6. 通奶草 *E. indica* Lam.

3. 植物密被粗毛 ……………………………………………… 7. 飞扬草 *E. hirta* Linn.

2. 叶极小，长不及 1 cm。

3. 蒴果被毛 ……………………………………………………… 8. 千根草 *E. thymifolia* Linn.

3. 蒴果仅于果瓣的脊上被毛，余均秃净 ……………………… 9. 铺地草 *E. prostrata* Ait.

2. 红雀珊瑚属 *Pedilanthus* Neck. ex Poit.

1. 红雀珊瑚 *P. tithymaloides*（L.）Poit.

3. 土蜜树属 *Bridelia* Willd.

1. 土蜜树 *B. monoica*（Lour.）Merr.

4. 叶下珠属 *Phyllanthus* Linn.

1. 灌木或乔木。

2. 叶大，长达 2 cm 以上 ……………………………… 1. 烂头石本(龙眼睛) *P. reticulatus* Poit.

2. 叶小，长不及 1 cm。

3. 叶倒卵形，基部楔尖或钝 ………………………… 2. 越南叶下珠 *P. cochinchinensis* Spreng

3. 叶线状矩圆形，基部截头状 …………………………………… 3. 余甘子 *P. emblica* Linn.

1. 草本。花近无柄；果有小凸点 ………………………………… 4. 叶下珠 *P. urinaria* Linn.

5. 算盘子属 *Glochidion* J. R. et G. Forst.

1. 雄蕊 3 枚，叶通常较薄，长不及 8 cm。

2. 枝和叶全秃净，无毛 ………………………………………… 1. 白背算盘子 *G. wrightii* Benth.
2. 枝和叶被柔毛或粗毛。
3. 枝和叶被小柔毛；叶狭长形，宽 4～20 mm，上面近秃净或被小毛 ………………………………………………………… 2. 算盘子 *G. puberum*（L.）Hutch.
3. 枝和叶被粗毛；叶阔，宽 2.5～3.5 cm，叶两面均被柔毛 …………………………………………………… 3. 毛果算盘子 *G. eriocarpum* Champ.
1. 雄蕊 5～8 枚；叶革质，长达 8 cm 以上。
2. 枝和叶均被柔毛 ……………………………… 4. 毛叶算盘子 *G. dasyphylluln* K. Koch
2. 枝和叶均秃净。
3. 子房被柔毛；蒴果直径约 8 mm；叶长 7～15 cm，基部截头状或微心形或浑圆 ……………………………………………… 5. 香港算盘子 *G. hongkongense* Muell.-Arg.
3. 子房秃净；蒴果径 12～15 mm；叶长 12～15 cm，基部钝或阔楔形 ………………………………………………………… 6. 大叶算盘子 *G. macrophyllum* Benth.

6. 黑面神属 *Breynia* J. R. et G. Forst.

1. 面神 *B. fruticosa*（L.）Hook. f.

7. 白饭树属 *Fluggea* Willd.

1. 白饭树 *F. virosa*（Willd.）Baill.

8. 银柴属 *Aporosa* Bl.

1. 银柴（甜糖树）*A. chinensis*（Champ.）Merr.

9. 五月茶属 *Antidesma* Linn.

1. 叶阔椭圆形，先端浑圆，背被柔毛；花被深裂 …… 1. 方叶五月茶 *A. ghaesembilla* Gaertn.
1. 叶矩圆形，先端短尖或渐尖，秃净；花被浅裂 ………………… 2. 五月茶 *A. bunius* Spreng.

10. 麻疯树属 *Jatropha* Linn.

1. 叶盾状；茎的基部极膨大；花红色 ………………………… 1. 佛肚树 *J. podagrica* Hook.
1. 叶非盾状；茎基部不膨大；花绿色 ……………………………… 2. 麻疯树 *J. curcus* Linn.

11. 油桐属 *Vernicia* Lour.

1. 叶全缘或 1～2 浅裂；叶柄顶的腺体无柄；果平滑 … 1. 油桐 *V. fordii*（Hemsl.）Airy-Shaw
1. 叶全缘或 3～4 深裂；叶柄顶的腺体具柄，杯状，果有皱纹 …… 2. 木油桐 *V. montana* Lour.

12. 石栗属 *Aleurites* J. R. et G. Forst.

1. 石栗 *A. moluccana*（L.）Willd.

13. 变叶木属 *Codiaeum* A. Juss.

1. 变叶木 *C. variegatum*（L.）Bl.

14. 巴豆属 *Croton* Linn.

1. 叶秃净，三出脉 ……………………………………………… 1. 巴豆 *C. tiglium* Linn.
1. 叶被柔毛。
2. 苞片全缘；雄蕊 10 或 12 枚；花柱 2 裂；老叶上面近秃净

………………………………………………………… 2. 毛果巴豆 *C. lachnocarpus* Benth.

2. 苞片分裂；雄蕊约 20 枚；花柱 4 裂；老叶两面均被星状茸毛

………………………………………………………… 3. 鸡骨香 *C. crassifolius* Geisel.

15. 野桐属 *Mallotus* Lour.

1. 白背叶 *M. apelta* (Lour.) Muell.-Arg.

16. 白桐树属 *Claoxylon* A. Juss.

1. 白桐树 *C. polot* (Burm.) Merr.

17. 蓖麻属 *Ricinus* Linn.

1. 蓖麻 *R. communis* Linn.

18. 乌桕属 *Sapium* P. Browne

1. 叶菱状卵形，先端长渐尖，长宽几相等 ………………… 1. 乌桕 *S. sebiferum* (L.) Roxb.

1. 叶椭圆形，先端短尖或钝，长为宽之 2～3 倍 …… 2. 山乌桕 *S. discolor* (Champ.) Muell.-Arg.

19. 土沉香属 *Excoecaria* Linn.

1. 红背桂花 *E. cochinchinensis* Lour.

20. 橡胶树属 *Hevea* Aublet.

1. 橡胶树 *H. brasiliensis* (HBK.) Mull.-Arg.

21. 木薯属 *Manihot* Mill.

1. 木薯 *M. seculenta* Crantz

22. 山麻杆属 *Alchornea* Swartz.

1. 红背山麻杆 *A. trewioides* (Benth.) Muell.-Arg.

23. 黄桐属 *Endosperrnum* Benth.

1. 黄桐 *E. chinense* Benth.

四十四、蔷薇科 Rosaceae

悬钩子属 *Rubus* Linn.

1. 叶为单叶，分裂。

2. 叶 5 深裂，上面平滑；花单生 ……………………………… 1. 悬钩子 *R. palmatus* Thunb.

2. 叶通常不规则的 5 浅裂；叶面通常有囊泡状小凸起，被粗毛，背密被茸毛；花为总状花序或圆锥花序或为腋生的头状花束 ……………………… 2. 粗叶悬钩子 *R. alceaefolius* Poir.

1. 叶为复叶，全株无毛；花白色……………………… 3. 白花悬钩子 *R. 1eucanthus* Hance

四十五、含羞草科 Mimosaceae

1. 雄蕊通常无数，最少多于花瓣数 2 倍以上。

2. 花丝多少合生。

3. 荚果不开裂，厚，弯曲如环状；种子间有隔膜 ………… 1. 象耳豆属 *Enterolobium* Mart.

3. 茎无刺，荚果开裂或不开裂，薄，直或镰状或旋卷；种子间无隔膜
……………………………………………………………… 2. 合欢属 *Albizia* Durazz.

2. 茎有刺，荚果成熟时开裂，花丝分离 …………………………… 3. 金合欢属 *Acacia* Mill.

1. 雄蕊与花瓣同数或 2 倍之。

2. 花药先端有腺体；荚果带状，开裂时弯曲而旋卷；种皮红色
…………………………………………………………… 4. 孔雀豆属 *Adenanthera* Linn.

2. 花药先端无腺体；种皮非红色。

3. 无刺、直立灌木或乔木；荚果直，扁平，光滑；种子尖无隔膜
…………………………………………………………… 5. 银合欢属 *Leucaena* Benth.

3. 有刺、亚灌木状草本；叶有敏感，触之闭合而下垂；荚果有刺毛
…………………………………………………………… 6. 含羞草属 *Mimosa* Linn.

1. 象耳豆属 *Enterolobium* Mart.

1. 象耳豆 *E. cyclocarpum*(Jacq.) Grieeseb.

2. 合欢属 *Albizia* Durazz.

1. 花有梗 ……………………………………………… 1. 大叶合欢 *A. lebbeck* (L.) Benth.

1. 花无梗。

2. 叶的总轴秃净；小叶矩圆形或卵状矩圆形，长 1 cm 以上，先端钝。

3. 小叶矩圆状椭圆形，长 2.5～4 cm，中脉偏于下边缘 ………… 2. 白格 *A. procera* Benth.

3. 小叶卵状矩圆形，长 1.2～2 cm，中脉居中 … 3. 天香藤(刺藤) *A. corniculata* (Lour.) Druce

2. 叶的总轴有毛，小叶线状矩圆形，长 1 cm 以下，先端短尖。

3. 小叶 20～40 对，中脉紧靠于上边缘；头状花序 …… 4. 楹树 *A. chinensis* (Osb.) Merr.

3. 小叶 14～20 对，中脉偏于下边缘，穗状花序 ……………… 5. 南洋楹 *A. falcata*. Back.

3. 金合欢属 *Acacia* Mill.

1. 无刺乔木或灌木。

2. 叶为二回羽状复叶 ……………………… 1. 澳洲金合欢(黑荆) *A. mearnsii* de Wilde.

2. 藤本；枝有散生针刺 ……………………………… 2. 藤金合欢 *A. sinuata* (Lour.) Merr.

1. 直立灌木；枝无散生皮刺，但有托叶变成的针刺，羽片 4～8 对；小叶无毛
…………………………………………………………… 3. 金合欢 *A. farnesiana* Willd.

4. 孔雀豆属 *Adenanthera* Linn.

1. 孔雀豆(海红豆)*A. pavonina* Linn.

5. 银合欢属 *Leucaena* Benth.

1. 银合欢 *L. leucocephala*(Lam.) de Wit

6. 含羞草属 *Mimosa* Linn.

1. 指状复叶，羽片通常 4 枚，聚生于总叶柄之顶，茎圆柱形，具散生钩刺及倒生刚毛；雄蕊 4 枚
…………………………………………………………… 1. 含羞草 *M. pudica* Linn.

1. 羽状复叶，羽片 7～8 对，羽状排列于总轴上，茎五棱形，沿棱上密生钩刺；雄蕊 8 枚
…………………………………………………………… 2. 巴西含羞草 *M. invisa* Mart.

四十六、苏木科 Caesalpiniaceae

1. 单叶，顶端2裂；萼管状或佛焰状；先端有齿裂 ……………… 1. 羊蹄甲属 *Bauhinia* Linn.
1. 叶为羽状复叶；萼片分离或仅在基部合生。
 2. 叶为2回羽状复叶。
  3. 花单性或杂性异株；无花瓣，萼管基部有盘………………… 2. 长角豆属 *Ceratonia* Linn.
  3. 花两性，有花瓣；萼管基部无盘。
   4. 萼片镊合状排列；花径10～12 cm，红色，美丽 …………… 3. 凤凰木属 *Delonix* Raf.
   4. 萼片覆瓦状排列；花径在4 cm以下。
    5. 柱头大，盾形；荚果呈翅果状 ………… 4. 盾柱木属 *Peltophorum*（Vogel.）Benth.
    5. 柱头小；荚果无翅。
     6. 小叶对生 ……………………………………………… 5. 苏木属 *Caesalpinia* Linn.
     6. 小叶互生…………………………………… 6. 格木属 *Erythrophloeum* Afzel. ex D. Don
 2. 叶为1回羽状复叶。
  3. 花杂性，枝和干常有分枝的长刺 ……………………………… 7. 皂荚属 *Gleditsia* Linn.
  3. 花两性，枝和干无刺。
   4. 小叶1对；花白色 ………………………………………… 8. 孪叶豆属 *Hymenaea* Linn.
   4. 小叶2对或2对以上；黄色 …………………………………………… 9. 决明属 *Cassia* Linn.

1. 羊蹄甲属 *Bauhinia* Linn.

1. 花粉红色至紫色，发育雄蕊3～5枚（紫荆羊蹄甲有一个变种的花是白色的）。
 2. 直立乔木，花瓣粉红色至红色；叶长7～13 cm。
  3. 发育雄蕊3～4枚；花瓣倒披针形；叶裂片稍尖或钝，其长为叶全长的1/3～1/2
  ……………………………………………………………… 1. 羊蹄甲 *B. purpurea* Linn.
  3. 发育雄蕊5枚；叶裂片浑圆，其长为叶全长的1/4～1/3。
   4. 花为伞房花序；花瓣淡红色，卵状矩圆形，荚果长约20 cm或过之
   ……………………………………………………………… 2. 紫荆羊蹄甲 *B. variegata* Linn.
   4. 花为总状花序；花瓣紫红色，披针形；果不实 ……… 3. 红花羊蹄甲 *B. blakeana* Dunn.
 2. 半藤状灌木，花瓣砖红色；发育雄蕊3枚；叶长2.5～6 cm
 ……………………………………………………………… 4. 嘉氏羊蹄甲 *B. galpinii* N. E. Br.
1. 花黄色或白色；发育雄蕊10枚。
 2. 花黄色，叶裂片先端浑圆 ……………………………… 5. 黄花羊蹄甲 *B. tomentosa* Linn.
 2. 花白色，叶裂片先端尖 ………………………………… 6. 白花羊蹄甲 *B. seuminata* Linn.

2. 长角豆属 *Ceratonia* Linn.

1. 长角豆 *C. siliqua* Linn.

3. 凤凰木属 *Delonix* Ref.

1. 凤凰木 *D. regia*（Boj.）Raf.

4. 盾柱木属 *Peltophorum*（Vogel.）Benth.

1. 盾柱木 *P. pterocarpum*（DC.）Baker

5. 苏木属 *Caesalpinia* Linn.

1. 洋金凤 *C. pulcherrima*（L.）Smith

6. 格木属 *Erythrophloeum* Afzel. ex. D. Don

1. 格木 *E. fordii* Oliv.

7. 皂荚属 *Gleditsia* Linn.

1. 华南皂荚 *G. fera*（Lour.）Merr.

8. 孪叶豆属 *Hymenaea* Linn.

1. 孪叶豆 *H. courbaril* Linn.

9. 决明属 *Cassia* Linn.

1. 小叶长 3～10 cm，宽 1.5～4 cm。
 2. 小叶先端急尖。
  3. 乔木；叶柄和总轴无腺体 …………………………………… 1. 腊肠树 *C. fistula* Linn.
  3. 灌木；叶柄和总轴有腺体。
   4. 小叶 2 对；中脉靠近上侧 …………………………………… 2. 大叶决明 *C. fruticosa* Mill.
   4. 小叶 3～4 对；中脉居中。
    5. 亚灌木状草本，叶柄基部仅有腺体 1 枚 ……………… 3. 野扁豆 *C. occidentalis* Linn.
    5. 灌木，每对小叶间有腺体 1 枚 ………………………… 4. 光叶决明 *C. laevigata* Willd.
 2. 小叶先端钝或钝而有小尖头。
  3. 灌木；小叶 3～4 对，倒卵形；花黄色。
   4. 小叶 3 对，长 3～5 cm，宽 2～3 cm，荚果近四棱形 ……………… 5. 决明 *C. tora* Linn.
   4. 小叶 4 对，长 2～4 cm，宽 1.5 cm；荚果圆柱形 …… 6. 双荚决明 *C. bicapsularis* Linn.
  3. 乔木；小叶 5 对以上，矩圆形或椭圆形；花黄色或粉红色。
   4. 花粉红色，果圆柱形，有明显的节 ………………………… 7. 节果决明 *C. nodosa* IAnn.
   4. 花黄色；果近扁长形，无明显的节。
    5. 花序长 40 cm；叶柄和总轴无腺体 ………………………… 8. 铁刀木 *C. siamea* Lam.
    5. 花序长 8～12 cm；叶柄和总轴有腺体 1 枚 …………… 9. 黄槐 *C. surattensis* Burm. f.
1. 小叶长 2 cm，宽 5 mm 或更小。
 2. 小叶长 2 cm，宽 5 mm，花为顶生的圆锥花序 ………… 10. 密叶决明 *C. multijuga* Rich.
 2. 小叶长不及 2 cm，宽 5 mm，花 2～3 朵聚生于叶腋内。
  3. 小叶 25～50 对，长 3～4 mm …………………………… 11. 山扁豆 *C. mimosoides* Linn.
  3. 小叶 10～25 对，长 8～13 mm ……………………………………………………………
  …………………………………… 11a. 大叶山扁豆 *C. mimosoides* var. *wallichiana* DC.

四十七、蝶形花科 Papilionaceac

1. 果由数个通常不开裂的荚节所成，每荚节具 1 种子，有时为仅具 1 种子而不开裂的单荚。
 2. 叶为羽状复叶或仅有小叶 2 枚。
  3. 叶为羽状复叶。

4. 小叶极小,6枚以上。

5. 荚果直,突出于花萼之外 …………………………… 1. 合萌属 *Aeschynomene* Linn.

5. 荚果彼此盖叠,隐藏于萼内 …………………………… 2. 田基豆属 *Smithia* Ait.

4. 小叶中等大,通常4枚,有时6枚,荚果于地下成熟,矩圆形,果壳有网纹 …………………………… 3. 落花生属 *Arachis* Linn.

3. 叶有小叶2枚;小苞片大,将花包藏;荚节有小凸点 …… 4. 丁癸草属 *Zornia* J. F. Gmel.

2. 叶为羽状3小叶(即顶端一枚小叶有柄)或退化为1小叶。

3. 小叶有小托叶;胚珠数颗或果由荚节组成。

4. 荚果突出于萼外。

5. 荚果扁平,有明显的节。

6. 叶有小叶3枚或1枚,苞片小 …………………………… 5. 山蚂蝗属 *Desmodium* Desv.

6. 叶有小叶3枚,伞形花序或丛生花序包藏于2枚叶状、圆形、宿存的苞片内 …………………………… 6. 排钱草属 *Phyllodium* Desv.

5. 荚果圆柱形或肿胀,种子间有缢纹 ………… 7. 链荚豆属 *Alysicarpus* Neck. ex Desv.

4. 荚果彼此盖叠于萼内。

5. 萼于结果时不增大,小叶长甚于宽;花为稠密、头状的总状花序 …………………………… 8. 狸尾草属 *Uraria* Desv.

5. 萼于结果时增大,小叶宽甚于长;花数朵为疏散的总状花序 …………………………… 9. 蝙蝠草属 *Christia* Moench.

3. 小叶无小托叶;胚珠1颗,果单节。雄蕊管及花瓣于结果时脱落 …………………………… 10. 鸡眼草属 *Kummerowia* Schindl.

1. 荚果无节,开裂或不开裂。

2. 叶为掌状复叶 …………………………… 11. 羽扇豆属 *Lupinus* Linn.

2. 叶为羽状复叶(后面尚有二项)。

3. 叶为单数羽状复叶。

4. 直立植物。

5. 荚果上下两缝开裂。

6. 雄蕊基部合生成1或2束;种皮非大红色 …… 12. 鸡血藤属 *Millettia* Wight et Arn.

6. 雄蕊全部分离;种皮大红色或暗红色 ………………… 13. 红豆属 *Ormosia* Jackson

5. 荚果不开裂。

6. 小叶互生;荚果扁平。

7. 荚果圆形,周围有阔翅 …………………………… 14. 紫檀属 *Pterocarpus* Linn.

7. 荚果矩圆形或带状,荚缘薄 …………………………… 15. 黄檀属 *Dalbergia* Linn. f.

6. 小叶对生。

7. 花蝶形;荚果较大,长2 cm以上。

8. 荚果串珠状;雄蕊全部分离 …………………………… 16. 槐属 *Sophora* Linn.

8. 荚果非串珠状,雄蕊合生成束。

9. 荚果稍扁平;雄蕊1束 …………………………… 17. 水黄皮属 *Pongamia* Vent.

9. 荚果矩圆形,有3棱,先端锥尖;雄蕊2束 ……… 18. 紫云英属 *Astragalus* Linn.

7. 花非蝶形,龙骨瓣与翼瓣缺;荚果小,长1 cm以下 … 19. 紫穗槐属 *Amorpha* Linn.

4. 攀缘植物。
5. 荚果开裂，无翅。
6. 木质藤本。
7. 落叶藤本；旗瓣基部有硬痂状附属物；荚果开裂，种子间收缩，稍作串珠状 …………………………………………… 20. 紫藤属 *Wisteria* Nutt.
7. 常绿藤本，旗瓣基部无硬痂状附属物；荚果木质，扁平，迟开裂 ………………………………………… 12. 鸡血藤属 *Millettia* Wight et Arn.
6. 草质藤本，有大而美丽、白色或蓝色、腋生的花，荚果扁平 …………………………………………………… 21. 蝶豆属 *Clitorea* Linn.
5. 荚果不开裂，扁平而薄，荚缝上下边或一边有翅 …………… 22. 鱼藤属 *Derris* Lour.
3. 叶为双数羽状复叶。
4. 叶中轴顶端有卷须。
5. 萼裂片叶状；花柱顶端扩大，一边有毛，托叶极大，叶状……… 23. 豌豆属 *Pisum* Linn.
5. 萼裂片短而阔；花柱顶有束毛；托叶非叶状 …………………… 24. 蚕豆属 *Vicia* Linn.
4. 叶中轴顶端无卷须或仅有一刺毛。
5. 小叶 16 对以下。
6. 一年生草本；小叶大，2～3 对；荚果近肉质，种子间无隔膜 … 24. 蚕豆属 *Vicia* Linn.
6. 木质藤本或散蔓灌木；小叶 6～16 对；荚果短而阔，种子间有薄隔膜 ………………………………………………………… 25. 相思子属 *Abrus* Linn.
5. 小叶 20 对以上；荚果极长，条形，种子间有隔膜…………… 26. 田菁属 *Sesbania* Scop.
2. 叶为单叶或指状 3 小叶(即顶端一枚小叶无柄)。
3. 雄蕊 1 束；荚果有种子多粒；小叶 1 枚或 3 枚 …………… 27. 响铃豆属 *Crotlaria* Linn.
3. 雄蕊 2 束；荚果有种子 1～2 粒。
4. 叶为单叶，背无腺体 ………………………… 28. 猪仔笠属(毛瓣花属) *Eriosema* DC.
4. 叶有小叶 3 枚，背有腺体 ……………………………… 29. 千斤拔属 *Flemingia* Roxb.
2. 叶为羽状 3 小叶(即顶端一枚小叶具柄)。
3. 小叶无小托叶(后面尚有二项)。
4. 荚果不开裂，小叶有小齿。花为头状花束或短的总状花束；荚果旋卷 ……………………………………………………… 30. 苜蓿属 *Mebicago* Linn.
4. 荚果开裂，小叶全缘，背有腺体。
5. 草质藤本。
6. 荚果在种子间有横沟纹。总状花序长，多花……… 31. 野扁豆属 *Dunbaria* W. & A.
6. 荚果内的种子呈肾形 …………………………………… 32. 乳豆属 *Galacta* P. Br.
5. 直立亚灌木，胚珠或种子多颗；荚果在种子间有斜沟纹 …… 33. 木豆属 *Cajanus* DC.
3. 小叶无小托叶，但代以大的腺体，乔木有大而红色的花，花瓣不等长 ………………………………………………………… 34. 刺桐属 *Erythrina* Linn.
3. 小叶有小托叶。
4. 花柱近柱头部无须毛。
5. 总状花序无肿胀结节 ………………………………… 35. 大豆属 *Glycine* Linn.

5. 总状花序有肿胀的结节；花干时或在干标本上即从此结节处脱落。
6. 萼2唇形，上唇长于下唇；荚果大，沿荚缝之每一边有隆脊 ………… 36. 刀豆属 *Canavalia* DC.
6. 萼2唇形或不规则，但上面裂齿不长于下面的。花冠短，其长不超过萼之2倍，花瓣近等长，荚果条形，扁平 ………… 37. 葛属 *Pueraria* DC.
4. 花柱近柱头部有须毛。
5. 柱头偏生或侧生。
6. 龙骨瓣螺旋状 ………… 38. 菜豆属 *Phaseolus* Linn.
6. 龙骨瓣拱形或弯曲。
7. 小叶全缘；荚果长而纤弱，近圆柱形；根非块状 ………… 39. 豇豆属 *Vigna* Savi.
7. 小叶浅裂；荚果条状矩圆形，种子间有缢纹；根块状，肉质 ………… 40. 豆薯属 *Pachyrhizus* Rich. ex DC.
5. 柱头顶生。
6. 荚果扁平，无翅。
7. 花瓣极不等长；荚果狭，条状矩圆形 ………… 21. 蝶豆属 *Clitorea* Linn.
7. 花瓣近等长，荚果阔，矩圆形 ………… 41. 扁豆属 *Dolchos* Linn.
6. 荚果四棱形，有4翅 ………… 42. 四棱豆属 *Psophocarpus* Neck.

1. 合萌属 *Aaschynomene* Linn.

1. 合萌 *A. indica* Linn.

2. 田基豆(施氏豆)属 *Smithia* Ait.

1. 田基豆(施氏豆)*S. sensitiva* Ait.

3. 落花生属 *Arachis* Linn.

1. 落花生 *A. hypogaea* Linn.

4. 丁葵草属 *Zornia* J. F. Gmel.

1. 丁癸草 *Z. diphylla*(L.)Pers.

5. 山蚂蝗属 *Desmodium* Desv.

1. 叶有小叶3枚。
2. 直立、亚灌木状草本；小叶中等大或大，顶端一枚长达2.5 cm以上。
3. 荚果近无柄，下荚缝作微波状，荚节3～8个。
4. 总状花序稠密，长1.5～7 cm；小叶倒卵状矩圆形至椭圆形 ………… 1. 假地豆 *D. heterocarpum* (L.) DC.
4. 总状花序长而柔弱，略疏散，长达10～15 cm或过之；小叶通常矩圆形 ………… 2. 山蚂蝗 *D. reticulatum* Champ.
3. 荚果具长柄，下荚缝于荚节间收缩几达上荚缝而成一深缺口；小叶大 ………… 3. 疏花山蚂蝗 *D. laxum* DC.
2. 卧地、纤弱草本；小叶极小，通常在1.5 cm以下；花单生或成对生于叶腋内或为数花的总状花序 ………… 4. 异叶山蚂蝗 *D. heterophyllum* (Willd.) DC.

1. 叶为单叶，有时 3 小叶。
  2. 叶柄无翅。叶圆形，厚；花序极短，长约 2.5 cm；花柄下弯 ………………………… 5. 金钱草 *D. styracipolium* (Osb.) Merr.
  2. 叶柄有宽翅 ………………………… 6. 葫芦茶 *D. triquetrum* (L.) DC.

6. 排钱草属 *Phyllodium* Desv.

1. 叶面及苞片外面近秃净或略被疏柔毛；荚果成熟时秃净，仅于上下荚缝处被睫毛，荚节通常 2 个 ………………………… 1. 排钱草 *P. pulchellum* Desv.
1. 叶面及苞片密被丝质柔毛，荚果密被灰色紧贴的柔毛，荚节通常 3 个 ………………………… 2. 毛排钱草 *P. elegans* (Lour.) Desv.

7. 链荚豆属 *Alysicarpus* Neck. ex Desv.

1. 链荚豆 *A. vaginalis* (L.) DC.

8. 狸尾草属 *Uraria* Desv.

1. 狸尾草 *U. lagopodioides* (L.) Desv. ex DC.

9. 蝙蝠草属 *Christia* Moench.

1. 铺地蝙蝠草 *C. obcordata* (Poir.) Bakh. f.

10. 鸡眼草属 *Kummerowia* Schindl.

1. 鸡眼草 *K. striata* (Thunb.) Schindl.

11. 羽扇豆属 *Lupinus* Linn.

1. 羽扁豆 *L. micranthus* Guss.

12. 鸡血藤属 *Millettia* Wight et Arn.

1. 直立灌木或乔木；小叶 11～19 枚；花为总状花序 ………… 1. 印度鸡血藤 *M. pulchra* Kurz
1. 藤本；小叶 5～7 枚。
  2. 圆锥花序秃净；荚果秃净 ………………………… 2. 鸡血藤 *M. reticulata* Benth.
  2. 圆锥花序、萼、旗瓣及荚果均密被锈色茸毛…… 3. 山鸡血藤 *M. dielsiana* Harms ex Diels

13. 红豆属 *Ormosia* Jackson

1. 花榈木(毛叶红豆)*O. henryi* Prain

14. 紫檀属 *Pterocarpus* Linn.

1. 紫檀(青龙木)*P. indicus* will.

15. 黄檀属 *Dalbergia* Linn. f.

1. 藤本，小叶小，9～11 枚，长 1～2 cm ………………………… 1. 藤黄檀 *D. hancei* Benth.
1. 乔木；小叶较上种为大。
  2. 小叶 7～11 枚，卵形、椭圆形至矩圆状椭圆形。
    3. 小叶先端尖，花近无柄，萼下有小苞片 2 枚 ………… 2. 降香黄檀 *D. odorifera* T. Chen
    3. 小叶先端钝而稍凹入；花有柄，萼下无小苞片 ………………… 3. 黄檀 *D. hupeana* Hance
  2. 小叶 13～17 枚，矩圆形 ………………………… 4. 南岭黄檀 *D. balansae* Prain

16. 槐属 *Sophora* Linn.

1. 槐 *S. japonica* Linn.

17. 水黄皮属 *Pongamia* Vent.

1. 水黄皮 *P. pinnata* (L.) Merr.

18. 紫云英属 *Astragalus* Linn.

1. 紫云英 *A. sinicus* Linn.

19. 紫穗槐属 *Amorpha* Linn.

1. 紫穗槐 *A. fruticosa* Linn.

20. 紫藤属 *Wisteria* Nutt.

1. 紫藤 *W. sinensis* Sweet

21. 蝶豆属 *Clitorea* Linn.

1. 攀缘状藤本，小叶5～7枚，花蓝色 …………………………… 1. 蝶豆 *C. ternatea* Linn.
1. 直立亚灌木状草本；小叶3枚。
 2. 果瓣上无纵棱；顶生小叶长达7～9 cm或过之，花白色或淡黄色
 ………………………………………………………… 2. 韩氏蝶豆 *C. hanceana* Hemsl.
 2. 果瓣上有纵棱一条；顶生小叶长4～7 cm；花淡紫色
 ………………………………………………………… 3. 棱荚蝶豆 *C. cajanaefolia* Benth.

22. 鱼藤属 *Derris* Lour.

1. 小叶通常9枚，有时5枚或9枚以上。
 2. 花长15～18 mm；萼阔钟形，直径约7 mm；旗瓣阔，直径约10 mm，先端2裂；荚果长5～9 mm …………………………………… 1. 粉叶鱼藤 *D. glauca* Merr. et Chun
 2. 花长约12 mm；萼较狭，直径约3 mm；旗瓣直径约7 mm，先端微凹入；荚果长约4 cm
 ………………………………………………………… 2. 韩氏鱼藤 *D. hancei* Benth.
1. 小叶通常5枚，间有3～7枚的。
 2. 小叶先端钝而微凹入；花为圆锥花序，萼被毛，荚果上下两缝有翅，但上缝的翅较阔
 ………………………………………………………… 3. 白花鱼藤 *D. alborubra* Hemsl.
 2. 小叶先端长尖而钝；花为总状花序；萼近秃净；荚果仅于上缝有翅
 ………………………………………………………… 4. 鱼藤 *D. trifoliata* Lour.

23. 豌豆属 *Pisum* Linn.

1. 豌豆 *P. sativum* Linn.

24. 蚕豆属 *Vicia* Linn.

1. 直立草本，叶顶无卷须；花大，淡紫色，长达2 cm以上，种子大 …… 1. 蚕豆 *V. faba* Linn.
1. 柔弱、蔓状草本，叶顶有卷须；花小，长不及1.5 cm；种子小。花单生或成对，具短柄；荚果长3～5 cm，有种子8～10粒 ……………………………… 2. 野豌豆 *V. sativa* Linn.

25. 相思子属 *Abrus* Linn.

1. 披散灌木，高45～60 cm；小叶8～11对，长5～12 mm，小脉两面均凸起

…………………………………………………………… 1. 广州相思子 *A. cantoniensis* Hance

1. 缠绕藤本;小叶 11~16 对,长 14~24 mm,小脉不明显 …… 2. 毛相思子 *A. mollis* Hance

26. 田菁属 *Sesbania* Scop.

1. 亚灌木状草本;花小,长 1~2 cm,芽时通直,龙骨瓣直而钝
……………………………………………………………… 1. 田菁 *S. cannabina* (Retz.) Pers.

1. 小乔木,花大,长 7~15 cm,芽时镰状弯曲,龙骨瓣弯而具喙
…………………………………………………………… 2. 木田菁 *S. grandiflora* (L.) Pers.

27. 响铃豆属 *Carotalaria* Linn.

1. 叶为单叶,
 2. 花冠远较萼为长。
  3. 叶阔,矩圆形至倒披针状矩圆形,宽 2 cm 以上;荚果秃净。
   4. 托叶阔;苞片卵形,叶状;花柄长于萼 ……………………… 1. 丝毛响铃豆 *C. sericea* Retz.
   4. 托叶锥尖;苞片线状披针形;花柄短于萼或等长。
    5. 叶先端钝而微凹入,中脉不突出,枝及萼近秃净 ……… 2. 凹叶响铃豆 *C. retusa* Linn.
    5. 叶先端钝,但有一小凸尖;枝和萼被毛 …………… 3. 凸尖响铃豆 *C. assamica* Benth.
  3. 叶狭,线状矩圆形,宽 5~17 mm;荚果密被黄褐色绒毛
  ……………………………………………………………………… 4. 印度麻 *C. juncea* Linn.
 2. 花冠短于萼或等长。
  3. 叶矩圆形或倒卵状矩圆形;总状花序延长,荚果远较萼为长
  ………………………………………………………… 5. 假地蓝 *C. ferruginea* (Grah.) Benth.
  3. 叶狭条形或倒披针形;花序近头状,荚果约与萼等长。
   4. 花数朵聚生于头状短的总状花序上,叶无托叶 ………… 6. 华响铃豆 *C. chinensis* Linn.
   4. 花 2~20 朵生于延长的总状花序上,叶有托叶 ………… 7. 野百合 *C. sessilfliora* Linn.
1. 叶为指状 3 小叶。
 2. 小叶倒卵形至倒卵状矩圆形,先端极钝而常凹入;萼被柔毛
 ……………………………………………………………………… 8. 猪屎豆 *C. mucronata* Desv.
 2. 小叶椭圆状矩形至披针状矩圆形,先端尖。
  3. 萼密被黄褐色短柔毛;荚果具柄,厚而短,直径达 1 cm 以上
  …………………………………………………………… 9. 美洲响铃豆 *C. angyroides* H. B. K.
  3. 萼全秃净,荚果的柄不明显,狭而长,直径 5~6 mm
  ………………………………………………………… 10. 光萼响铃豆 *C. usaramoensis* Baker f.

28. 猪仔笠属 *Eriosema* DC.

1. 猪仔笠 *E. chinense* Vogel

29. 千斤拔属 *Flemingia* Roxb.

1. 千斤拔 *F. macrophylla* Kuntze ex Prain

30. 苜蓿属 *Medicago* Linn.

1. 南苜蓿 *M. hispida* Gaertn.

31. 野扁豆属 *Dunbaria* W. et A.

1. 茎线形，萼被短柔毛；荚果近秃净或被粉状微毛 …………………………………………… 1. 圆叶野扁豆 *D. rotundifolia*(Lour.)Merr.
1. 茎略粗，萼及荚果均被黄褐色疏粗毛 ………………… 2. 黄毛野扁豆 *D. fusca* (Wall.) Kurz

32. 乳豆属 *Galacta* P. Br.

1. 乳豆 *G. tenuiflora* (Klein ex Wild.) Wight et Arn.

33. 木豆属 *Cajanus* DC.

1. 木豆 *C. flavus* DC.

34. 刺桐属 *Erythrina* Linn.

1. 萼截头形，钟状，花开满时旗瓣与翼瓣及龙骨瓣近平行…… 1. 龙牙花 *E. eorallodendron* Linn.
1. 萼佛焰形，萼口偏斜，由背开裂至基部，花开满时旗瓣与翼瓣及龙骨瓣成直角 ………………………………………………………………………………………… 2. 刺桐 *E. indica* Lam.

35. 大豆属 *Glyeine* Linn.

1. 大豆 *G. soja* (L.) Sieb. et Zucc.

36. 刀豆属 *Canavalia* DC.

1. 小叶大，通常长达 10 cm 以上，先端渐尖；荚果极长，长 15～30 cm 或过之 ………………………………………………………………………… 1. 刀豆 *C. gladiata* (Jaeq.) DC.
1. 小叶较小，常在 10 cm 以下，先端钝；荚果长约 10 cm ……………………………………………………………………… 2. 海刀豆 *C. maritime* (Aubl.) Thou.

37. 葛属 *Pueraria* DC.

1. 托叶基部于着生处下延成盾形；花密集；荚果被扩展、褐黄色的毛。
  2. 萼长 8～10 mm，裂齿约与萼管等长；花冠长约 12 mm ………………………………………………………………………… 1. 野葛 *P. lobata* (Willd.) Ohwi
  2. 萼长约 12 mm，裂齿披针形，远长于萼管；花冠长 16～18 mm ……………………………………………………………………………… 2. 粉葛 *P. thomsoni* Benth.
1. 托叶基生，花疏离，荚果被紧贴的粗毛 … 3. 三裂叶野葛 *P. phaseoloidcs* (Roxb.) Benth.

38. 菜豆属 *Phaseolus* Linn.

1. 托叶小，基部着生；花白色、粉红色或紫色。
  2. 缠绕藤本，荚果较阔，宽达 1 cm 以上，秃净，花白黄色或淡紫色。
    3. 荚果略肿胀，直径约 1 cm，花白色或淡紫色 ………………… 1. 菜豆 *P. vulgaris* Linn.
    3. 荚果阔，扁平，直径 1.5～2.5 cm；花白色或淡绿黄色 ………… 2. 棉豆 *P. lunatus* Linn.
  2. 直立草本或上部缠绕状。
    3. 总状花序极延长，长 20 cm 内外，花暗紫色，荚果狭，近圆柱状，径约 4 mm ………………………………………………………………… 3. 长序菜豆 *P. lathyroides* Linn.
    3. 总状花序短，少花，花非暗紫色；荚果较阔，扁平，径约 1 cm ……………………………………………………… 1a. 龙牙豆 *P. vulgaris* var. *humilis* Alef.

1. 托叶于着生处下延成一短距，花通常黄色。
2. 缠绕藤本；叶极狭，矩圆形、披针形至条形，宽常在 1 cm 内外 ………………………………………………………… 4. 狭叶菜豆 *P. minimus* Roxb.
2. 直立草本，或有时上部攀缘状；叶卵形至矩圆状卵形，很少披针形，宽在 1.5 cm 以上。
3. 小叶全缘，荚果有散生粗毛，种子通常绿色，但有时黄褐色 …… 5. 绿豆 *P. radiatus* Linn.
3. 小叶全缘或有时浅裂，荚果秃净或薄被微毛，种子通常红赤色、草黄色或蓝黑色，非绿色。
4. 种子径 4～5 mm，种脐不凹陷 ………………………………… 6. 赤豆 *P. angularis* Wight
4. 种子稍狭窄，径 3～3.5 mm，种脐凹陷 ………………… 7. 赤小豆 *P. calcaratus* Roxb.

39. 豇豆属 *Vigna* Savi

1. 缠绕、草质藤本；荚果长 20～40 cm，下垂 ………………………………… 1. 豇豆 *V. sinensis* Savi
1. 矮小、近直立草本；荚果长 7～12 cm，直立 ………………………… 2. 眉豆 *V. cylindrica* Skeels

40. 豆薯属 *Pachyrrhizus* Rich. ex DC.

1. 豆薯(沙葛)*P. erosus* (L.) Urb.

41. 扁豆属 *Dolichos* Linn.

1. 花为长的总状花序 ……………………………………………………… 1. 扁豆 *D. lablab* Linn.
1. 花成对腋生 ………………………………………………………… 2. 双花扁豆 *D. biflorus* Linn.

42. 四棱豆属 *Psophocarpus* Neck.

1. 四棱豆 *P.* tetragonolobus DC.

四十八、木麻黄科 Casuarinaceae

木麻黄属 *Casuarina* Linn.

1. 聚花果直径 12 mm，果瓣背面被毛； ……………………… 1. 木麻黄 *C. equisetifolia* Linn.
1. 聚花果直径 7 mm；果瓣背面无毛 ……………… 2. 细枝木麻黄 *C. cunninghamiana* Miq.

四十九、桑科 Moraceae

1. 灌木或乔木。
2. 花生于花托外面，为一稠密的穗状花序或头状花序。
3. 叶三出脉。
4. 雌花为葇荑花序式的穗状花序；花萼宿存，肉质；叶具掌状脉 …… 1. 桑属 *Morus* Linn.
4. 雌花为头状花序；叶具三出脉 ……………………… 2. 构属 *Broussonetia* L'Her. ex Vent
3. 叶羽状脉。直立大乔木；花为球形、矩圆形或圆柱形的头状花序；雄花有雄蕊 1 枚 ………………………………………………………………… 3. 桂木属 *Artocarpus* Forst.
2. 花多数，生于隐头花序内 ………………………………………………… 4. 榕属 *Fpicus* Linn.
1. 草本；花雌雄同序，组成头状的小聚伞花序 ………………… 5. 水蛇麻属 *Fatoua* Gaudich.

1. 桑属 *Morus* Linn.

1. 桑 *M. alba* Linn.

2. 构属 *Broussonetia* L′Her. ex Vent

1. 构 *B. papyrifera* (L.) Vent.

3. 桂木属 *Artocarpus* Forst.

1. 叶背秃净。
  2. 叶厚革质;雄花序顶生或腋生,长 5~8 cm;雌花序生于干上,成熟时极大,长 25~60 cm,外皮有六角形的瘤状突起 ………………………………… 1. 菠萝蜜 *A. heterophyllus* Lam.
  2. 叶革质;雄花序腋生,长 6~8 mm;雌花序腋生,熟时直径 1.5~3 cm,平滑 ………………………………………………………… 2. 桂木 *A. lingnanensis* Merr.
1. 叶背有白色小茸毛,网脉显著;雄花序长 12~16 mm,果具长柄、直径约 1.5 cm ……………………………………………… 3. 白桂木(银背胭脂) *A. hypargyreus* Hance

4. 榕属 *Ficus* Linn.

1. 果大,可食;叶 3~5 裂,上面粗糙,背被柔毛 …………………… 1. 无花果 *F. carica* Linn.
1. 果中等大或小,不堪食。
  2. 果腋生;1~3 个聚生。
    3. 果秃净;叶秃净或略被疏毛。
      4. 果无柄。
        5. 叶柄极长,长 2~5 cm。
          6. 侧脉多而密,平行。
            7. 叶长 8~30 cm,宽 5~8 cm ………………………… 2. 橡胶榕 *F. elastica* Roxb.
            7. 叶长 4~7 cm,宽 2~3.5 cm ………………………… 3. 垂叶榕 *F. benjamina* Linn.
          6. 侧脉在 12 对以下,疏离。
            7. 叶顶有一长尾 ………………………………………… 4. 菩提榕 *F. religiosa* Linn.
            7. 叶顶钝短尖。
              8. 叶厚革质,基部两侧脉直举,约达叶片之 1/3 或 1/2;果大,长约 18 mm ……………………………………………… 5. 高山榕 *F. altissima* Bl.
              8. 叶薄革质,基部两侧脉仅达叶片 1/5;果小,长约 6 mm ………………………… 6. 黄葛榕 *F. virens* Ait. var. *sublanceolata* (Miq.) Corner
        5. 叶柄短,长不及 1 cm;叶厚革质,长 4~8 cm ………… 7. 榕树 *F. microcarpa* Linn. f.
      4. 果有柄。
        5. 花托基部无苞片;叶革质,两侧稍不等,边缘有时有不明显的角 ……………………… 8. 斜叶榕 *F. tinctoria* Forst. f. var. *gibbosa* (Bl.) Corner
        5. 花托基部有苞片 3 枚。
          6. 茎直立。
            7. 小枝秃净;叶矩圆形至倒披针形秃净,先端钝或短尖 ………………………………………………… 9. 变叶榕 *F. variolosa* Lindl.
            7. 小枝被毛。
              8. 叶小提琴状或倒卵形,中部常收缩,叶基三出脉 ………………………………………………… 10. 琴叶榕 *F. pandurata* Hance

8. 叶矩圆形或条状披针形，叶基非三出脉，叶长 5～10 cm，宽 8～16 mm，干时暗褐色 …………………………… 11. 竹叶榕 *F. pandurata* var. *angustifolia* Cheng

6. 茎攀缘状，常籍小根爬于墙上或树上；叶厚革质，基部心形；果大，长达 5 cm …………………………………………………………… 12. 薜荔 *F. pumila* Linn.

3. 果有粗毛，无柄，腋生，叶分裂或不分裂，边缘有锯齿，被粗毛 ………………………………………………………… 13. 掌叶榕(粗叶榕) *F. hirta* Vahl

2. 果 2 个或 3 个以上聚生于无叶的老枝上或干上。

3. 果无柄，秃净；叶具长柄，矩圆形，长 10～15 cm …………………………… 6. 黄葛榕 *F. virens* Ait. var. *sublanceolata* (Miq.) Corner

3. 果有柄。

4. 果粗糙，叶通常对生，卵形、倒卵形至矩圆形，两面均极粗糙 ………………………………………………………… 14. 对叶榕 *F. hispida* Linn. f.

4. 果秃净，叶通常互生，秃净。叶卵形至卵状矩圆形，基部近心形 …………………………………… 15. 青果榕 *F. variegata* Bl. var. *chlorocarpa* King

5. 水蛇麻属 *Fatoua* Gaudich.

1. 细齿水蛇麻 *F. pilosa* Gaud.

五十、荨麻科 Urticaccae

冷水花属 *Pilca* Lindl.

1. 小叶冷水花 *P. microphylla* (L.) Licbm.

五十一、冬青科 Aquifoliaceae

冬青属 *Ilex* Linn.

1. 枝及叶脉被毛 …………………………………… 1. 毛冬青 *I. pubescens* Hook. et Arn.

1. 植物全部秃净。

2. 伞形花序具柄；总花梗和花梗无毛；叶全缘 ………………… 2. 铁冬青 *I. rotunda* Thunb.

2. 伞形花序无柄，或花柄散生，叶缘有锯齿或利刺。

3. 叶硬革质，有坚硬的利刺数枚 ………………………… 3. 枸骨 *I. cornuta* Lindl. ex Paxt.

3. 叶非硬革质，边有锯齿或钝齿，非利刺。

4. 叶近革质，先端钝或短渐尖；花柄粗壮，长 4～6 mm …………………………………… 4. 细叶冬青(亮叶冬青) *I. viridis* Champ. ex Benth.

4. 叶膜质，先端长渐尖，花柄条形，长 5～10 mm ……………………………… 5. 梅叶冬青 *I. asprella* (Hook. et Arn.) Champ. ex Benth.

五十二、桑寄生科 Loranthaceae

1. 花两性；花被有萼与花冠之分；花冠管状；叶为羽状脉。

2. 花只有苞片 1 枚；花瓣分离或合生 ………………………… 1. 桑寄生属 *Loranthus* Linn.

2. 花有苞片 1 枚及小苞片 2 枚；花瓣合生 …………… 2. 鞘花属 *Macrosolen* (Bl.) Reichb.

1. 花单性，极小；花被单层，无花瓣；叶 3 脉或缺一 ………………… 3. 槲寄生属 *Viscum* Linn.

1. 桑寄生属 *Loranthus* Linn.

1. 花无柄，花瓣 5 枚，分离几达基部，长不及 1 mm；叶椭圆形，先端渐尖
……………………………………………………… 1. 五瓣桑寄生 *L. pentapetalus* Roxb.
1. 花具柄，花瓣合生，顶端 4 裂，长达 2 mm 以上；叶卵圆形，先端钝
…………………………………………………………… 2. 桑寄生 *L. parasiticus* Merr.

2. 鞘花属 *Macrosolen*（Bl.）Reichb.

1. 鞘花 *M. cochinchinensis*（Lour.）Van Tiegh.

3. 槲寄生属 *Viscum* Linn.

1. 棱枝槲寄生 *V. diospyroicolum* Hayata

五十三、胡颓子科 Elaeagnaceae

胡颓子属 *Elaeagnus* Linn.

1. 花单生；花被管于子房顶收缩，枝四角形；果具长柄 …… 1. 角花胡颓子 *E. gonyanthes* Benth.
1. 花单生或数朵聚生于腋生的短枝上；花被管于子房顶略收缩，肢圆柱形；果具短柄
…………………………………………………………… 2. 蔓胡颓子 *E. glabra* Thunb.

五十四、芸香科 Rutaceae

1. 草本，子房无柄，3～5 深裂，果为一蒴果 …………………………… 1. 芸香属 *Ruta* Linn.
1. 灌木或乔木。
 2. 子房 2～5 深裂。
  3. 叶对生；植物无刺 ……………………………… 2. 吴茱萸属 *Evodia* J. R. et G. Forst.
  3. 叶互生；植物有刺 ………………………………………… 3. 花椒属 *Zanthoxylum* Linn.
 2. 子房全缘。
  3. 叶有小叶 1 枚（第 8 属单叶及复叶混生）。
   4. 果为柑橘类，多液汁。
    5. 子房 8～15 室，每室有胚珠多颗 ………………………………… 4. 柑属 *Citrus* Linn.
    5. 子房 3～5 室，每室有胚珠 2 颗 ………………………… 5. 金橘属 *Fortunella* Swingle
   4. 果为一小浆果或核果，子房室有胚珠 1～2 颗。
    5. 有刺灌木 …………………………………………… 6. 酒饼簕属 *Atalantia* Correa
    5. 无刺灌木。
     6. 伞房花序具长柄，柄长于叶柄数倍；叶有小叶 1 枚
     ……………………………………………… 7. 山油柑属 *Acronychia* J. R. et G. Forst.
     6. 圆锥花序小而短，具短柄，柄常短于叶柄；叶为单小叶及羽状复叶同生于一植株上
     ………………………………………………………… 8. 山小橘属 *Glycosmis* Correa
  3. 叶为复叶。
   4. 花略大（长达 5 mm 以上），为伞房花序 ……… 9. 九里香属 *Murraya* Koenig ex Linn.
   4. 花小（长不过 5 mm），排成圆锥花序 ……………………… 10. 黄皮属 *Clausena* Burm. f.

1. 芸香属 *Ruta* Linn.

1. 芸香 *R. graveolens* Linn.

2. 吴茱萸属 *Evodia* J. R. et G. Forst.

1. 叶为指状复叶，有小叶 3 枚，花序小，腋生 …………… 1. 三丫苦 *E. lepta* (Spreng.) Merr.
1. 叶为羽状复叶，有小叶 7～11 枚；花序大，顶生
………………………………………… 2. 楝叶吴茱萸 *E. meliaefolia* (Hance) Benth.

3. 花椒属 *Zanthoxylum* Linn.

1. 叶柄及总轴有颇多钩刺，秃净，叶中脉两面有刺或无刺，花序通常秃净
……………………………………………………… 1. 两面针 *Z. nitidum* (Roxb.) DC.
1. 叶柄及总轴无刺或有疏刺，被小柔毛，叶中脉两面无刺或几无刺，花序常被小柔毛
………………………………………… 2. 疏刺两面针 *Z. nitidum* var. *neglectum* How

4. 柑属 *Citrus* Linn.

1. 果极大，直径约 10 cm 或过之，平滑而淡黄，枝被柔毛，叶柄的翅极大，倒心形
……………………………………………………… 1. 柚 *C. grandis* (L.) Osbeck
1. 果中等大，橙黄色，果皮多少粗糙；枝秃净。
 2. 叶柄的翅大，果味酸 ………………………………… 2. 酸橙 *C. aurantium* Linn.
 2. 叶柄的翅狭或极狭。
  3. 果皮紧贴果肉，彼此不易剥离；果肉味甜 ………………… 3. 橙 *C. sinensis* (L.) Osbeck
  3. 果皮疏松，极易剥离。果大，直径 5～7 cm ………………… 4. 柑 *C. reticulata* Blance

5. 金橘属 *Fortunella* Swingle.

1. 金橘 *F. margarita* (Lour.) Swingle.

6. 酒饼簕属 *Atalantia* Correa.

1. 洒饼簕 *A. buxifolia* (Poir.) Oliv

7. 山油柑属 *Acronychia* J. R. et G. Forst.

1. 山油柑 *A. pedunculata* (L.) Miq.

8. 山小橘属 *Glycosmis* Correa.

1. 山小橘 *G. parviflora* (Sims) Little

9. 九里香属 *Murraya* Koenig. ex Linn

1. 九里香 *M. exotica* Linn.

10. 黄皮属 *Clausena* Burm. f

1. 黄皮 *C. lansium* (Lout.) Skeelso

五十五、苦木科 Simarubaceae

1. 乔木；果为一翅果 ………………………………… 1. 臭椿属 *Ailanthus* Desf.
1. 灌木；果为一核果 ………………………………… 2. 鸦胆子属 *Brncea* J. F. Mill

1. 臭椿属 *Ailanthus* Desf.

1. 臭椿 *A. altissima* (Mill.) Swingle.

2. 鸦胆子属 *Brucea* J. F. Mill.

1. 鸦胆子 *B. javanica* (L.) Merr.

五十六、橄榄科 Burseraceae

橄榄属 *Canarium* Stiskm

1. 小叶由于背面网脉上极小的窝点而略呈粗糙(在放大镜下可见);花序通常与叶等长或略短。花瓣快要开放时约为萼长之 2 倍;果成熟时绿黄色
……………………………………………………… 1. 橄榄 *C. album* (Lour.) Raeusch.
1. 小叶背面平滑;花序长于叶;花瓣快要开放时约为萼长之 3 倍;果成熟时紫黑色
……………………………………………………………… 2. 乌榄 *C. pimela* Leenh.

五十七、楝科 Meliaceae

1. 蒴果(室背开裂)、浆果或核果;种子无翅,常具肉质假种皮;子房每室有胚珠 1～2 颗;裸芽。
2. 二至三回羽状复叶,小叶具齿,稀全缘;核果 ………………………… 1. 楝属 *Melia* Linn.
2. 一回羽状复叶,小叶全缘;蒴果或浆果。
3. 花丝仅下半部或近基部合生;蒴果室背 2～3 瓣裂 ………… 2. 鹧鸪花属 *Trichilia* P. Br.
3. 花丝完全合生,花盘环状、小盘状、柄状或缺失,柱头圆锥状或头状
……………………………………………………………… 3. 米仔兰属 *Aglaia* Lour.
1. 蒴果(室轴开裂);种子有翅;子房每室有胚珠 3 颗或更多;通常为鳞芽。
2. 雄蕊 6 枚,有时具数枚退化雄蕊,花丝分离,花盘垫状,短于子房或与子房等长;种子两端或仅上端具翅 ………………………………………… 4. 香椿属 *Toona* M. J. Roem.
2. 雄蕊 8～10 枚,花丝部分或完全合生成一雄蕊管。
3. 种子四周具圆形的窄翅,蒴果球形或近球形,开裂后果瓣基部相连在一起
………………………………………………………… 5. 非洲楝属 *Khaya* A. Juss.
3. 种子一端具长翅;蒴果长卵形或近球形,果瓣分离成 2 层。
4. 种子下端具翅;花药着生于雄蕊管的边缘上,完全露出,花柱细长,柱头头状
………………………………………………………… 6. 麻楝属 *Chukrasia* A. Juss.
4. 种子上端具翅;花药着生于雄蕊管内面裂齿之间,部分露出,花柱短,柱头盘状
…………………………………………………… 7. 桃花心木属 *Swietenia* Jacq.

1. 楝属 *Melia* Linn.

1. 果较小,常为椭圆体形,长 1.5～2 cm;小叶有齿缺;花序常与叶等长;子房 5～6 室
………………………………………………………… 1. 苦楝 *M. azedarach* Linn.
1. 果较大,常为圆球形,直径 3 cm 左右,小叶全缘或稀具不明显的钝齿;花序常短于叶,仅为叶长 1/2,子房 6～8 室 ……………………………… 2. 川楝 *M. toosendan* Sied. et Zucc.

2. 鹧鸪花属 *Trichilia* P. Br.

1. 蒴果较大，直径1.5～2(或2.5)cm
……………………… 1a. 鹧鸪花 *T. connarodes* (W. et A.) Bentv. var. *connaroides* Bentv.
1. 蒴果较小，直径1 cm以下
…… 1b. 小果鹧鸪花 *T. connaroides* (W. et A.) Bentv. var. *microcarpa* (Pierre) Bentv.

3. 米仔兰属 *Aglaia* Lour.

1. 小叶长3 cm以上，先端急尖而钝 ……………………………… 1. 米仔兰 *A. odorata* Lour.
1. 小叶长1.5～3 cm，先端浑圆 ………………………… 2. 四季米仔兰 *A. duperreana* Pierre

4. 香椿属 *Toona* M. J. Roem.

1. 香椿 *T. sinensis* (A. Juss.) M. J. Roem.

5. 非洲楝属 *Khaya* A. Juss.

1. 非洲楝 *K. senegalensis* (Desr.) A. Juss.

6. 麻楝属 *Chukrasia* A. Juss.

1. 麻楝 *C. tabularis* A. Juss.
1. 毛麻楝 *C. tabularis* A. Juss. var. *velutina* (M. J. Roem.) King

7. 桃花心木属 *Swietenia* Jacq.

1. 小叶大，长11～19 cm；蒴果大，长13～18 cm；种子连翅长7.5～9 cm
…………………………………………………… 1. 大叶桃花心木 *S. macrophylla* King
1. 小叶小，长3～8 cm；蒴果较小，长7.5～10 cm；种子连翅长4.5～5.5 cm
……………………………………………………… 2. 桃花心木 *S. mahagoni* (Linn.) Jacq.

五十八、无患子科 Sapindaceae

1. 草质攀缘藤本；花序的第一对分枝变态为卷须；蒴果膨胀，囊状；种子有白色(鲜时绿色)、心形或半球形的种脐 ……………………………………… 1. 倒地铃属 *Cardiospermum* Linn.
1. 乔木或直立灌木；花序无卷须。
 2. 核果。
  3. 果皮肉质；种子无假种皮；花瓣有鳞片；落叶乔木 ………… 2. 无患子属 *Sapindus* Linn.
  3. 果皮革质；种子有假种皮；常绿乔木。
   4. 花序、果序和花萼均被丛生星状毛；花瓣5；果褐黄或灰黄色，果皮近乎平滑
   ……………………………………………………… 3. 龙眼属 *Dimocarpus* Lour.
   4. 花序、果序和花萼均被短绒毛；花瓣缺失；果红色或绿色，果皮有凸瘤
   ……………………………………………………………… 4. 荔枝属 *Litchi* Sonn.
 2. 蒴果。
  3. 单叶果有翅；萼片4，无花瓣，枝、叶和花序均无胶状黏液 …… 5. 坡柳属 *Dodonaea* Mill.
  3. 羽状复叶；果无翅，萼片5；枝、叶和花序均有胶状黏液。
   4. 果膨胀，果皮膜质或纸质，有脉纹；花瓣4，很少3；1～2回单数羽状复叶
   …………………………………………………… 6. 栾树属 *Koelreuteria* Laxm.

4. 果不膨胀,果皮革质或木质。
5. 种子无假种皮;偶数羽状复叶 ……………………… 7. 细子龙属 *Amesiodendron* Hu.
5. 种子有假种皮;奇数羽状复叶 ……………………………… 8. 滨木患属 *Arytera* Bl.

1. 倒地铃属 *Cardiospermum* Linn.

1. 倒地铃 *C. halicacabum* Linn.
1a. 小果倒地铃 *C. halicacabum* Linn. var. *microcarpum* (Kunth) Bl.

2. 无患子属 *Sapindus* Linn.

1. 无患子 *S. mukorossi* Gaertn.

3. 龙眼属 *Dimocarpus* Lour.

1. 龙眼 *D. longan* Lour.

4. 荔枝属 *Litchi* Sonn.

1. 荔枝 *L. chineusis* Sonn.

5. 坡柳属 *Dodonaea* Mill.

1. 坡柳 *D. Viscosa*(L.)Jacq.

6. 栾树属 *Koelreuteria* Laxm.

1. 复羽叶栾树 *K. bipinnata* Franch.

7. 细子龙属 *Amesiodendron* Hu.

1. 细子龙 *A. chinense*(Merr.)Hu.

8. 滨木患属 *Arytere* Bl.

1. 滨木患 *A. litoralis* Bl.

五十九、漆树科 Anacardiaceae

1. 单叶;子房 1 室;发育雄蕊 1 枚 ……………………………… 1. 芒果属 *Mangifera* Linn.
1. 复叶。
2. 子房 1 室;核果宽不及 8 mm。
3. 花序顶生;果密被腺毛和具节毛,成熟时红色 ……………………… 2. 盐肤木属 *Rhus* Li.
3. 花序腋生;果无腺毛,光亮,成熟时黄色 ……………… 3. 漆树属 *Toxicodendron* Mill.
2. 子房多于 1 室;核果宽 8 mm 以上。
3. 子房 2~5 室;雄蕊 10 枚,核果宽达 2 mm,核室有槽通至核顶成孔
……………………………………………………… 4. 人面子属 *Dracontomelon* Bl.
3. 子房 4~5 室;雄蕊 8~10 枚;核果宽达 10 mm,核无孔
……………………………………………………… 5. 岭南酸枣属 *Spondias* Linn.

1. 芒果属 *Mangifera* Linn.

1. 芒果 *M. indica* Linn.

2. 盐肤木属 *Rhus* Linn.

1. 滨盐肤木 *R. chinensis* Mill. var. *roxburghii* (DC.) Rehd.

3. 漆树属 *Toxicodendron* Mill.

1. 野漆树 *T. succedaneum*（L.）O. Kuntze.

4. 人面子属 *Dracontomelon* Bl.

1. 人面子 *D. duperreanum* Pierre.

5. 岭南酸枣属 *Spondias* Linn.

1. 岭南酸枣 *S. lakonensis* Pierre.

六十、八角枫科 Alangiaceae

八角枫属 *Alagium* Lam.

1. 叶有角或分裂，背面除脉腋内有束毛外近秃净；花瓣长 10～12 mm，外面无毛，花药内面秃净 …………………………………………… 1. 八角枫 *A. chinense*（Lour.）Harms.
1. 叶背面薄被柔毛，花长 18～24 mm，外面密被小柔毛；花药内面有粗毛 …………………………………………………………… 2. 长毛八角枫 *A. kurzii* Craib.

六十一、五加科 Araliaceae

1. 羽状复叶。
 2. 有刺灌木，果近球形 …………………………………………… 1. 楤木属 *Aralia* Linn.
 2. 无刺灌木或乔木。
  3. 乔木，果侧向压扁 …………………………………… 2. 幌伞枫属 *Heteropanax* Seem.
  3. 灌木，果阔卵形或椭圆形 ……………………………… 3. 南洋参属 *Polyscias* Forst.
1. 指状复叶。
 2. 攀缘状灌木，枝和叶柄有刺 ………… 4. 五加属 *Acanthopanax*（Deche et Panch.）Miq.
 2. 直立乔木，无刺 ……………………………… 5. 鹅掌柴属 *Schefflera* J. R. et G. Forst.

1. 楤木属 *Aralia* Linn.

1. 黄毛木楤木（乌不企）*A. decaisneana* Hance.

2. 幌伞枫属 *Heteropanax* Seem.

1. 幌伞枫 *H. fragrans*（Roxb.）Seem.

3. 南洋参属 *Polyscias* J. R. et G. Forst.

1. 叶至少 3 回羽状复叶，小叶小 …………… 1. 羽叶南洋参 *P. fruticosa* var. *plumata* Bailey
1. 叶为 1 回羽状复叶，小叶的阔度几与长度相等。
 2. 小叶椭圆形；基部渐狭尖 ………………………………… 2. 银边南洋参 *P. guilfoylei* Bailey
 2. 小叶圆形，基部心形 …………………………………… 3. 圆形南洋参 *P. balfouriana* Bailey

4. 五加属 *Acanthopanax*（Deche et Planch.）Miq.

1. 白簕花（三叶五加）*A. trifoliatus*（L.）Merr.

5. 鹅掌柴属 *Schefflera* J. R. et G. Forst.

1. 鹅掌柴（鸭脚木）*S. octophylla*（Lour.）Harms.

六十二、伞形科 Umbelliferae

1. 花为有总苞的头状花序或为紧密的穗状花序，叶及苞片有针刺状齿缺，果有鳞片或小凸瘤 ……………………………………………………………… 1. 刺芫荽属 *Eryngium* Linn.
1. 花为单生的伞形花序；匍匐草本 …………………………………… 2. 积雪草属 *Centella* Linn.
1. 花为复生的伞形花序；直立草本。
 2. 果实主枝被刚毛 ………………………………………………… 3. 胡萝卜属 *Daucus* Linn.
 2. 果实无毛。
  3. 小伞形花序外缘花的花瓣为辐射状；叶裂片条形；果近球形或卵形 ……………………………………………………………… 4. 芫荽属 *Coriandrum* Linn.
  3. 小伞形花序的外缘花与上不同。
   4. 萼齿小或不明显 ………………………………………………… 5. 芹菜属 *Apium* Linn.
   4. 萼齿明显，果的侧棱三角形，木栓质 ……………………………… 6. 水芹属 *Oenanthe* Linn.

1. 刺芫荽属 *Eryngium* Linn.

1. 刺芫荽 *E. foetidum* Linn.

2. 积雪草属 *Centella* Linn.

1. 积雪草 *C. asiatica*（L.）Urban.

3. 胡萝卜属 *Daucus* Linn.

1. 胡萝卜 *D. carota* L. var. *sativa* DC.

4. 芫荽属 *Coriandrum* Linn.

1. 芫荽 *C. sativum* Linn.

5. 芹菜属 *Apium* Linn.

1. 芹菜 *A. graveolens* L. var. *dulce* DC.

6. 水芹属 *Oenanthe* Linn.

1. 花序柄伸长；小伞形花序 6～30 个 ………………… 1. 水芹 *O. decumbens*（Thunb.）K. Pol.
1. 花序柄短；小伞形花序只有 4～6 个 ………… 2. 少花水芹 *O. benghalensis*（Roxb.）Kurz.

六十三、柿树科 Ebenaceae

柿树属 *Diospyros* Linn.

1. 柿 *D. kaki* Thunb.

六十四、山榄科 Sapotaceae

铁线子属 *Manilkara* Adans.

1. 人心果 *M. zapota*（L.）van Royen

六十五、安息香科 Styracaceae

安息香属 *Styrax* Linn.

1. 栓叶安息香 *S. suberifolia* Hook. et Arn.

六十六、灰木科(山矾科) Symplocaceae

灰木属(山矾属) *Symplocos* Jacq.

1. 叶近秃净;枝被毛 ………………………………… 1. 光叶灰木 *S. lancifolia* Sieb. et Zucc.
1. 叶被毛;枝锈色而被毛 …………………………………… 2. 毛叶灰木 *S. fulvipes* Brand

六十七、马钱科 Loganiaceae

马钱属 *Strychnos* Linn.

1. 伞花马钱 *S. umbellate* (Lour.) Merr.

六十八、木犀科 Oleaceae

1. 叶为单叶。
 2. 果2裂或孪生;花具长的花冠管 ………………………… 1. 素馨属 *Jasminum* Linn.
 2. 果单生;花小,花冠管不明显。
  3. 花为顶生的圆锥花序 …………………………………… 2. 女贞属 *Ligustrum* Linn.
  3. 花为腋生的丛生花序或短总状花序 ……………………… 3. 木犀属 *Osmanthus* Lour.
1. 叶为复叶。
 2. 果为浆果,2裂或孪生;攀缘灌木;花两性 ……………… 1. 素馨属 *Jasminum* Linn.
 2. 果为翅果,乔木;花杂性或单性 ………………………… 4. 白蜡树属 *Fraxinus* Linn.

1. 素馨属 *Jasminum* Linn.

1. 叶为单叶 ……………………………………………………… 1. 茉莉 *J. sambac* (L.) Ait.
1. 叶为复叶。
 2. 叶互生 ……………………………………………………… 2. 小黄素馨 *J. humile* Linn.
 2. 叶对生 ……………………………………………………… 3. 云南黄素馨 *J. mesnyi* Hance

2. 女贞属 *Ligustrum* Linn.

1. 女贞(蜡树)*L. lucidum* Ait.

3. 木犀属 *Osmanthus* Lour.

1. 木犀 *O. fragrans* Lour.

4. 白蜡树属 *Fraxinus* Linn.

1. 白蜡树 *F. chinensis* Roxb.

六十九、夹竹桃科 Apocynaceae

1. 叶互生。

2. 乔木;叶阔;花近白色或红色。
3. 枝条肉质;种子具翅 ………………………………………… 1. 鸡蛋花属 *Plumeria* Linn.
3. 枝条木质;种子无翅 ………………………………………… 2. 海芒果属 *Cerbera* Linn.
2. 灌木;叶条形;花黄色 …………………………………… 3. 黄花夹竹桃属 *Thevetia* Linn.
1. 叶对生或轮生。
2. 子房由1个心皮组成;蒴果,具刺 ……………………… 4. 黄蝉属 *Allemanda* Linn.
2. 子房由2个分离的心皮所成。
3. 花药粘合且包围着柱头。
4. 花药从花冠喉部伸出 ……………………………………… 5. 倒吊笔属 *Wrightia* R. Br.
4. 花药内藏。
5. 叶轮生;花冠裂片无长尾;花药被毛;蓇葖平行 …………… 6. 夹竹桃属 *Nerium* Linn.
5. 叶对生;花冠裂片延长成一长尾;花药无毛;蓇葖开叉
……………………………………………………………… 7. 羊角拗属 *Strophanthus* DC.
3. 花药分离。
4. 花单生于腋内;亚灌木;花具花盘 ……………………… 8. 长春花属 *Catharanthus* G. Don
4. 花为腋生或顶生的聚伞花序,灌木或藤本;花无花盘 … 9. 狗牙花属 *Ervatamia* Stapf.

1. 鸡蛋花属 *Plumeria* Linn.

1. 鸡蛋花 *P. rubra* L. cv. Acutifolia.

2. 海芒果属 *Cerbera* Linn.

1. 海芒果 *C. manghas* Linn.

3. 黄花夹竹桃属 *Thevetia* Linn.

1. 黄花夹竹桃 *T. peruviana* (Pers.) K. Schum.

4. 黄蝉属 *Allemanda* Linn.

1. 直立或半直立灌木;花冠基部膨大 ………………………… 1. 黄蝉 *A. neriifolia* Hook.
1. 藤本;花冠基部不膨大 ……………………………………… 2. 软枝黄蝉 *A. cathartica* Linn.

5. 倒吊笔属 *Wrightia* R. Br.

1. 倒吊笔 *W. pubescens* R. Br.

6. 夹竹桃属 *Nerium* Linn.

1. 夹竹桃 *N. indicum* Mill.

7. 羊角拗属 *Strophanthus* DC.

1. 羊角拗 *S. divaricatus* (Lour.) Hook. et Arn.

8. 长春花属 *Catharanthus* G. Don.

1. 长春花 *C. roseus* (L.) G. Don

9. 狗牙花属 *Ervatamia* Stapf.

1. 狗牙花 *E. divaricata* (L.) Burk. cv. Gouyahua

七十、茜草科 Rubiaceae

1. 胚珠在每一子房室内2至多颗。
 2. 果干燥，开裂或不开裂。
  3. 花聚合成一稠密、圆球状、具柄的头状花序 ………………………… 1. 水团花属 *Adina* Salisb.
  3. 花不密集成一圆球状的头状花序 ………………………………… 2. 耳草属 *Hedyotis* L.
 2. 果肉质。
  3. 花冠裂片镊合状排列；花序顶生，通常有扩大、白色、花瓣状的萼片一枚 ………………………………………………………… 3. 玉叶金花属 *Mussaenda* Linn.
  3. 花冠裂片旋转排列，花萼裂片不扩大成花瓣状。
   4. 子房2室，有中轴胎座；花中等大4～5基数；果平滑；有刺或无刺灌木或小乔木 ………………………………………………………… 4. 山黄皮属 *Randia* Linn.
   4. 子房1室，有2～6个侧膜胎座；花大，5～12基数；果有纵棱；植物无刺 ………………………………………………………… 5. 栀子属 *Gardenia* J. Ellis.
1. 胚珠在每一子房室内只有1颗。
 2. 花聚合成一头状花序。
  3. 花极多数；果干燥；种子有时有翅；乔木 ……………… 6. 风箱树属 *Cephalanthus* Linn.
  3. 花通常少数；果核果状或为聚合果；木质藤本，很少直立…… 7. 巴戟天属 *Morinda* Linn.
 2. 花序与上述不同。
  3. 花冠裂片旋转排列。
   4. 花为顶生的圆锥或伞房花序。
    5. 小苞片厚，明显，柱头2裂，裂片外弯 ………………………… 8. 龙船花属 *Ixora* Linn.
    5. 小苞片极不明显或缺，柱头全缘或2裂，裂片直立 ……… 9. 大沙叶属 *Pavetta* Linn.
   4. 花簇生于叶腋内，成球形的花束或排成腋生、少花的聚伞花序 ………………………………………………………… 10. 咖啡属 *Coffea* Linn.
  3. 花冠裂片镊合状排列。
   4. 缠绕藤本；果为小坚果 ……………………………… 11. 鸡矢藤属 *Paederia* Linn.
   4. 直立或匍匐状植物；果为小核果或浆果…………………… 12. 九节属 *Psychotria* Linn.

1. 水团花属 *Adina* Salisb.

1. 水团花 *A. pilu1ifera* (Lam.) Franch.

2. 耳草属 *Hedyotis* L.

1. 蒴果不开裂 ………………………………………… 1. 耳草 *H. auricularia* F. Mueller.
1. 蒴果室间开裂和室背开裂。
 2. 蒴果最初室间开裂为2个分果片，然后每个分果片再腹裂 ………………………………………… 2. 方茎耳草 *H. tetranguularis* How.
 2. 蒴果膜质，室背开裂。
  3. 花单生和双生，无花梗或罕具稍粗和长达10 mm以上的花梗 ………………………………………… 3. 白花蛇舌草 *H. diffusa* Willd.

3. 花序少花，有时具 1～2 朵花的聚伞花序 。

4. 叶线形或成线状披针形，宽 1～3 mm ……… 4. 伞房花耳草 *H. corymbosa* (L.) Lam.

4. 叶长圆形或椭圆状卵形，宽 3～10 mm …………… 5. 双花耳草 *H. biflora* (L.) Lam.

3. 玉叶金花属 *Mussaenda* Linn.

1. 叶小，长 5～8 cm，宽 2～3.5 cm；萼片条形，长 3～4 mm … 1. 玉叶金花 *M. pubescens* Ait. f.

1. 叶大，长 8～15 cm，宽 5～8 cm；萼片狭披针形，长 10～15 mm ………………………………………………………… 2. 洋玉叶金花 *M. frondosa* Linn.

4. 山黄皮属 *Randia* Linn.

1. 花单生或 2～3 朵聚生，花冠外面被丝状毛，浆果大，宽 2～4 cm；植物有刺 ………………………………………………………… 1. 山石榴 *R. spinosa* (Thunb.) Poir.

1. 花为聚伞花序；花冠外面秃净；果小，直径不及 1 cm；植物无刺 ………………………………………………………… 2. 毛山黄皮 *R. acuminatissima* Merr.

5. 栀子属 *Gardenia* J. Ellis.

1. 栀子 *G. jasminoides* Ellis.

6. 风箱树属 *Cephalanthus* Linn.

1. 风箱树 *C. occidentalis* Linn.

7. 巴戟天属 *Morinda* Linn.

1. 叶通常椭圆状披针形，但有时为倒卵状椭圆形，长 4～12 cm，宽 1.5～3.5 cm ………………………………………………………… 1. 羊角藤 *M. umbellata* Linn.

1. 叶较小，通常椭圆状矩圆形或倒卵状椭圆形，长 2～6 cm，宽 8～30 cm ………………………………………………………… 2. 小叶羊角藤 *M. parvifolia* Bartl.

8. 龙船花属 *Ixora* Linn.

1. 花冠裂片钝头；花通常红色 ……………………………… 1. 龙船花 *I. chinensis* Lam.

1. 花冠裂片短尖。

2. 花通常白色；叶基部楔尖 ……………………………… 2. 白花龙船花 *I. henryi* Levl.

2. 花红色或黄色；叶基部浑圆或心形。

3. 花红色 ……………………………………………… 3. 橙红龙船花 *I. coccinea* Linn.

3. 花黄色 ……………………………… 3a. 黄龙船花 *I. coccinea* var. *lutea* Corner.

9. 大沙叶属 *Pavetta* Linn.

1. 叶背仅于脉上及脉腋内有毛；花序和子房秃净 … 1. 广东大沙叶 *P. hongkongensis* Brem.

1. 叶背全部被毛，花序和子房被毛 ……………………… 2. 华南大沙叶 *P. sinica* Miq.

10. 咖啡属 *Coffea* Linn.

1. 小果咖啡 *C. arabica* Linn.

11. 鸡矢藤属 *Paederia* Linn.

1. 鸡矢藤 *P. scandens*(Lour.)Merr.

1a. 毛鸡矢藤 *P. scaandens*(Lour.)Merr. var. *tomentosa*(Bl.)Hand.-Mazz.

12. 九节属 *Psychotria* Linn.

1. 攀附植物，常以气生根匍匐于石上或树上；叶小，长 2～6 cm …………………… 1. 匍匐九节 *P. serpens* Linn.
1. 直立灌木；叶大，长 8～20 cm …………………… 2. 九节 *P. rubra* (Lour.) Poir.

七十一、忍冬科 Caprifoliaceae

1. 叶为羽状复叶…………………… 1. 接骨木属 *Sambucus* Linn.
1. 叶为单叶 …………………… 2. 忍冬属 *Lonicera* Linn.

1. 接骨木属 *Sambucus* Linn.

1. 蒴藋蘿(接骨木、走马风) *S. chinensis* Lindl.

2. 忍冬属 *Lonicera* Linn.

1. 山银花 *L. confusa* DC.

七十二、菊科 Compositae

1. 头状花序单性，雄花序有多数小花，雌花序有 2 小花藏于囊状总苞内，外有多数钩刺，2 室 …………………… 1. 苍耳属 *Xanthium* Linn.
1. 头状花序两性，即在同一花序中有两性花或外围的花为雌花。
  2. 花全为管状或钟状花，无舌状花。
    3. 花全为两性，相似。
      4. 互生叶。
        5. 头状花序多花。
          6. 总苞片 2 或多列。
            7. 冠毛毛状。
              8. 花托有托片或托毛 …………………… 2. 蓟属 *Cirsium* Adans.
              8. 花托无托片或托毛…………………… 3. 斑鸠菊属 *Vernonia* Schraber.
            7. 冠毛鳞片状。
              8. 花大，直径 2.5 cm 以上 …………………… 4. 矢车菊属 *Centaurea* Linn.
              8. 花小，直径不及 1 cm …………………… 8. 藿香蓟属 *Ageratum* Linn.
          6. 总苞片 1 列。
            7. 总苞基部有数枚极小的苞片…………………… 5. 三七草属 *Gynura* Linn.
            7. 总苞基部无小苞片 …………………… 6. 一点红属 *Emilia* Cass.
        5. 头状花序有花 2～5 朵，排列成复头状花序，再排列成伞房花序或穗状花序 …………………… 7. 地胆草属 *Elephantopus* Linn.
      4. 对生叶。
        5. 瘦果长条形；冠毛为 2～4 刺芒 …………………… 15. 鬼针草属 *Bidens* Linn.
        5. 瘦果短；冠毛为 5 枚分离或合生的鳞片，顶端刺芒状或为 10 枚不等长的鳞片 …………………… 8. 藿香蓟属 *Ageratum* Linn.
    3. 头状花序各式，外围雌花，中部两性花。

4. 冠毛存在；总苞片 2 列或多列。
5. 总苞片干膜质呈半透明，常有颜色，花序极小，直径不及 5 mm …………………… 9. 鼠麴草属 *Gnaphalium* Linn.
5. 总苞片草质不为干膜质。
6. 花药基部无毛 …………………… 26. 假蓬属 *Erigeron* Linn.
6. 花药常有毛 …………………… 10. 艾纳香属 *Blumea* DC.
4. 冠毛缺或极短。
5. 直立草本或亚灌木。
6. 亚灌木，密被灰色柔毛；瘦果顶冠以分裂的小鳞片 …………………… 11. 芙蓉菊属 *Crossostephium* Lessing.
6. 草本 …………………… 12. 蒿属 *Artemisia* Linn.
5. 平卧或匍匐状草本 …………………… 13. 芫荽菊属 *Cotula* Linn.
2. 外围舌状花，中部管状花。
3. 总苞片 1 列，全部合生为一长筒或杯状 …………………… 14. 万寿菊属 *Tagetes* Linn.
3. 总苞片彼此分离。
4. 叶对生；花托有鳞片。
5. 冠毛为 2～4 枚刺芒，倒毛状 …………………… 15. 鬼针草属 *Bidens* Linn.
5. 冠毛缺或刺毛状，倘为芒刺时，非倒毛。
6. 头状花序大，宽达 2 cm 以上。
7. 根块状；舌状花各色 …………………… 16. 大丽花属 *Dahlia* Cav.
7. 根非块状；舌状花通常黄色或褐黄色。
8. 总苞片 2 列 …………………… 17. 金鸡菊属 *Coreopsis* Linn.
8. 总苞片多于 2 列 …………………… 18. 向日葵属 *Helianthus* Linn.
6. 头状花序小，宽不及 2 cm。
7. 头状花序无柄或具极短的柄；总苞片为叶状体 … 19. 金腰箭属 *Synedrella* Gaertn.
7. 头状花序具柄；总苞片非叶状体。
8. 花白色，舌状花 2 层 …………………… 20. 鳢肠属 *Eclipta* Linn.
8. 花黄色，舌状花 1 层 …………………… 21. 蟛蜞菊属 *Wedelia* Jacq.
4. 叶互生。
5. 花托有鳞片。
6. 头状花序极大，宽达 5 cm 以上，舌状花无性，不结实 …………………… 18. 向日葵属 *Helianthus* Linn.
6. 头状花序小，宽不及 1.5 cm，小花全部能结实 …………………… 22. 山黄菊属 *Anisopappus* Hook. et Arn.
5. 花托秃裸。
6. 冠毛缺或极短。
7. 总苞片全部或顶部或边缘干膜质 …………………… 23. 菊属 *Chrysanthemum* Linn.
7. 总苞片草质 …………………… 24. 鸡儿肠属 *Boltonia* L'Her.
6. 冠毛毛状。

7. 舌状花的舌瓣较管部为长,显著 …………………………… 25. 紫菀属 *Aster* Linn.
7. 舌状花甚短小或仅有管状雌花 …………………………… 26. 假蓬属 *Conyza* Lees.
4. 叶根生 ………………………………………………………… 27. 大丁草属 *Gerbera* Cass.
2. 头状花序仅有舌状花;植物通常有乳汁。
3. 瘦果有喙。
4. 叶茎生;头状花序成束 …………………………………… 28. 山莴苣属 *Lactuca* Linn.
4. 叶根生;头状花序单生 …………………………… 29. 蒲公英属 *Taraxacum* Weber.
3. 瘦果无喙。
4. 总苞片多列,覆瓦状排列;头状花序有 80 朵以上小花 …… 30. 苦苣菜属 *Sonchus* Linn.
4. 总苞片 1 列,基部有小苞片数枚;头状花序有较少小花 …… 31. 黄鹌菜属 *Crepis* Linn.

1. 苍耳属 *Xanthium* Linn.

1. 苍耳 *X. sibiricum* Patrin.

2. 蓟属 *Cirsium* Adans.

1. 小蓟 *C. japonjica* DC.

3. 斑鸠菊属 *Vernonia* Schraber.

1. 头状花序直径约 8 mm;总苞片较宽;外层冠毛缺……… 1. 咸虾花 *V. patula* (Ait.) Merr.
1. 头状花序直径约 6 mm;总苞片向内渐狭,顶端渐尖;外层冠毛短
……………………………………………………………… 2. 夜香牛 *V. cinerea* (L.) Less.

4. 矢车菊属 *Centaurea* Linn.

1. 矢车菊 *C. cyanus* Linn.

5. 三七草属 *Gynura* Linn.

1. 安南草(野茼蒿、革命菜) *G. Crepidioides* Benth.

6. 一点红属 *Emilia* Cass.

1. 一点红 *E. sonchifolia* DC.

7. 地胆草属 *Elephantopus* Linn.

1. 茎略分枝,粗糙,有时被毛;叶大部根生或茎叶极少而小,匙状;花冠淡紫色
……………………………………………………………… 1. 地胆草 *E. scaber* Linn.
1. 茎分枝极多,被毛,叶生于茎上或枝上,椭圆形或矩圆状椭圆形;花冠白色 ………………
……………………………………………………… 2. 白花地胆草 *E. tomentosus* Linn.

8. 藿香蓟属 *Ageratum* Linn.

1. 藿香蓟 *A. onyzoides* Linn.

9. 鼠麴草属 *Gnaphalium* Linn.

1. 头状花序排成顶生的伞房花序 ……………………………… 1. 鼠麴草 *G. affine* E. Don.
1. 头状花序排成穗状花序 …………………………………… 2. 多茎鼠麴草 *G. polycaulon* Pers.

10. 艾纳香属 *Blumea* DC.

1. 头状花序有明显的花序柄;叶琴状羽裂 ……………… 1. 六耳铃 *B. laciniata* (Roxb.) DC.

1. 上部的头状花序无柄；簇生。
 2. 下部叶近倒卵形，通常密被紧贴的丝毛 …………………… 2. 毛毡草 *B. hieracifolia* DC.
 2. 下部叶通常矩圆形，被疏毛 ………………………………… 3. 七里明 *B. clarkei* Hook. f.

11. 芙蓉菊属 *Crossostephium* Lessing.

1. 芙蓉菊 *C. chinense*（L.）Makino.

12. 蒿属 *Artemisia* Linn.

1. 叶细裂或毛状。
 2. 叶全部三回羽状深裂。
  3. 头状花序直径约 2 mm ………………………………………… 1. 黄花蒿 *A. annua* Linn.
  3. 头状花序较大，直径约 6 mm ……………………………… 2. 青蒿 *A. apiacea* Hance.
 2. 上部叶为单叶，毛状 ………………………………… 3. 扫帚艾 *A. scoparia* Waldst. et Kir.
1. 叶阔，裂片宽，叶背面被白毛……………………………… 4. 艾蒿 *A. argyi* Levl. et Vaniot.

13. 芫荽菊属 *Cotula* Linn.

1. 芫荽菊 *C. anthemoides* R. Br.

14. 万寿菊属 *Tagetes* Linn.

1. 万寿菊 *T. erecta* Linn.

15. 鬼针草属 *Bidens* Linn.

1. 叶为一回羽状复叶，小叶通常 3 片，腹面稍被毛，背面除叶脉外无毛；瘦果长 9～10 mm。
 ……………………………………………………………………………… 1. 鬼针草 *B. pilosa* Linn.
1. 叶为二回羽状复叶，3 羽片各具 3 片小叶，两面被稀柔毛，瘦果长约 14 mm
 ……………………………………………………………… 2. 金盘银盏 *B. bternata*（Lour.）Merr.

16. 大丽花属 *Dahlia* Cav.

1. 大丽花 *D. pinnata* Cav.

17. 金鸡菊属 *Coreopsis* Linn.

1. 波斯菊 *C. tinctoria* Nutt.

18. 向日葵属 *Helianthus* Linn.

1. 向日葵 *H. annuus* Linn.

19. 金腰箭属 *Synedrella* Gaertn.

1. 金腰箭 *S. nodiflora*（L.）Gaertn.

20. 鳢肠属 *Eclipta* Linn.

1. 鳢肠 *E. prostrata* Linn.

21. 蟛蜞菊属 *Wedelia* Jacq.

1. 蟛蜞菊 *W. chinensis*（Osb.）Merr.

22. 山黄菊属 *Anisopappus* Hook. et Arn.

1. 山黄菊 *A. chinensis*（L.）Hook. & Arn.

23. 菊属 *Chrysanthemum* Linn.

1. 植物体多少被柔毛。
 2. 叶分裂至中脉上，裂片再为羽状分裂；头状花序单生
 …………………………………………………… 1. 白花除虫菊 *C. cinerariaefolium* Vis.
 2. 叶分裂不达中脉上；头状花序为伞房花序式排列。
  3. 花黄色，头状花序直径1～2 cm；舌状花一层 ………………… 2. 野菊 *C. indicum* Linn.
  3. 花白色、黄色或各种颜色，直径超过2.5 cm，舌状花为多层 …… 3. 菊 *C. morifolium* Ram.
1. 植物体无毛或近无毛。
 2. 叶新鲜时多肉而脆；花黄色 ………………………………………… 4. 茼蒿 *C. spatiosum* Bailey.
 2. 叶新鲜时薄；花白色 ……………………………………………… 5. 白菊仔 *C. frutescens* Linn.

24. 鸡儿肠属 *Boltonia* L'Her.

1. 鸡儿肠 *B. indica* (L.) Benth.

25. 紫菀属 Aster Linn.

1. 山白菊 *A. ageratoides* Turcz.

26. 假蓬属 Conyza Lees.

1. 加拿大蓬 *C. canadensis* (L.) Cronq.

27. 大丁草属 Gerbera Cass.

1. 非洲菊 *G. jamesonii* Bolus.

28. 山莴苣属 Lactuca Linn.

1. 叶全缘或稀有细齿；总苞直径5～6 mm；瘦果很扁，两面各有1显著纵肋，喙细长，长约1 mm ………………………………………………………… 1. 野莴苣 *L. brevirostris* Champ.
1. 叶羽状分裂；总苞较狭，直径约2 mm；瘦果纺锤形，略扁压状，具多数显著纵肋，顶端略狭，无细长的喙 ………………… 2. 毛轴山苦荬 *L. sororia* var. *pilipes* (Migo)Chang et Tseng.

29. 蒲公英属 *Taraxacum* Weber.

1. 蒲公英 *T. mongolicum* Hand.-Mazz.

30. 苦苣菜属 *Sonchus* Linn.

1. 叶耳大而尖；总苞片无腺状硬毛 ……………………………… 1. 苦苣菜 *S. oleraceus* Linn.
1. 叶耳小而圆；总苞片密腺毛 …………………………………… 2. 苣荬菜 *S. arvensis* Linn.

31. 黄鹌菜属 *Crepis* Linn.

1. 黄鹌菜 *C. japonica* (L.) Benth.

七十三、白花丹科（蓝雪科）Plumbaginaceae

白花丹属 *Plumbago* Linn.

1. 花蓝色；花冠管长3～3.5 mm ………………………………… 1. 蓝雪花 *P. auriculata* Lam.
1. 花白色或近白色；花冠管长约2 cm ………………………… 2. 白花丹 *P. zeylanica* Linn.
1. 花红色；花冠管长2.5 cm ……………………………………… 3. 紫雪花 *P. indica* Linn.

七十四、车前科 Plantaginaceae

车前属 *Plantago* Linn.

1. 车前草 *P. major* Linn.

七十五、半边莲科(山梗菜科) Lobeliaceae

半边莲属 *Lobelia* Linn.

1. 叶狭披针形或条形 …………………………………………… 1. 半边莲 *L. chinensis* Lour.
1. 叶卵形或圆形 ………………………………………… 2. 卵叶半边莲 *L. zeylanica* Linn.

七十六、茄科 Solanaceae

1. 雄蕊全部发育,非两两成对,通常 5 枚。
 2. 果为浆果,肉质或干燥,不开裂。
  3. 花药粘贴成一圆锥体围绕花柱。
   4. 花药顶裂或近顶裂;单叶,偶有羽状复叶……………………… 1. 茄属 *Solanum* Linn.
   4. 花药由基部开裂至顶;羽状复叶 ……………………… 2. 番茄属 *Lycopesricon* Mill.
  3. 花药分离,纵裂。
   4. 花萼在结果时膨大成一囊状体,将浆果包围 ……………… 3. 酸浆属 *Physalis* Linn.
   4. 花萼不膨大。
    5. 花长不及 1 cm,极少数。
     6. 花紫色;浆果小,卵形至矩圆形;有刺灌木 ……………… 4. 枸杞属 *Lycium* Linn.
     6. 花绿白色或青黄色;浆果通常大,形状各式;无刺草本或灌木
     ……………………………………………………………… 5. 辣椒属 *Capsicum* Linn.
    5. 花长约 2 cm 或过之,多数,伞房花序排列 ……………… 6. 夜香树属 *Cestrum* Linn.
 2. 果为蒴果,开裂。
  3. 花淡红色或淡黄色;萼全部或近全部将果包围;蒴果无刺 … 7. 烟草属 *Nicotiana* Linn.
  3. 花白色;萼远较果为短;蒴果有短粗刺 ………………………… 8. 曼陀罗属 *Datura* Linn.
1. 雄蕊 4～5 枚,两两成对,倘为 5 枚时其中一枚常较小或不发育。
 2. 灌木;雄蕊 4 枚 ……………………………………… 9. 鸳鸯茉莉属 *Brunsfelsia* Linn.
 2. 草本;雄蕊 5 枚 ……………………………………………… 10. 碧冬茄属 *Petunia* Juss.

1. 茄属 *Solanum* Linn.

1. 植物无刺(茄有时有疏刺)。
 2. 灌木。
  3. 植物全部密被星状绒毛;花为顶生或近顶生的聚伞花序,花序多花,通常 20 朵以上
  ……………………………………………………… 1. 假烟叶 *S. verbascifolium* Linn.
  3. 植物无毛;花单生或数朵聚生 ……………………… 2. 玉珊瑚 *S. pseudo-capsicum* Linn.
 2. 草本。
  3. 植物无地下块茎;叶为单叶。

4. 纤弱草本；花白色，排成伞形聚伞花序；浆果球形，直径不超过 1 cm
…………………………………… 3. 少花龙葵 *S. photeinocarpum* Nakam. et Odash.

4. 粗壮草本；花淡紫色，单生或数朵聚生；果大，长 10～25 cm，直径 3 cm 以上
………………………………………………………………………… 4. 茄 *S. melongena* Linn.

3. 植物有地下块茎；叶为奇数复叶 ………………………………… 5. 马铃薯 *S. tuberosum* Linn.

1. 植物多少有刺。

2. 叶密被星状茸毛；果小，直径约 1 cm；刺长不及 5 cm。

3. 叶背脉无刺；稀有刺；花白色 ………………………………………… 6. 水茄 *S. torvum* Swartz.

3. 叶背脉有刺；花蓝紫色 …………………………………………… 7. 紫花茄 *S. indicum* Linn.

2. 叶被单毛；果大，直径 2～4 cm；刺长达 1 cm 以上 ………… 8. 癫茄 *S. surattense* Burm. f.

2. 番茄属 *Lycopesricum* Mill.

1. 番茄 *L. esculentum* Mill.

3. 酸浆属 *Physalis* Linn.

1. 灯笼果 *P. peruviana* Linn.

4. 枸杞属 *Lycium* Linn.

1. 枸杞 *L. chinense* Mill.

5. 辣椒属 *Capsicum* Linn.

1. 辣椒 *C. frutescens* Linn.

6. 夜香树属 *Cestrum* Linn.

1. 夜香树 *C. nocturnum* Linn.

7. 烟草属 *Nicotiana* Linn.

1. 烟草 *N. tabacum* Linn.

8. 曼陀罗属 *Datura* Linn.

1. 曼陀罗(白花曼陀罗) *D. metal* Linn.

9. 鸳鸯茉莉属 *Brunfelsia* Linn.

1. 叶长 7 cm 米以上；花冠直径达 5 cm …………………… 1. 大鸳鸯茉莉 *B. calycina* Benth.

1. 叶长 7 cm 以下；花冠直径仅 2 cm …………… 2. 鸳鸯茉莉 *B. acuminata* (Pohl.) Benth.

10. 碧冬茄属 *Petunis* Juss.

1. 碧冬茄 *P. hybrida* Vilm.

七十七、旋花科 Convolvulaceae

1. 无叶、缠绕、寄生植物；茎细长，黄色；花小 ……………………… 1. 菟丝子属 *Cuscuta* Linn.

1. 茎有叶。

2. 花冠高脚碟状；雄蕊和花柱均伸出 …………………………… 2. 茑萝属 *Quamoclit* Moeach.

2. 花冠钟状、漏斗状或轮状；雄蕊和花柱内藏……………………… 3. 番薯属 *Ipomoea* Linn.

1. 菟丝子属 *Cuscuta* Linn.

1. 菟丝子(金线藤)*C. chinensis* Lam.

2. 茑萝属 *Quamoclit* Moench.

1. 茑萝 *Q. pennata*(Desr.)Boj.

3. 番薯属 *Ipomoea* Linn.

1. 叶深裂达中部以下。
 2. 叶分裂仅达叶长的三分之二,深裂 ………………… 1. 七爪金龙 *I. digitata* Linn.
 2. 叶全裂 ………………………………………… 2. 五爪金龙 *I. Cairica* (L.) Sweet.
1. 叶全缘或浅裂或有角状裂片。
 2. 花冠长达 5 cm。
  3. 水生或陆生草本;茎常中空;萼片钝头;无块根 ……………… 3. 蕹菜 *I. aquatica* Forsk.
  3. 陆生、蔓状藤本,节节生根;茎实心;萼片锐尖;有块根…………………………………………………………………… 4. 番薯 *I. batatas* (L.) Lamarck.
 2. 花冠长不及 2 cm,淡红或淡紫,萼有睫毛 ……………… 5. 三裂叶牵牛 *I. triloba* Linn.

七十八、玄参科 Scrophulariaceae

1. 可育雄蕊 4 枚。
 2. 乔木;萼被星毛;花大;蒴果木质或革质;种子有翅
  ……………………………………………… 1. 泡桐属 *Paulownia* Sieb. et Zucc.
 2. 草本或亚灌木状草本;花小或中等大;萼无星毛。
  3. 花冠轮状,亚灌木状草本 ……………………… 2. 野甘草属 *Scoparia* Linn.
  3. 花冠明显的 2 唇形。
   4. 花冠弯曲;花药 1 室;矮小,粗糙草本;叶条形 ……………… 3. 独脚金属 *Striga* Lour.
   4. 花冠通常劲直;花药 2 室。
    5. 药室分离 ……………………………………… 4. 石龙尾属 *Limnophila* R. Br.
    5. 药室邻接 ……………………………………… 5. 母草属 *Lindernia* All.
1. 可育雄蕊 2 枚 ……………………………………… 5. 母草属 *Lindernia* All.

1. 泡桐属 *Paulownia* Sieb. et Zucc.

1. 泡桐 *P. fortunei* (Seem.) Hemsl.

2. 野甘草属 *Scoparia* Linn.

1. 野甘草 *S. dulcis* Linn.

3. 独脚金属 *Striga* Lour.

1. 独脚金 *S. asiatica*(L.)O. Rtze.

4. 石龙尾属 *Limnophila* R. Br.

1. 花无梗,5～10 朵排成腋生、具总梗的团伞花序
 ……………………………………… 1. 大叶石龙尾 *L. rugosa* (Roth.) Merr.

1. 花有梗，单生(有时 2 朵)于叶腋或有时在茎和分枝上部过渡为顶生总状花序
……………………………………………………… 2. 紫苏草 *L. aromatica*(L.)Merr.

5. 母草属 *Lindernia* All.

1. 花萼深裂几达基部，裂片狭长，披针至线形。
 2. 蒴果卵球形，与萼近等长或较短；茎具长蔓 ………… 1. 红骨草 *L. Montana* (Bl.) Koord.
 2. 蒴果狭披针状，长于萼 2 倍以上 …………… 2. 长蒴母草 *L. anagallis* (Burm. f.) Penn.
1. 花萼多开裂，裂片较短，花期分裂不到一半，果期不规则分裂。
 2. 多年生草本；叶菱状卵形至菱状披针形，叶全缘至有不明显的少数凹缺；花全部集成顶生总状花序……………………………… 3. 棱萼母草 *L. oblonga* (Benth.)Merr.
 2. 一年生草本；叶阔卵形，叶缘有明显的粗锯齿；花单生叶腋并同时有顶生总状花序
……………………………………………………… 4. 母草 *L. crustacea* (L.) F.-Muell.

七十九、紫葳科 Bignoniaceae

1. 木质藤本。
 2. 植物有卷须。
  3. 卷须 3 裂；花冠裂片边缘有白色的绒毛 ………………… 1. 炮仗花属 *Pyrostegia* Presl.
  3. 卷须单生，不分枝 ……………………………………… 2. 连理藤属 *Clytostoma* Miers.
 2. 植物无卷须。
  3. 雄蕊伸出；叶为奇数羽状复叶 ………………………… 3. 硬骨凌霄属 *Tecomaria* Spach.
  3. 雄蕊内藏。
   4. 花鲜红色或橙色；植物有气根；萼长约为花管之半…………… 4. 紫葳属 *Campsis* Lour.
   4. 花白或粉红色；植物无气根；萼远短于花管 ………… 5. 非洲凌霄属 *Podranea* Sprague.
1. 直立植物。
 2. 萼钟形。
  3. 花橙红色或黄色；半藤状灌木或小乔木；单叶或单数羽状复叶
……………………………………………………… 3. 硬骨凌霄属 *Tecomaria* Spach.
  3. 花白色或紫色；大乔木；二至三回羽状复叶 ……………… 6. 木蝴蝶属 *Oroxylum* Vent.
 2. 萼佛焰苞状，沿一边裂开 ……………………… 7. 猫尾木属 *Dolichandrone* (Fenzl)Seem.

1. 炮仗花属 *Pyrostegia* Presl.

1. 炮仗花 *P. ignea* Presl.

2. 连理藤属 *Clytoma* Miers.

1. 连理藤 *C. callistegioides* Bur.

3. 硬骨凌霄属 *Tecomaria* Spach.

1. 硬骨凌霄 *T. capensis* (Thunb.) Spach.

4. 紫葳属 *Campsis* Lour.

1. 紫葳 *C. grandiflora* (Thunb.) Loisel.

5. 非洲凌霄属 *Ppodranea* Sprague

1. 非洲凌霄 *P. ricasoliana* (Tanfani) Sprague

6. 木蝴蝶属 *Oroxylum* Vent.

1. 木蝴蝶(千张纸) *O. indicum* (L.) Vent.

7. 猫尾木属 *Dolichandrone* (Fenzl) Seem.

1. 猫尾木 *D. cauda-felina* (Hance) Benth. et Hook. f.

八十、爵床科 Acanthaceae

1. 发育雄蕊 2 枚。
 2. 草本。
  3. 花序聚伞状或伞形,由 2~5 个小头状花序组成 ………… 1. 狗肝菜属 *Dicliptera* Juss.
  3. 穗状花序顶生 ……………………………………………… 2. 爵床属 *Rostellularia* Reichenb.
 2. 灌木或亚灌木。
  3. 萼片 4 裂,其外 2 片较大,对生,边缘有小刺;雄蕊 4 枚,其中 2 枚不育 …………………………………………………………… 4. 假杜鹃属 *Barleria* Linn.
  3. 萼 4~5 裂,裂片近相等;雄蕊 2 枚。
   4. 花冠管极长,等大,5 裂,非 2 唇形;花冠裂片旋转状排列 ………………………………………………………… 5. 可爱花属 *Eranthemum* Linn.
   4. 花冠管短,裂片 2 唇形;花冠裂片覆瓦状排列。
    5. 药室基部附属物尾状;顶生穗状花序 ……………… 3. 接骨草属 *Gendarussa* Nees.
    5. 药室基部附属物小球状或圆锥状;穗状花序腋生 ……… 6. 鸭嘴花属 *Adhatoda* Mill.
1. 发育雄蕊 4 枚 ……………………………………………… 7. 老鸦嘴属 *Thunbergia* Retz.

1. 狗肝菜属 *Dicliptera* Juss.

1. 狗肝菜 *D. chinensis* (Vahl) Nees

2. 爵床属 *Rostellularia* Reichenb.

1. 爵床 *R. procumbens* (L.) Nees

3. 接骨草属 *Gendarussa* Nees.

1. 苞片小,钻状披针形,长约 2 mm,不重叠 ……………………… 1. 接骨草 *G. vulgaris* Nees
1. 苞片大,卵形或近圆形,长 5 mm 以上,覆瓦状重叠 ……………………………………………… 2. 黑叶接骨草 *G. ventricosa* (Wall.) Nees

4. 假杜鹃属 *Barleria* Linn.

1. 假杜鹃 *B. cristata* Linn.

5. 可爱花属 *Eranthemum* Linn.

1. 可爱花 *E. nervosum* R. Br. ex Roem. et Schuit.

6. 鸭嘴花属 *Adhatoda* Mill.

1. 鸭嘴花(大还魂) *A. vasioa* Nees

7. 老鸦嘴属 *Thunbergia* Retz.

1. 缠绕植物 ………………………… 1. 大花老鸦嘴 *T. grandiflora* (Roxb. ex Rottl.) Roxb.

1. 直立灌木；叶羽状脉 …………………………………… 2. 硬枝老鸦嘴 *T. erecta* Anders.

八十一、马鞭草科 Verbenaceae

1. 草本(假败酱属偶有呈亚灌木状的)；花序穗伏；叶缘具齿缺或分裂。
2. 发育雄蕊 4 枚；花序轴不具凹穴；叶缘羽状深分裂 ……………… 1. 马鞭草属 *Verbena* Linn.
2. 发育雄蕊 2 枚；花序轴上有许多凹穴，花藏于凹穴内；叶缘具粗锯齿
…………………………………………………………… 3. 假败酱属 *Stachytarpheta* Vahl.
1. 灌木或乔木。
2. 花序紧密，头状或穗状。
3. 雄蕊内藏，着生在花冠管的中部；叶面具皱褶；花序腋生；花冠长约 1 cm
…………………………………………………………… 2. 马缨丹属 *Lantana* Linn.
3. 雄蕊伸出，着生在花冠管的上部；叶面近平整；花序顶生；花冠长 2～2.5 cm
…………………………………………………………… 10. 赪桐属 *Clerodendrum* Linn.
2. 花序疏松；圆锥状、伞房状、聚伞状或总状。
3. 叶为掌状复叶，三或五出，很少复叶和单叶并存；雄蕊着生在花冠筒的中部，伸出；花序圆锥状(或复穗状)、聚伞状或伞房状。
4. 萼 5 裂或几截平；花冠喉部密被长柔毛，基部几无毛；叶为复叶，如有单叶与之并存，则叶背为灰白色(蔓荆) …………………………………………………… 8. 牡荆属 *Vitex* Linn.
4. 萼 3 裂；花冠喉部几无毛，基部有一环流苏状柔毛；叶为三出复叶与单叶并存，叶背绿色，干后褐色 …………………………………………………… 6. 钟萼木属 *Tsoongia* Merr.
3. 叶为单叶。
4. 花序总状；子房 8 室；雄蕊 4 枚，着生在花冠筒的中部，内藏
…………………………………………………………… 4. 假连翘属 *Duranta* Linn.
4. 花序圆锥状、聚伞状或伞房状；子房 2 或 4 室。
5. 雄蕊 4 枚；叶通常长不超过 20 cm，宽不超过 15 cm；宿萼不呈壶状。
6. 雄蕊着生在花冠管的基部。
7. 花冠 4 裂；苞片小，不呈叶状；小枝常被星状毛或轮状分枝毛
…………………………………………………………… 5. 紫珠属 *Callicarpa* Linn.
7. 花冠 5 裂；苞片大，叶状；小枝被绒毛，老时脱落 ………… 9. 苦梓属 *Gmelina* Linn.
6. 雄蕊着生在花冠管的中部或上部。
7. 花冠筒内面近基部有一环流苏状柔毛；萼 3 裂 ……… 6. 钟萼木属 *Tsoongia* Merr.
7. 花冠筒内面近基部无毛，或被毛而不呈流苏状；萼截平或 5 裂，很少 3 或 4 裂。
8. 花冠 4 裂 …………………………………………… 7. 臭黄荆属 *Premna* Linn.
8. 花冠 5 裂。
9. 叶背灰白色(毛被)；萼在结果时略增大，灰白色(毛被)；通常为蔓生灌木，且节上生根 …………………………………………… 8. 牡荆属 *Vitex* Linn.
9. 叶背绿色，干后常带褐色；萼在结果时明显增大，染彩色；乔木或直立灌木
…………………………………………………………… 10. 赪桐属 *Clerodendrum* Linn.
5. 雄蕊 5 或 6 枚(与花冠裂片同数)；叶大，长通常 25 cm 以上，宽 15 cm 以上；乔木；宿萼

壶状，将核果完全包裹…………………………………… 11. 柚木属 *Tectona* Linn. f.

1. 马鞭草属 *Verbena* Linn.

1. 马鞭草 *V. officinalis* Linn.

2. 马缨丹属 *Lantana* Linn.

1. 马缨丹 *L. camara* Linn.

3. 假败酱属 *Stachytarpheta* Vahl

1. 假败酱 *S. jamaicensis* (Linn.) Vahl.

4. 假连翘属 *Duranta* Linn.

1. 假连翘 *D. repens* Linn.

5. 紫珠属 *Callicarpa* Linn.

1. 花萼筒状，分裂达中部以下，裂片线形或狭长三角形，长约 2 mm，结果时长于果实；小枝上的轮状分枝毛长 2～4 mm
…………………………… 1. 散花紫珠 *C. kochiana* var. *laxiflora* (H. T. Chang) W. Z. Fang

1. 花萼杯状、钟状，分裂在中部以上或几截平，裂片长不超过 1 mm，结果时多少短于果实；小枝无毛或具星状毛、单毛或较上项为短的轮状分枝毛。

2. 花药卵圆形或长圆形，纵裂，花丝明显伸出。

3. 小枝、叶背面、花序分枝及花萼外面具黄色腺点或很少具暗褐色腺点。

4. 总花梗较叶柄短或几与叶柄等长。

5. 小枝、叶柄及总花梗密被轮状分枝长绒毛；花序宽 4～6 cm，具 6 次分枝；萼齿急尖，长约 1 mm ……………………………………… 2. 尖萼紫珠 *C. lobo-apiculata* Metc.

5. 小枝、叶柄及总花梗被星状短绒毛或稀疏的星状毛；花序宽 2.5～4 cm，具 4 次分枝，萼齿不明显。

6. 叶背面和花萼外面均被灰白色星状毛；果黑带紫色
…………………………………………… 3. 白毛紫珠 *C. candicans* (Burm. f.) Hochur.

6. 叶背面仅叶脉被稀疏的黄褐色星状毛；花萼外面被稀疏的星状毛或近于无毛；果褐色……………………………………………………… 4. 长叶紫珠 *C. longifolia* Lam.

4. 总花梗显著较叶柄长。

5. 叶腹面仅沿叶脉被星状柔毛；花序宽 8～13 cm；总花梗长 5～10 cm；花萼外面无毛或仅在基部被稀疏的星状毛 …………… 5. 裸花紫珠 *C. nudfflora* Hook. et Arn.

5. 叶腹面被分节柔毛或短刺毛、具柄的星状毛或轮状分枝毛；花序宽 2～5 cm；总花梗长 1.5～3 cm；花萼外面被星状毛 ………………… 6. 红紫珠 *C. rubella* Lindl.

3. 小枝、叶背面、花序分枝及花萼外面均具红色腺点；花序宽不超过 2 cm，具 2 次分枝；小枝被短星状毛 ……………………………… 7. 红腺紫珠 *C. erythrosticta* Merr. et Chun.

2. 花药长圆形，自顶孔向下开裂，仅花药伸出花冠外；花序较紧密，2～4 次分枝；叶柄及总花梗长 0.5～1 cm；小枝及叶片背面中脉被稀疏星状毛
…………………………………………………… 8. 短柄紫珠 *C. brevipes* (Benth.) Hance.

6. 钟萼木属 *Tsoongia* Merr.

1. 钟萼木 *T. axillatifolora* Merr.

7. 臭黄荆属 *Premna* Linn.

1. 花萼 3～4 浅裂；聚伞花序分枝纤细，总花梗直径不及 1 mm
……………………………………………… 1. 海南臭黄荆 *P. hainanensis* Chun. et How.

1. 花萼 5 浅裂；聚伞花序分枝较粗壮，总花梗直径 1～2 mm。

2. 叶两面网脉显著凸起，背面中脉、侧脉及网脉均被毛。

3. 叶革质，长圆形、长圆状椭圆形或倒卵形，背面脉上被黄色弯曲分节柔毛；核果直径 4～5 mm ……………………………………………… 2. 弯毛臭黄荆 *P. maclurei* Merr.

3. 叶纸质，广卵形或卵形，背面疏被淡黄色短柔毛；核果直径 3～4 mm
……………………………………………… 3. 攀缘臭黄荆 *P. subscandens* Merr.

2. 叶两面网脉平或凹下，背面无毛或仅中脉及侧脉具柔毛。

3. 叶卵形、狭卵形或椭圆状卵形，顶端渐尖或长渐尖，背面无毛无腺点，干后黑色
……………………………………………… 4. 八脉臭黄荆 *P. octonervia* Merr. et Metc.

3. 叶长圆状卵形、倒卵形或圆形、广卵形或长圆形，背面有腺点，沿中脉及侧脉被短柔毛，干后褐色 ……………………………………………… 5. 钝叶臭黄荆 *P. obtusifolia* R. Br. Prodr. Fl.

8. 牡荆属 *Vitex* Linn.

1. 轮伞花序紧密排列于总花梗分枝上呈穗状，再排成圆锥花序式，顶生或腋生
……………………………………………… 1. 灰牡荆 *V. canescens* Kurz.

1. 聚伞花序再排成圆锥花序式，顶生。

2. 花萼及花序分枝被灰色短绒毛 ……………………… 2. 山牡荆 *V. quinata* (Lour.) Williams

2. 花萼及花序分枝被稀疏柔毛或无毛。

3. 花萼仅齿端及边缘具稀疏柔毛；花序分枝无毛；叶腹面具白色小斑点；核果球形，直径约 1 cm ……………………………………………… 3. 越南牡荆 *V. annamensis* P. Dop.

3. 花萼沿齿尖下延至基部具 5 行柔毛；花序分枝被柔毛；叶腹面无白色小斑点；核果倒卵球形，直径 3～4 mm ……………………………………………… 4. 莺哥木 *V. pierreana* P. Dop.

9. 苦梓属 *Gmelina* Linn.

1. 苦梓 *G. hainanensis* Oliv.

10. 赪桐属 *Clerodendrum* Linn.

1. 聚伞花序排成疏松的圆锥花序或伞房花序式。

2. 聚伞花序排成圆锥花序式，花序主轴伸长，侧枝 5～10 对，较主轴短。

3. 小枝在节处具分节的柔毛；叶阔卵形或近圆形，腹面疏被分节短毛，背面具粒状不发亮的腺点 ……………………………………………… 1. 赪桐 *C. japonicum* (Thunb.) Sweet.

3. 小枝在节处无毛；叶倒披针形或倒卵状披针形，两面无毛，背面具发亮的细腺点…………
……………………………………………… 2. 海南赪桐 *C. hainanense* Hand. Mazz.

2. 聚伞花序排成伞房花序式，花序主轴不伸长；叶椭圆形或卵状椭圆形
……………………………………………… 3. 大青 *C. cyrtophyllum* Turcz.

1. 聚伞花序排成紧密的头状花序式 ……………… 4. 臭牡丹 *C. fragrans* Vent. Jard. Malm.

11. 柚木属 *Tectona* Linn. f.

1. 柚木 *T. grandis* Linn. f.

八十二、唇形科 Labiatae

1. 发育雄蕊 2 枚，花药线形 ………………………………… 1. 鼠尾草属 *Salvia* Linn.
1. 发育雄蕊 4 枚。
 2. 花冠辐射对称或近辐射对称，常 4 裂，最上裂片常大于其他 …… 2. 薄荷属 *Mentha* Linn.
 2. 花冠 2 唇形，上唇常 2 裂，下唇 3 裂。
  3. 花冠下唇远较上唇为长。
   4. 花序上的叶与茎叶同形，但越至上部的越小；花轮在花序上部的紧接；茎叶绿色。
    5. 花冠上唇短，2 浅裂，深不达于花冠筒；花冠凋萎时常附着于果上；萼脉在结果时不明显 ………………………………………………………… 3. 筋骨草属 *Ajuga* Linn.
    5. 花冠上唇长，全缘；花冠凋萎时脱落；萼脉在结果时明显 …………………………………………………… 4. 广防风属 *Epimeredi* Adans.
   4. 花序上的叶退化为极小的苞片，此苞片短于花；总状花序的花轮疏离；茎叶紫色 ………………………………………………………… 5. 洋紫苏属 *Coleus* Lour.
  3. 花冠下唇与上唇近等长或较上唇为短。
   4. 花冠上唇风帽状。
    5. 叶全缘或齿状；果萼 2 裂，后裂片背部通常有鳞状小盾或呈囊状突起，早落，前裂片无小盾，通常宿存 ……………………………………………… 7. 黄芩属 *Scutellaria* Linn.
    5. 叶有裂片；果萼其他形式 ……………………………………… 6. 益母草属 *Leonurus* Linn.
   4. 花冠上唇平坦。
    5. 花 1 至数朵排成腋生、具柄的花束或多朵聚合成腋生、具柄的头状花序 ………………………………………………………… 8. 山香属 *Hyptis* Jacquin.
    5. 花各自聚生于叶腋内而无一总花序柄。
     6. 花 2 朵成轮，花轮为顶生及腋生，总状花序偏于一侧 ……… 9. 紫苏属 *Perilla* Linn.
     6. 花多朵成轮，花轮腋生或顶生 ……………………………… 10. 凉粉草属 *Mesona* Blume.

1. 鼠尾草属 *Salvia* Linn.

1. 荔枝草 *S. plebeia* R. Br.

2. 薄荷属 *Mentha* Linn.

1. 野薄荷 *M. haplocalyx* Briq.

3. 筋骨草属 *Ajuga* Linn.

1. 筋骨草 *A. decumbens* Thunb.

4. 广防风属 *Epimeredi* Adans.

1. 马衣叶(防风草)*E. indica* (L.) Rothm.

5. 洋紫苏属 *Coleus* Lour.

1. 直立草本；叶长 5～10 cm，两面被微毛 …………………………… 1. 洋紫苏 *C. blumei* Benth.
1. 茎基部多匍匐，节上生根；叶小，长 1.5～3.5 cm，背面被疏散长毛 ……………………………………………………… 2. 小洋紫苏 *C. pumilus* Blanco.

6. 益母草属 *Leonurus* Linn.

1. 益母草 *L. heterohyllus* Sweet.

7. 黄芩属 *Scutellaria* Linn.

1. 植物体被毛；叶具长柄，心状卵形、圆状卵形至圆形 …………… 1. 耳挖草 *S. indica* Linn.
1. 植物体秃净；叶具短柄，狭卵形至披针形 …… 2. 狭叶韩信草(半支莲) *S. barbata* D. Don.

8. 山香属 *Hyptis* Jacquin.

1. 山香 *H. suaveolens* Poit.

9. 紫苏属 *Perilla* Linn.

1. 紫苏 *P. frutescens* (L.) Britton.

10. 凉粉草属 *Mesona* Blume

1. 凉粉草 *M. chinensis* Bnth.

八十三、鸭跖草科 Commelinaceae

1. 发育雄蕊 6 枚。
  2. 花 1 至多朵簇生于叶状或舟状的苞片内。
    3. 花瓣分离或近分离；花多数，聚生于 2 枚舟状的苞片内，粗壮草本，叶背常紫色(栽培) …………………………………………………………… 1. 紫万年青属 *Rheo* Hance.
    3. 花瓣多少合生成一管 ………………………………………… 2. 水竹草属 *Zebrina* Schnizl.
  2. 顶生圆锥花序 ………………………………………………… 3. 聚花草属 *Floscopa* Lour.
1. 发育雄蕊 2～3 枚。
  2. 花包藏于佛焰状的苞片内 ………………………………… 4. 鸭跖草属 *Commelina* Linn.
  2. 花少数生于叶鞘内 ………………………………………… 5. 水竹叶属 *Murdannia* Royle.

1. 紫万年青属 *Rhoeo* Hance.

1. 紫万年青(蚌花)*R. discolor* (L'her.)Hance

2. 水竹草属 *Zebrina* Schnizl.

1. 水竹草 *Z. penduls* Schnizl.

3. 聚花草属 *Floscopa* Lour.

1. 聚花草 *F. scandens* Lour.

4. 鸭跖草属 *Commelina* Linn.

1. 佛焰苞折叠状，不合生。
  2. 蒴果 2 室，每室有种子 2 粒；叶鞘通常秃净 ………………… 1. 鸭跖草 *C. communh* Linn.
  2. 蒴果 3 室，前 2 室每室有种子 2 粒，背室有种子 1 颗，叶鞘边缘常被毛 …………………………………………………………… 2. 竹节草 *C. diffusa* Burm. f.
1. 佛焰苞为漏斗状，多少合生 ……………………………… 3. 饭包草 *C. benghalensis* Linn.

5. 水竹叶属 *Murdannia* Royle

1. 蒴果每室有种子 3～5 粒；花柄、苞片和萼片均被腺毛……………………………………………… 1. 腺毛水竹叶 *M. medica*(Lour.)Hong.
1. 蒴果每室有种子 2 粒,花柄和萼片无毛。
2. 叶条形,宽不及 5 mm ……………………… 2. 狭叶水竹叶 *M. angustifolium* N. E. Br.
2. 叶宽 6 mm 以上。
3. 花数朵排成聚伞花序;小苞片小,早落。
4. 茎近直立,节间长,茎叶长 20~40 cm ……… 3. 细竹蒿草 *M. simplex* (Vahl)Brenan.
4. 茎常匍匐,节间短,茎叶长 6~17 cm …… 4. 裸花水竹叶 *M. nudiflora* (L.)Brena El.
3. 花组成稠密的头状花序,小苞片大,圆形,迟落
……………………………………………… 5. 大苞水竹叶 *M. bracteata* (C. B. Cl.) Ktze.

八十四、黄眼草科(葱草科) Xyridaceae

黄眼草属 *Xyris* Linn.

1. 叶宽 3~8 mm,植株粗壮。
2. 叶狭条形,宽 3~8 mm;穗状花序长 8~16 mm …………… 1. 线根葱草 *X. anceps* Lam.
2. 叶带状,宽 4~6 mm;穗状花序长 1.2~2.5 cm ……………… 2. 黄眼草 *X. indica* Linn.
1. 叶宽不过 3 mm,边缘常有极微小的齿;植株较小…………… 3. 葱草 *X. pauciflora* Willd.

八十五、凤梨科 Bromeliaceae

凤梨属 *Ananas* Adanson

1. 凤梨(菠萝)*A. comosus* (L.)Merr.

八十六、芭蕉科 Musaceae

芭蕉属 *Musa* Linn.

1. 果实内无种子 ……………………………………………… 1. 香蕉 *M. paradisiacal* Linn.
1. 果实内有种子。
2. 雄花的外列花被裂片较内列的花被裂片为大;种子宽 5~6 mm
……………………………………………………… 2. 野蕉 *M. balbisana* Colla.
2. 雄花的外列花被裂片和内列的花被裂片相等;种子宽 2~3 mm
……………………………………………………… 3. 蕉麻 *M. textiles* Nee.

八十七、姜科(蘘荷科) Zingiberaceae

1. 侧生退化雄蕊大,花瓣状。
2. 花序生于具叶的茎顶,无花葶。
3. 花丝长,纤弱,长于花冠;叶多 …………………………… 1. 姜花属 *Hedychium* Koenig.
3. 花丝短于花冠;叶根生,通常仅有 5 枚 …………………… 2. 山柰属 *Kaempferia* Linn.
2. 花序由根茎发出,生于无叶的花葶上 ……………………………… 3. 姜黄属 *Curcuma* Linn.
1. 侧生退化雄蕊小或缺。
2. 花序通常由根茎发出;生于无叶的花葶上 ……………………… 4. 姜属 *Zingiber* Adans.

2. 花序生于具叶的茎顶 ………………………………………………… 5. 山姜属 *Alpinia* Linn.

1. 姜花属 *Hedychium* Koenig.

1. 姜花 *H. coronarium* Koenig.

2. 山奈属 *kaempferia* Linn.

1. 山柰 *k. galanga* Linn.

3. 姜黄属 *Curcuma* Linn.

1. 叶片中部常有紫斑，叶背无毛；花萼、花冠和子房无毛…… 1. 莪术 *C. zedoaria* (Berg.) Rosc.
1. 叶片中部无紫斑，叶背被柔毛；花萼、花冠和子房被毛 ……… 2. 郁金 *C. aromatica* Salisb.

4. 姜属 *Zingiber* Adans.

1. 穗状花序小，长约 5 cm；苞片卵形，先端锐尖；叶宽约 2 cm …… 1. 姜 *Z. officnale* Rosc.
1. 穗状花序大，长 5～15 cm；苞片圆形，钝头；叶阔，宽 3～8 cm ……………………………………………………………… 2. 球姜 *Z. zerumbet* (L.) Smith.

5. 山姜属 *Alpinia* Linn.

1. 花芽包藏于一大的膜质小苞片内 ………… 1. 艳山姜 *A. zerumbet* (Pers.) Smith et Butt.
1. 小苞片小或缺，不包藏花芽。
    2. 花散生在圆锥花序的分枝上 ………………………… 2. 大高良姜 *A. galanga* (L.) Willd.
    2. 花数朵聚生在圆锥花序分枝的顶端 ………………………… 3. 山姜 *A. chinensis* Rosc.

八十八、美人蕉科 Cannaceae

美人蕉属 *Canna* Linn.

1. 茎和叶的两面均绿色；外轮退化雄蕊 3 枚，其中较长的 2 枚长约 4 cm；唇瓣全缘，橙色而具红色小斑点 ………………………………………………… 1. 美人蕉 *C. indiea* Linn.
1. 茎和叶的边缘或背面常呈紫红色；外轮退化雄蕊 2 枚，长 5～5.5 cm；唇瓣顶端 2 浅裂，红色，基部黄色 ………………………………………………… 2. 蕉芋 *C. edulis* Ker.

八十九、竹芋科 Marantaceae

竹芋属 *Maranta* Linn.

1. 竹芋 *M. arundiacea* Linn.

九十、百合科 Liliaceae

1. 叶为寻常叶，不退化为鳞片；枝不变为叶状枝；花两性。
    2. 地上茎通常缺或短；叶全部基生或密生于短的茎上。
        3. 非肉质草本；叶非莲座式排列，全缘或有极微小的锯齿。
            4. 花葶延长，极明显，花组成穗状、总状或圆锥花序；柱头非盾状。
                5. 果为蒴果，室背开裂为 3 瓣 ……………………… 1. 吊兰属 *Chlorophytum* Ker-Gaul.
                5. 果在种子成熟前即破裂，而暴露其浆果状的种子。

6. 子房上位；花药顶端钝或圆，花丝比花药长或与其等长
…………………………………………………………………… 2. 麦门冬属 *Liriope* Lour.

6. 子房半下位；花药顶端尖，花丝比花药短或近于无花丝
…………………………………………………………… 3. 沿阶草属 *Ophiopogon* Ker-Gaul.

4. 花单生于极短或稍延长的花葶上而接近地面，不显著；花下有干膜质的鳞片；柱头大，盾状 ………………………………………………………… 5. 蜘蛛抱蛋属 *Aspidistra* Ker-Gaul.

3. 肉质草本；叶莲座式排列，边缘有刺状小齿 ………………………… 4. 芦荟属 *Aloe* Linn.

2. 地上茎直立或攀缘状，延长，具叶。

3. 叶椭圆形至卵状披针形，不为明显的二列，叶鞘基部不嵌叠，花单生或 2 至数朵聚生或组成伞形花序 …………………………………………………… 6. 万寿草属 *Disporum* Salisb.

3. 叶线状披针形，明显的二列，叶鞘基部嵌叠；花组成聚伞花序式的圆锥花序
………………………………………………………………… 7. 山菅兰属 *Dianella* Lam.

1. 叶退化为鳞片；小枝变为绿色叶状枝，线形，稍弯曲，宽不逾 2 mm；花小，杂性或两性
…………………………………………………………………… 8. 天门冬属 *Asparagus* Linn.

1. 吊兰属 *Chlorophytum* Ker-Gaul.

1. 三角草 *C. lexum* R. Br.

2. 麦门冬属 *Liriope* Lour.

1. 土麦冬 *L. graminifolia*（Linn.）Baker

3. 沿阶草属 *Ophiopogon* Ker-Gawl.

1. 茎延长或短而稍粗壮，节上有坚硬的支柱根。

2. 叶线形，长 10～15 cm 或更长，宽 3～4 cm；茎延长而匍匐状
………………………………………………………… 1. 蔓茎沿阶草 *O. reptans* Hook.

2. 叶稍宽，线形或线状披针形，长 15～45 cm，宽 6～22 mm；茎稍短而壮
…………………………………………… 2. 阔叶沿阶草 *O. platyphyllus* Merr. et Chun.

1. 地上茎近无，无支柱根 ………………………………… 3. 高节沿阶草 *O. reversus* Huang

4. 芦荟属 *Aloe* Linn.

1. 芦荟 *A. vera* Linn. var. *chinensis*（Haw.）Berg.

5. 蜘蛛抱蛋属 *Aspidistra* Ker-Gaul.

1. 海南蜘蛛抱蛋 *A. hainanensis* Chun& How

6. 万寿草属 *Dispoprurn* Salisb.

1. 叶卵状披针形；花被片基部有短距；雄蕊内藏…… 1. 万寿草 *D. cantoniense*（Lour.）Merr.

1. 叶椭圆至长圆状披针形；花被片基部稍膨胀但无距；雄蕊伸出
…………………………………………………………… 2. 海南万寿草 *D. hainanense* Merr.

7. 山菅兰属 *Dianella* Linn.

1. 山菅兰 *D. ensifolia*（Linn.）DC.

8. 天门冬属 *Asparagus* Linn.

1. 天门冬 *A. cochinchinensis*（Lour.）Merr.

九十一、雨久花科 Pontedteriaceae

1. 花无梗，花被片合生；植物浮水 ………………………… 1. 凤眼蓝属 *Eichhornia* Kunth.
1. 花具梗，花被片离生；植物非浮水 ………………………… 2. 雨久花属 *Monochoria* Presl.

1. 凤眼蓝属 *Eichhornia* Kunth

1. 凤眼蓝（水葫芦）*E. crassipes* Solms.

2. 雨久花属 *Monochoria* Presl.

1. 植物体较高大，高0.5～1 m；叶戟形，基部裂片扩展，叶片长10～20 cm；花序有花15～60朵 ………………………………………………… 1. 箭叶雨久花 *M. hastata* (L.)Solms.
1. 植物体矮小，一般不超过50 cm；叶心形，基部裂片阔，不扩展，叶片长5～10 cm；花序有花2～25朵 ………………………… 2. 鸭舌草 *M. vaginalis* (Burm. f.)Presl. ex Kunth.

九十二、天南星科 Araceae

1. 叶线形，无叶片和叶柄之分；植物无茎；佛焰苞叶状 ……………… 1. 菖蒲属 *Acorus* Linn.
1. 叶阔，叶片和叶柄分明；佛焰苞不为叶状。
  2. 直立植物；花单性。
    3. 花先叶开放；植物体由大而圆球形的块茎发出；叶具长柄，叶两回分裂，3全裂，裂片羽状深裂。 ………………………………………… 2. 魔芋属 *Amorphophallus* B1.
    3. 花和叶同时出现；叶为单叶。
      4. 叶不分裂，叶基各式。
        5. 叶绿色，无白色斑点；佛焰苞片脱落 ……………… 3. 粤万年青属 *Aglaonema* Schott.
        5. 叶有白色斑纹；佛焰苞片宿存 ……………… 4. 花叶万年青属 *Dieffenbachia* Schott.
      4. 叶基部2裂。
        5. 叶面具颜色斑点；子房2～3室 ………………………… 5. 花叶芋属 *Caladium* Vent.
        5. 叶面绿色；子房1室。
          6. 胚珠基生；叶略为盾形 ………………………… 6. 海芋属 *Alocasia* (Schott) G. Don.
          6. 胚珠生于侧膜胎座；叶深盾形 ………………………… 7. 芋属 *Colocasia* Schott.
  2. 攀缘植物，花两性 ………………………………… 8. 崖角藤属 *Rhaphidophora* Hassk.

1. 菖蒲属 *Acorus* Linn.

1. 石菖蒲 *A. gramincus* Soland

2. 魔芋属 *Amorphophallus* B1.

1. 钟苞魔芋 *A. campanulata* (Roxb.) B1.

3. 粤万年青属 *Aglaonema* Schoot

1. 粤万年青 *A. modestum* Schoot

4. 花叶万年青属 *Dieffenbachia* Schott

1. 花叶万年青 *D. picta* (Lodd.)Schott

5. 花叶芋属 *Caladium* Vent.

1. 花叶芋 *C. bicolor* Vent.

6. 海芋属 *Alocasia* (Schott) G. Don

1. 海芋(痕芋头) *A. macrorrhiza* (L.)Schott

7. 芋属 *Colocasia* Schott

1. 芋 *C. esculenta* (L.)Schott

8. 崖角藤属 *Rhaphidophora* Hask.

1. 麒麟尾 *R. pinnata* (Linn.) Schott

九十三、石蒜科 Amaryllidaceae

1. 子房上位 …………………………………………………………………… 1. 葱属 *Allium* Linn.
1. 子房下位。
 2. 花被喉部无小鳞片状副花冠;叶通常阔 ……………………… 2. 文珠兰属 *Crinum* Linn.
 2. 花被喉部有小鳞片状副花冠,叶较狭 …………………… 3. 红花莲属 *Hippeastrum* Herb.

1. 葱属 *Allium* Linn.

1. 叶圆筒形或半圆筒形,中空 ……………………………………… 1. 葱 *A. fistulosum* Linn.
1. 叶扁平,非中空。
 2. 叶阔,宽约 2.5 cm;鳞茎较大,具小蒜瓣 6～10 枚,包于膜质的薄膜内;常有小珠芽
 ………………………………………………………………………… 2. 蒜 *A. sativum* Linn.
 2. 叶狭,宽不及 5 mm;鳞茎小,外有纤维质的包被,老时呈根茎状
 ……………………………………………………………………… 3. 韭 *A. tuberosum* Rottl.

2. 文珠兰属 *Crinum* Linn.

1. 文珠兰 *C. asiaticum* Linn.

3. 红花莲属 *Hippeastrum* Herb.

1. 红花莲 *H. rutilum* (Ker.)Herb.

九十四、鸢尾科 Iridaceae

射干属 *Belamcanda* Adans.

1. 射干 *B. chinensis* (L.) DC.

九十五、薯蓣科 Dioscoreaceae

薯蓣属 *Dioscorea* Linn.

1. 叶为掌状复叶,有 3～5 片小叶;雄花具发育雄蕊 3～6 枚。
 2. 小叶 3 片;雄花无梗,有发育雄蕊 6 枚;果翅硬革质,长 4～5 cm,宽 1～1.2 cm
 ………………………………………………………… 1. 白薯莨 *D. hispida* Dennst. Schluss.
 2. 小叶 3～5 片;雄花具梗,有发育雄蕊 3 枚,果翅薄革质。

3. 蒴果长方形，翅长 4～5 cm，宽 1～1.2 cm；花药与花丝等长
…………………………… 2. 小花刺薯蓣 *D. scortechinii* var. *parviflora* Prain et Bruk.
3. 蒴果长圆形，翅长约 2 cm，宽约 6 mm；花药比花丝长 2 倍
……………………………………………………………… 3. 五叶薯蓣 *D. pentaphylla* Linn.
1. 叶为单叶；雄花具发育雄蕊 6 枚。
2. 叶全部互生。
3. 植物体被丁字形长柔毛；蒴果较少成熟 …………… 4. 甘薯 *D. esculenta* (Lour.) Burk.
3. 植物体不被丁字形长柔毛；蒴果正常成熟 …… 5. 疏花薯蓣 *D. poilanei* Prain & Bruk.
2. 叶对生、轮生或有的种兼有互生。
3. 茎上无显著的条纹、棱角或狭翅。
4. 叶上部的对生，下部的互生，长度为宽度的 3 倍以上，卵形、长圆形或披针形
……………………………………………………………………… 6. 薯莨 *D. cirrhosa* Lour.
4. 叶通常为对生，罕互生，长度为宽度的 2 倍以下，长圆形或椭圆状卵形
……………………………………………………………………… 7. 光叶薯蓣 *D. glabra* Roxb.
3. 茎上有条纹，棱角或狭翅。
4. 叶片多少 3 裂；雄穗状花序 2～4 个聚生 ………………… 8. 薯蓣 *D. opposita* Thunb.
4. 叶片不为 3 裂；雄穗状花序排列为圆锥花序式 … 9. 山薯 *D. persinilis* Prain & Bruk.

九十六、龙舌兰科 Agavaceae

1. 植株灌木状；叶革质。
2. 叶有明显叶柄；每朵花的基部有 1 枚苞片和 2 枚小苞片；胚珠每室 4～16 颗
……………………………………………………………… 1. 铁树属 *Cordyline* Comm. ex Juss.
2. 叶无明显叶柄；每朵花的基部只有 1 小苞片或另有 1 枚苞片；胚珠每室 1 颗
……………………………………………………………… 2. 龙血树属 *Dracaena* Vand. ex Linn.
1. 多年生草本；叶肉质。
2. 叶非莲座式排列，数片由根茎上长出，无刺；总状花序约与叶等长；子房上位；浆果
……………………………………………………………………… 3. 虎尾兰属 *Sansevieria* Thunb.
2. 叶莲座式排列，顶端通常有硬刺，边缘有时具刺；大型圆锥花序远高出叶；子房下位；蒴果
……………………………………………………………………… 4. 龙舌兰属 *Agave* Linn.

1. 铁树属 *Cordyline* Comm. ex Juss

1. 朱蕉（铁树）*C. fruticosa* A. Chevel.

2. 龙血树属 *Dracaena* Vand. ex Linn.

1. 叶的中脉明显；花序上的花单生或 2～3 朵簇生 ………… 1. 龙血树 *D. angustifolia* Roxb.
1. 叶的中脉不明显；花序上的花 3～5 朵簇生
……………………………………………… 2. 小花龙血树 *D. canbodiana* Pierre ex Gagnep.

3. 虎尾兰属 *Sansevieria* Thunb.

1. 虎尾兰 *S. trifasciata* Prain

4. 龙舌兰属 *Agave* Linn.

1. 叶剑形，宽约 10 cm，挺直，边缘无刺；花后通常不结实，而生成大量吸芽 …………………………………………………………… 1. 剑麻 *A. sisalana* Perr. ex Engelm.
1. 叶倒披针形，宽 15～20 cm，质地肥厚，边缘具刺；花后正常结实，吸芽极少 ……………………………………………………………… 2. 龙舌兰 *A. americana* Linn.

九十七、棕榈科 Palmae

1. 茎直立或匍匐状（水椰属），丛生或单生。
 2. 叶掌状分裂。
  3. 叶柄两侧有刺或至少近基部有刺 ………………………… 1. 蒲葵属 *Livistona* R. Br.
  3. 叶柄全部无刺。
   4. 叶柄上面有深凹槽，顶端与叶片连接处无小戟突（Hastula）；花两性 ………………………………………………………… 2. 琼棕属 *Chuniophoenix* Burret
   4. 叶柄上面无深凹槽，顶端与叶片连接处有明显的小戟突；花单性，雌雄异株 ………………………………………………………… 3. 棕竹属 *Rhapis* Linn. f.
 2. 叶为 1 回或 2～3 回羽状全裂。
  3. 裂片菱形，边缘具不整齐的啮蚀状齿 ……………………… 4. 鱼尾葵属 *Caryota* Linn.
  3. 裂片线形、线状披针形或长方形。
   4. 裂片长方形，10 对以下 ……………………………………… 5. 山槟榔属 *Pinanga* Bl.
   4. 裂片线形或线状披针形，15 对以上。
    5. 叶轴上近基部的裂片成针刺状。
     6. 裂片芽时内向折叠；花雌雄异株；果长圆形，长 1.5 cm …… 6. 刺葵属 *Phoenix* Linn.
     6. 裂片芽时外向折叠；花雌雄同株，果卵形或倒卵形，长 4～5 cm ………………………………………………………………… 7. 油棕属 *Elaeis* Jacq.
    5. 叶柄和叶轴均无刺。
     6. 裂片基部耳垂状；顶端附近的叶缘为不整齐的啮蚀状 ……………………………………………………… 8. 桄榔属 *Aranga* Labill.
     6. 裂片基部不呈耳垂状，顶端长渐尖，全缘。
      7. 茎匍匐状；花序顶生；叶下部裂片背面的中脉上，有丁字着生的纤维束状附属物；海滩或河滩生植物 ………………………………………………… 9. 水椰属 *Nypa* Wurmb.
      7. 茎直立；花序非顶生；裂片背面的中脉上无附属物，陆生植物。
       8. 裂片基部明显地外向折叠；果大在 15 cm 以上，内果皮有 3 个萌发孔 ……………………………………………………… 10. 椰子属 *Cocos* Linn.
       8. 裂片基部不为明显地外向折叠；果大在 6 cm 以下，内果皮无萌发孔。
        9. 裂片背面极光滑，果长 3.5～6 cm ……………………… 11. 槟榔属 *Areca* Linn.
        9. 裂片背面满被灰白色鳞片状或茸毛状的被覆物；果长 1.2～1.4 cm ……………………………… 12. 假槟榔属 *Archontophenix* H. Wendl. &Drude.
1. 茎攀缘，果皮有下向覆瓦状排列的鳞片。

2. 花序总轴上的佛焰苞舟状，包藏着花序，早落；肉穗花序短，无钩刺；叶辅无纤鞭 …………………………………………………… 13. 黄藤属 *Daemonorops* Bl. ex Schult. f.

2. 花序总轴上的佛焰苞管状，不包藏着花序；肉穗花序长；有钩刺；叶鞘有纤鞭 ………………………………………………………………… 14. 省藤属 *Calamus* Linn.

1. 蒲葵属 *Livistona* R. Br.

1. 大叶蒲葵 *L. saribus* (Lour.) Merr. ex A. Chev.

2. 琼棕属 *Chuniophoenix* Burret.

1. 琼棕 *C. hainanensis* Burret.

3. 棕竹属 *Rhapis* Linn. f.

1. 棕竹 *R. excelsa* (Thumb.) Henry ex Rehd.

4. 鱼尾葵属 *Caryota* Linn.

1. 花单生；花序长约 3 m ………………………………………… 1. 鱼尾葵 *C. ochlandra* Hance.
1. 花丛生；花序长不及 1 m ………………………………………… 2. 短穗鱼尾葵 *C. mitis* Lour.

5. 山槟榔属 *Pinanga* Bl.

1. 山槟榔 *P. discolor* Burret.

6. 刺葵属 *Phoenix* Linn.

1. 刺葵 *P. hanceana* Naud.

7. 油棕属 *Elaeis* Jacq.

1. 油棕 *E. guineensis* Jacq.

8. 桄榔属 *Aranga* Labill.

1. 桄榔 *A. pinnata* (Wurmb.) Merr.

9. 水椰属 *Nypa* Wurmb.

1. 水椰 *N. fruticans* Wurmb.

10. 椰子属 *Cocos* Linn.

1. 椰子 *C. nucifera* Linn.

11. 槟榔属 *Areca* Linn.

1. 槟榔 *A. cathecu* Linn.

12. 假槟榔属 *Archontophenix* H. Wendl. & Drude.

1. 假槟榔 *A. alexandrae* H. Wendl. & Drude.

13. 黄藤属 *Daemonorops* Bl. ex Schult. f.

1. 黄藤 *D. margaritae* (Hance) Becc.

14. 省藤属 *Calamus* Linn.

1. 白藤 *C. tetradactylus* Hance.

九十八、露兜树科 Pandanaceae

露兜树属 *Pandanus* Linn. f.

1. 露兜树 *P. tectorius* Sol. ex Balf. f.

九十九、兰科 Orchidaceae

1. 花粉块粉质(即花粉疏松地粘合成块,易散开) ………………… 1. 白蝶花属 *Pecteilis* Rafin.
1. 花粉块蜡质(即花粉坚固地粘合成块,不易散开)。
 2. 茎延长,攀缘状;花序侧生。
  3. 总状花序分枝,成圆锥状 ……………………………………… 2. 火焰兰属 *Renanthera* Lour.
  3. 总状花序不分枝,具花 3～6 朵 ……………………………………… 3. 万带兰属 *Vanda* R. Br.
 2. 茎极短或几乎缺;花序由茎侧或假鳞茎侧抽出。
  3. 唇瓣无距,不贴生于蕊柱上;陆生或附生植物 ……………………… 4. 兰属 *Cymbidium* Sw.
  3. 唇瓣有距,多少贴生于蕊柱上;陆生植物 ……………………… 5. 鹤顶兰属 *Phaius* Lour.

1. 白蝶花属 *Pecteilis* Rafin.

1. 白蝶兰 *P. susannae* (L.) Raf.

2. 火焰兰属 *Renanthera* Lour.

1. 火焰兰 *R. coccinea* Lour.

3. 万带兰属 *Vanda* R. Br.

1. 棒叶万带兰 *V. teres* Lindl.

4. 兰属 *Cymbidium* Sw.

1. 花序中部的苞片长在 1.5 cm 以上;唇瓣为不明显的 3 裂;蕊柱长度不及萼片长度的一半 ……………………………………………………………… 1. 墨兰 *C. sinese* (Andr.) Willd.
1. 花序中部的苞片长在 1 cm 以下;唇瓣明显 3 裂;蕊柱长度达到萼片长度的 1/2 左右 ……………………………………………………… 2. 硬叶吊兰 *C. pendulum* (Roxb.) Sw.

5. 鹤顶兰属 *Phaius* Lour.

1. 鹤顶兰 *P. tankervilliae* (Banks ex L'Her.) Bl.

一百、莎草科 Cyperaceae

1. 小穗较其基生的小苞片短,并全部为小苞片所覆盖。
 2. 穗状花序单个,假侧生;苞片为茎的延长;小穗内具许多鳞片 ……………………………………………………………… 1. 蒲草属 *Lepironia* L. C. Rich.
 2. 穗状花序多数排成各式花序,如为单个,则顶生,不为假侧生;苞片叶状或鳞片状;小穗内无其他鳞片或仅于雌花下具 3 枚空鳞片 …………… 2. 割鸡芒属 *Hypolytrum* L. C. Rich.
1. 小穗基部无小苞片或具小苞片,如具小苞片时则常较小穗短,且不全部为小苞片所覆盖。
 2. 花两性。
  3. 小穗基部通常不具先出叶(克拉莎属、鳞子沙属和剑叶莎属除外);鳞片多数为螺旋状排列，少数下部二列，上部螺旋状排列或全为二列（赤箭莎属的鳞片为二行排列）；花被片呈刚毛状或花瓣状，或无花被（飘拂草属和球柱草属无花被）。

4. 小穗具多数两性而结实的花 …………………………… 3. 荸荠属 *Heleocharis* R. Br.

4. 小穗具少数花，通常只在中部或顶部的1～3朵花结实，基部的花通常不发育或退化。

5. 叶片有背、腹面之分，有明显的中脉 ………… 4. 黑莎草属 *Gahrzia* J. R. et G. Forst.

5. 叶片两侧压扁或圆柱状，无背、腹面之分，中脉不明显 ……………………………………………………… 5. 剑叶莎属 *Machaerina* Vahl.

3. 小穗基部具先出叶；鳞片通常二列；花无花被。

4. 小穗轴连续而无关节，宿存；鳞片在果熟后由下而上依次脱落。

5. 柱头3枚；小坚果三棱形，面向小穗轴 ……………………… 6. 莎草属 *Cyperus* Linn.

5. 柱头2枚；小坚果双凸状，两侧压扁，棱向小穗轴 ……… 7. 扁莎属 *Pycreus* P. Beauv.

4. 小穗轴基部具关节；小穗在果熟时整个脱落；鳞片宿存于小穗轴上，罕先行脱落。

5. 柱头3枚；小坚果三棱形，面向小穗轴或花序轴 ……… 8. 砖子苗属 *Mariscus* Gaertn.

5. 柱头2枚；小坚果双凸状或平凸状，棱向小穗轴 ……… 9. 水蜈蚣属 *Kyllinga* Rottb.

2. 花单性 ……………………………………………………… 10. 裂颖茅属 *Diplacrum* R. Br.

1. 蒲草属 *Lepironia* L. C. Rich.

1. 蒲草 *L. articulate* (Retz.) Domin.

2. 割鸡芒属 *Hypolytrum* L. C. Rich.

1. 茎中生；最下1枚苞片远长于花序，长15～30 cm ……………………………………………………… 1. 割鸡芒 *H. nemorum* (Vahl) Spreng.

1. 茎侧生；最下1枚苞片稍长于花序或与花序近等长，长1.5～5 cm。

2. 茎高30～40 cm；穗状花序多数；小坚果褐色，倒卵形或卵形，长约3 mm ……………………………… 2. 海南割鸡芒 *H. hainanense* (Merr.) Tang & Wang.

2. 茎高5～10 cm；穗状花序少数；小坚果榄绿色，近球形，直径约2 mm ……………………………… 3. 少穗割鸡芒 *H. paucistrobiliferum* Tang & Wang.

3. 荸荠属 *Heleocharis* R. Br.

1. 小坚果顶端具明显领状的环；鳞片长约为宽的2.5倍，向上渐狭，顶端钝圆 ……………………………………… 1. 荸荠 *E. dulcis* (Burm f.) Trin ex Henschel.

1. 小坚果顶端无领状的环，鳞片长约为宽的1.5倍，顶端宽阔而近于截平 ……………………………………… 2. 野荸荠 *E. plantagineiformis* Tang et Wang.

4. 黑莎草属 *Gahrzia* J. R. et G. Forst.

1. 复圆锥花序狭而紧缩呈穗状，分枝直立而紧贴花序轴；小穗长8～10 mm；小坚果倒卵状长圆形，长约4 mm，成熟后黑色 ……………………………… 1. 黑莎草 *G. tristis* Ness.

1. 复圆锥花序宽阔而疏散，分枝外倾或下弯；小穗长4～5 mm；小坚果狭椭圆形，长约3 mm，成熟后红褐色 ……………………………………… 2. 散穗黑莎草 *G. baniensis* Benl.

5. 剑叶莎属 *Machaerina* Vahl.

1. 多花剑叶莎 *M. myrianthus* (Chun & How) Y. C. Tong.

8. 第一颖缺或很退化。

9. 第二小花的外稃软骨质，边缘透明膜质，不内卷，覆盖内稃，使之露出甚少 …………………………………………… 21. 马唐属 *Digitaria* Heist ex Haller

9. 第二小花的外稃骨质或革质，坚硬，通常具狭窄而内卷的边缘，使内稃露出甚多。

10. 第二小花的背部为离轴性，背着穗轴而生 … 19. 地毯草属 *Axonopus* Beauvois

10. 第二小花的背部为向轴性，对着穗轴而生 ……… 20. 雀稗属 *Paspalum* Linn.

4. 所有的内稃和外稃均为膜质或透明质，较颖为薄。

5. 小穗均可结实，且形状相同，否则，每对中有柄小穗结实（两性或雌性）且有芒，无柄小穗至少在总状花序基部的不孕而无芒。

6. 小穗成对，均具柄，一柄长，一柄短；穗轴延续而无结节，小穗自其上脱落。

7. 圆锥花序收狭呈穗状、圆柱形或披针形；小穗无芒 …… 27. 白茅属 *Imperata* Cyrillo

7. 总状花序多个组成；圆锥花序宽扇形；小穗通常有芒 …………………………………………………… 26. 芒属 *Miscanthus* Andersson

6. 小穗成对，一具柄，一无柄；穗轴有结节，每节与着生其上的无柄小穗一同脱落。

7. 总状花序多数，呈圆锥花序式排列于一延长的主轴上 …………………………………………………… 28. 甘蔗属 *Saccharum* Linn.

7. 总状花序少数，3 至数个；呈指状排列或 2 个孪生，或为单一的穗形总状花序生于顶端。

8. 秆蔓生；叶片披针形或狭披针形；第一颖通常有明显的沟纹，无毛 …………………………………………………… 29. 莠竹属 *Microstegium* Nees

8. 秆直立或斜出；叶片线形或披针形线形；第一颖扁平或有不明显的沟纹，被毛 …………………………………………………… 30. 金茅属 *Eulalia* Kunth

5. 小穗并非均可结实，形状、大小亦不相同，每对中无柄的结实，具柄的不孕（雄性或中性）或退化成微小的刚毛，或二者均不孕。

6. 花序通常呈具总苞的假圆锥花序、圆锥花序或指状排列，很少有簇生的。

7. 总状花序 3 至多数，呈具佛焰苞的孪生总状花序所组成的假圆锥花序 …………………………………………………… 34. 香茅属 *Cymbopogon* Sprengel

7. 总状花序 3 至多枚，呈指状或圆锥状排列。

8. 总状花序退化成具 2～3 小穗的单节 …………… 32. 金须茅属 *Chrysopogon* Trin.

8. 总状花序 2 至多节，每节上有小穗 1 对，但顶端的一节通常有小穗 3 个 …………………………………………………… 33. 孔颖草属 *Bothriochloa* Kuntze

6. 总状花序单生于秆顶 …………………………………… 31. 蜈蚣草属 *Eremochloa* Buse

1. 淡竹叶属 *Lophatherum* Brongn.

1. 淡竹叶 *L. gracile* Brongn.

2. 粽叶芦属 *Thysanolaena* Nees

1. 粽叶芦 *T. maxima* (Roxb.) Kuntze.

3. 芦苇属 *Phragmites* Adanson

1. 圆锥花序较小；小穗较大，长 12～18 mm ………………………… 1. 芦 *P. communis* Trin.

1. 圆锥花序较大;小穗较小;长 8～12 mm ……… 2. 大芦 *P. karka* (Retz.) Trin. ex Steud.

4. 画眉草属 *Eragrostis* Beauvois

1. 叶腹背面和叶鞘被疏长柔毛 ……………………………… 1. 毛画眉草 *E. pilosissina* Link.
1. 叶片无疏长毛。
 2. 圆锥花序紧密,分枝的腋间有疏长毛;内稃脊上具明显纤毛
 …………………………………………………… 2. 短穗画眉草 *E. cylindrica* (Roxb.)Nees
 2. 圆锥花序开展。
  3. 小穗有小花 10 朵以上;第一颖长 1.5 mm;多年生草本
  …………………………………………………… 3. 长画眉草 *E. zeylanica* Nees et Mey
  3. 小穗有小花 10 朵以下,第一颖长 0.5～1 mm;一年生草本
  …………………………………………………… 4. 画眉草 *E. pilosa* (L.)Beauv.

5. 牛筋草属 *Eleusine* Gaertner

1. 牛筋草(蟋蟀草)*E. indica* (L.) Gaertn.

6. 狗芽根属 *Cynodon* Richard

1. 狗牙根 *C. dactylon* (Linn.) Pers.

7. 鹧鸪草属 *Eriachne* R. Brown

1. 鹧鸪草 *E. pallescens* R. Br.

8. 鼠尾粟属 *Sporobolus* R. Brown

1. 鼠尾粟 *S. enongatus* R. Br.

9. 稻属 *Oryza* Linn.

1. 稻 *O. sativa* Linn.

10. 假稻属 *Leersia* Soland ex Swartz

1. 假稻(游草)*L. hexandra* Soland ex Swartz

11. 茭笋属 *Zizania* Linn.

1. 茭笋 *Z. caduciflora* (Turcz. ex Trin.) Hand. -Mazz.

12. 黍属 *Panicum* Linn.

1. 多年生草本。
 2. 第一颖约为小穗的 1/4;植株具根茎 ……………………… 1. 铺地黍 *P. repens* Linn.
 2. 第一颖约为小穗的 1/3;植株不具根茎 ……………………… 2. 大黍 *P. maximum* Jacq.
1. 一年生草本 ……………………………………………… 3. 短叶黍 *P. brevifolium* Linn.

13. 距花黍属 *Ichnanthus* Beauvois

1. 距花黍 *I. vicinus*(F. M Bailecy)Merr.

14. 奥图草属 *Ottochloa* J. E. Dandy

1. 奥图草 *O. nodosa* (Kunth) Dandy

15. 弓果黍属 *Cyrtococcum* Stapf

1. 弓果黍 *C. patens* (Linn.) A. Camus

16. 求米草属 *Oplismenus* Beauvois

1. 圆锥花序分枝长 3～7 cm；小穗多枚，稍疏离 ……… 1. 竹叶草 *O. compositus* (L.) Beauv.
1. 圆锥花序分枝长约 1 cm；小穗少数，聚集 ……………………………… 2. 求米草(缩箬) *O. undulatiflius* (Arduino) Roem. et Schult.

17. 稗属 *Echinochloa* Beauvois

1. 圆锥花序只有一次分枝，通常疏离(其疏离度与其长度相等)，长 1～2 cm；小穗顶端急尖无芒 …………………………………………………… 1. 光头稗子 *E. colonum* (L.) Link.
1. 圆锥花序的分枝可再分枝，通常长过 2 cm；小穗有芒或渐尖 …………………………………………………… 2. 稗 *E. crusgalli* (L.) Beauv.

18. 臂形草属 *Brachiaria* Criisebach

1. 圆锥花序的分枝长 3～4 cm；小穗无毛，长 3.5～4 mm …………………………………… 1. 四生臂形草 *B. subquadripara* (Trin.) Hitchc.
1. 圆锥花序的分枝长 1～2 cm；小穗被柔毛，长 2.5 mm …………………………………………… 2. 毛臂形草 *B. villosa* (Lam.) A. Camus.

19. 地毯草属 *Axonopus* Beauvois

1. 地毯草 *A. compressus* (Swartz.) Beauv.

20. 雀稗属 *Paspalum* Linn.

1. 小穗长 3 mm；第一颖常具有；植株具根茎 ……………… 1. 双穗雀稗 *P. distichum* Linn.
1. 小穗通常长不及 3 mm；第一颖缺。
  2. 总状花序 2 枚，成对；小穗长 1.5 mm；小穗第二颖边缘被丝状长柔毛 …………………………………………………… 2. 两耳草 *P. conjugatum* Bergius.
  2. 总状花序 2 至数枚，通常不成对；小穗第二颖边缘不被丝状长柔毛。
    3. 第二颖与第一小花的外稃具明显的 5 脉 ………………… 3. 雀稗 *P. commersonii* Lam.
    3. 第二颖与第一小花外稃具 3 脉 …………………… 4. 圆果雀稗 *P. orbiculare* G. Forster.

21. 马唐属 *Digitaria* Heist ex Haller

1. 多年生草本，秆基部常匍匐，节上生根 ………… 1. 长花马唐 *D. longiflora* (Retz.) Pers.
1. 一年生草本，基部通常披散，下部节上生根。
  2. 第一颖不明显或缺；第二颖长约为小穗的 1/3 …………………………………………… 2. 短颖马唐 *D. microbahne* (Presl.) Hitchc.
  2. 第一颖小，很明显；第二颖通常长过小穗之半 ………… 3. 马唐 *D. sanguinalis* (L.) Scop.

22. 狗尾草属 *Setaria* Beauvois

1. 叶片明显皱折状，宽 3～6 cm；圆锥花序疏散；小穗基部仅有一条刚毛。
  2. 叶鞘被乳突状粗毛；圆锥花序大而扩散，最长的达 15 cm；小穗披针形，长约 4 mm …………………………………………… 1. 棕叶狗尾草 *S. palmifolia* (Koerrig.) Stapf.
  2. 叶鞘无毛；圆锥花序较小而狭窄，最长达 7 cm；小穗椭圆形，长约 3 mm

……………………………………………… 2. 皱叶狗尾草 *S. plicata* (Lam.) T. Cooke

1. 叶片平展，宽常不及 1.5 cm；圆锥花序紧缩呈圆柱形；小穗基部有数条刚毛 ……………………………………………… 3. 莠狗尾草 *S. geniculata* (Lam.)Beauv.

23. 狼尾草属 *Pennisetum* Ricnard

1. 小穗基部的刚毛之中 1 条较粗，长于其他的达 2.5 倍，刚毛通常金黄色 ……………………………………………… 1. 象草 *P. purpureum* Schum.
1. 小穗基部的刚毛虽不等长，但无上述情况，刚毛通常紫色 ……………………………………………… 2. 狼尾草 *P. alopecuroides* (L.) Spreng.

24. 钝叶草属 *Stenotaphrum* Trinius

1. 郝氏钝叶草 *S. helfero* Munro

25. 结缕草属 *Zoysia* Willdenow

1. 细叶结缕草(台湾草) *Z. tenuifolia* Willd. ex Trin.

26. 芒属 *Miscanthus* Andersson

1. 圆锥花序的分枝呈蜿蜒状；小穗长 3～4 mm，基盘上的毛常长不过小穗，小穗柄稍弯曲 ……………………………………………… 1. 五节芒 *M. floridulus* (Labill.)Warb.
1. 圆锥花序的分枝粗壮而上举；小穗长 4～6 mm，其基盘上的毛与小穗等长或稍短，小穗柄稍直 ……………………………………………… 2. 芒 *M. sinensis* Anders.

27. 白茅属 *Imperata* Cyrillo

1. 白茅 *I. cylindrica* (L.) Beauv.

28. 甘蔗属 *Saccharum* Linn.

1. 小穗基盘上的丝状毛长为小穗的 1/5～1/3；颖和小穗柄密被白色丝状长毛，毛长为小穗之 2 倍；花序柄无毛 ……………………………………………… 1. 斑茅 *S. arundinaceum* Retz.
1. 小穗基盘的丝状毛长约与小穗相等或为小穗的 1 倍或更长；颖和小穗柄无毛或略被短毛；花序柄被毛。
   2. 野生有根茎的植物，颖的基部近革质，上部透明膜质 … 2. 甜根子草 *S. spontaneum* Linn.
   2. 栽培作物；颖全部近纸质 ……………………………………………… 3. 甘蔗 *S. sinense* Roxb.

29. 莠竹属 *Microstegium* Nees

1. 蔓生莠竹 *M. vagans* (Nees ex Stend.) A. Camus.

30. 金茅属 *Eulalia* Kunth

1. 金茅 *E. speciosa* (Debeaux) Kuntze

31. 蜈蚣草属 *Eremochloa* Buse

1. 蜈蚣草(镰穗草)*E. cilaris* (L.) Merr.

32. 金须茅属 *Chrysopogon* Trin.

1. 竹节草 *C. aciculatus* (Retz.) Trin.

33. 孔颖草属 *Bothriochloa* Kuntze

1. 孔颖草 *B. pertusa*（L.）A. Camus.

34. 香茅属 *Cymbopogon* Sprengel

1. 香茅 *C. citratu*（DC.）Stapf.

35. 薏苡属 *Coix* Linn.

1. 川谷 *C. lachryma-jobi* Linn.

36. 玉蜀黍属 *Zea* Linn.

1. 玉米（玉蜀黍）*Z. mays* Linn.

附录4 植物标本的采集、制作和保存

植物标本是植物分类学研究的基本素材，不仅是教学和科研工作的重要参考材料，也是保存植物种质、鉴定植物种名的重要依据。

一、植物标本的采集

1. 用具

采集箱(或塑料袋)、枝剪、高枝剪、小铁铲、标本夹、标本夹绑带、草纸、标签(号牌)、望远镜、手持放大镜、铅笔、米尺、标本野外记录本、照相机或摄像机等。

2. 采集时间

植物标本最好是在植物开花期采摘，花、茎、叶、根齐全为好。

3. 标本的选择和采集要求

(1)所采的标本要求尽可能做到完整美观和有代表性。因为花和果实是种子植物分类上很重要的器官，标本要带有花和果实。

(2)标本压干后要装订于台纸上作永久保存，标本的大小以台纸的尺寸(42 cm×29 cm)为准，标本太大，装订时须做适当修剪，个体太小的标本每一台纸上要多装几份。

(3)植物标本一定要有复份，以便进行交流，每号标本至少要有2～3份，重要的植物标本可多采几份，复份标本必须标以同一编号，每份标本都要系上号牌。

对各类植物标本的采集要求是不同的，下面分别说明。

乔本、灌木和藤本植物：只需采集植物体的一部分，即选择有花有果(至少有花或有果)和叶子完整的枝条。因为这些标本只代表植物体的一小部分，所以对于植物的高度、树皮、生长情况、习性等必须详细记录下来。

草本植物：矮小草本要连根拔起(将根系泥土洗净)；若一株草本植物高度超过40 cm时，可将其茎(或叶)折叠成“V”形、“N”形或“W”形，但注意勿将它折断，特别高大的草本植物，可选择较小的个体或大个体的一部分枝条来压制，此时个体的平均高度必须记录下来。有些草本植物基生叶和茎生叶形态、排列均不相同，两者都要采集。具地下茎(块茎、根茎)和块根的草本植物，要注意挖取地下部分，并标以相同号码。

棕榈植物：植物高大，压制标本时较困难。羽状全裂叶种类如椰子、油棕、槟榔等，掌状叶种类如蒲葵、棕榈等，它们的叶子极长大。因此，采集时可采集一部分能容纳于台纸上便可，但必须把植株高度、茎的直径、叶的长阔度和裂叶数目、叶柄的长度记于野外记录本上，倘无法全部压制时，也必须记明其长阔度和着生部位，如生于叶鞘下的，则鞘的长度必须记下。稀有的种类最好将它摄影，将照片和标本附在一起。

4. 野外采集记录

凡是采集标本必须记录植物的产地、生长环境、习性、花的颜色和气味、果实的形态和类型、有无乳汁、采集日期等，这些均是植物鉴定和利用必不可少的原始资料。

在野外工作时，带上采集记录本，随采随记，记上采集号码，挂于该植物标本上。填写野外记录本和号牌应用铅笔，而不用圆珠笔或钢笔，因后两者久之遇水湿或在消毒时易褪色。

野外采集记录内容有下列几点：

(1)采集号数　同一种植物(同一时间、地点采集)要标记相同号数。标本的号数和采集记录本上的号数必须一致。

(2)地点　记某省，某县，某大山，某小镇等。

(3)经济用途及土名　采集时要访问当地农场或农村，了解其经济用途和土名，这在植物资源的研究上极其重要。

(4)生长环境　注明海拔高度、坡度以及该植物生长环境如林下、沟旁、路旁、旷地、海滩等。

(5)植物的特征　记录于压制后容易消失而没法看到的特征，如性状(乔木、灌木、草本等)，体高，胸高直径，树皮颜色，剥裂的特点，叶的颜色(绿色的不必记录)，花的形态、颜色，果的质地、颜色，植物体有无乳汁等。

(6)采集日期　采集植物时的日期。

(7)采集人的姓名　参与采集植物标本的人员姓名。

野外采集记录本格式如下：

×××植物标本室采集记录		
标本号数		
地点		海拔高(m)
环境		
性状		
体高(m)	胸高(cm)	
树皮		
叶		
花		
果实		
采集人		采集号
采集日期	年　月　日	
附记		
中文名	科名	
学名		

二、腊叶标本的压制

整株植物体或某一部分经压制后所成的干标本叫腊叶标本。

(一)压制标本的过程

1. 修剪标本

采回的标本应立即进行压制，如果放置过久，水分丧失，叶、花发生卷缩，将无法保持原形而失去保存价值。在压制前，首先要对标本进行初步的整理，疏剪标本上多余无用的被虫蛀吃的枝叶，使花果显露。

2. 记录和编号

这项工作在野外虽已进行了一部分，但此时还应把植物器官压制后会改变的特征详细记录。接着编号，同一种植物各份标本编以同一号码。

3. 压制

将标本夹的一块作为底板，在上放5～6张草纸，然后放标本于草纸上，上面再盖以2～3张草纸，如此继续下去，注意使标本枝叶平整，花果显露，避免皱折。当标本压制到一定高度时，在上面多放几张草纸，最后盖上标本夹的另一块夹板，进行对角线捆扎，捆扎后应使绳索在夹板正面呈“X”形，该步骤是影响标本质量的关键。因此，用绳捆绑标本夹时要施压捆紧。这样可增加草纸的吸水能力，加速标本的干燥，使之更好地展现标本的特征。

注意：肉质多水种类压制前要用开水烫泡(时间不宜太长)并稍晾干后方可压制；压制时应注意植物体的任何部分不要露出吸水纸外，否则标本干燥时，伸出部分会缩皱，枯后也易折断。

4. 换纸

标本压制的头两天要勤换草纸，每天换纸3～4次，一般经6～10 d便可完全干燥。一般地说，标本干得越快，原色就保存得越好。换出来的草纸经太阳晒或烘干又可使用。换纸过程注意以下几点：

(1)调整形态，是压制标本过程中重要的工作，头一、二次换纸时，标本尚含水分各部分柔软，最适合进行“整形”，标本干燥之后，各部硬脆，容易折短，不易“整形”。“整形”主要是将复压的枝条及叠折的花和叶细心伸展，使之排列整齐，并将部分叶子反转，使其背向上，便于日后观察研究。脱落或多余的花果须装入纸袋，标上与标本相同的号码，并紧随标本。霉烂的花果要立即清除，以免污染到其他部分。

(2)为促进标本迅速干燥和保持固有颜色，压制后第三天起每日换干热草纸1～2次。

(3)标本快要干燥时，不要夹压太紧，以免将标本折断。

(4)标本必须充分干燥，才能贮放，可检查标本的含水量断定其是否干燥。未干燥的标本容易发霉。

(二)暂时贮放

经检查完全干燥的标本，可用旧报纸夹持贮放，等待上台纸。上台纸后，在标本上撒些樟脑粉或臭丸粉，贮放干燥处。

(三)几项特殊处理

上面谈到的只是标本的一般压制方法。但有些植物器官如块根、块茎、浆果等以及某些肉质植物的茎叶等肥大多水，一般压制往往不易干燥甚至脱落霉烂，须分别作不同的处理。

1. 肉质多汁茎

可将茎剖开挖去髓心，促使干燥。如仙人掌类植物，其茎肉质多汁，可切取有花的一面；如是球形或圆柱形的，可切取有花的一棱，同时切取一横切面以示棱脊数目或把棱脊数目和茎的直径记在采集记录本上。这类植物压制标本的同时最好加以摄影。

2. 肥大的果实

块茎、鳞茎、块根等，这类器官事前应编号(和它的枝叶编以同号)对它的颜色、直径、质地、形状作详细的记录，然后放在火炉边，任它干燥后，装入纸盒，待上台纸时再置于各标本内，为表示内部结构起见，有时亦可将果实鳞茎等纵切(或横切)成若干薄片进行压制。

3. 沸水处理

兰科、天南星科植物，营养器官厚而多肉，用一般压制方法处理，不但不能把它压干，且有继续生长的可能，遇到这类植物压制前最好用沸水处理半分钟到一分钟，杀死表皮细胞，加速水分的散失，促进干燥。胡椒、桑寄生和某些大戟科植物压制时容易落叶，事先也可用沸水处理。用沸水处理过的标本压制时换草纸要勤。草纸多用几张，以免腐烂。

因为肉质茎经压制后萎缩性大，和生活状态相差很大，因此处理前应把形状、大小、质地、颜色等详细记下，最好加以摄影。

4. 药物浸渍保存

为便于将来解剖和保存肉质花果起见，可用一些药物浸渍保存。此时应编以和该腊叶标本相同的号码，用硬纸小牌以铅笔书写两面置于玻璃瓶内。等到标本上台纸后可在标本的左下角标贴浸渍标本号码(另编)，即浸渍标本有两个号码：①和腊叶标本相同号码；②浸渍标本自身号码。以便按号码随时取出供研究解剖之用。

三、腊叶标本的装订及保存

(一)装订标本

为便于经常使用，标本必须装订在一张坚韧的台纸上，凡质密而坚韧的纸都可做台纸。装订标本的方法有多种，在南方多用装订法，此法是先将标本摆在台纸最适当部位，台纸下置一软木板为垫，然后用小凿刀沿枝两侧或叶子中脉的两侧戳成狭缝，将一条宽约 5 mm 的纸条(用图画纸或道林纸)的两头沿这两狭缝穿过，然后反转台纸，将纸条抽紧用毛笔涂以桃胶，使纸条紧贴在台纸的背面，并反复按压，使纸条牢固于台纸上，台纸背面多余的胶水，要立即用湿布揩去，否则到潮湿季节余胶吸水变黏，会粘着下面的标本，大的花果也要用纸条订牢，但不宜把它们戳穿，脱落的花果和叶等须装于纸袋内，贴在台纸的空白处，以备研究观察，极矮小纤细的种子植物，可不装订。只须装入纸袋贴在台纸上便可。

(二)贴标签

植物标本上台纸后，要贴上标签，分类，编号。

(1)在台纸右上角注出地名。

(2)在台纸左上角粘贴野外记录标签(按标本号，复写一份采集记录；原来的野外记录标签装订成册妥为保存)。

(3)在台纸右下角粘贴以下定名标签。

×××植物标本室 标本号	
科名	学名
中文名	采集人
鉴定人	采集号

(4)编号。每一定名标签上有两个编号:①标本号,按照标本鉴定、入柜的先后编排的号码,可以从1号起一直继续下去;②采集号,即采集标本时,在野外记录册上记下的编号。

(三)保存

完成以上各手续后,标本即可装放标本柜内,可按科属种的亲缘关系的分类系统来排列。于每一科或每一属以一牛皮纸包夹。为了更好地保存标本,在上台纸时可用浓酒精杀虫,标本柜内放些臭丸驱虫,同时要保持干燥,防止潮湿。

四、浸制标本的制作

将采集回来的整株植物体或某一部分浸泡在一定的溶液中所成的标本称为浸制标本。

浸制药液分一般溶液和保色溶液两种。浸制标本所用的瓶子最好选 250 mL 或 500 mL 的广口瓶。

(一)一般溶液浸制标本

1. 用酒精溶液浸制标本

可用70%酒精浸泡保存植物标本。

2. 用福尔马林溶液浸制标本

将40%的甲醛配成4%~5%的福尔马林溶液即可浸泡植物标本。

3. 70%酒精8份加上亚硫酸2份配成浸制液浸制标本

将标本浸入浸制液中,盖上瓶盖,用蜡把瓶盖四周密封即成,封蜡时要尽可能让蜡渗入瓶盖和瓶口间的缝隙里,瓶里的浸制液不太满,一般装到八成即可,如果没有亚硫酸,可用亚硫酸钠(Na_2SO_3)加浓硫酸(用量参阅(二)中方法一)配成

$$Na_2SO_3 + H_2SO_4 \longrightarrow Na_2SO_4 + H_2SO_3$$

因为 H_2SO_3 很容易分解成 $SO_2\uparrow$,如果瓶盖不严密,SO_2 将会逐渐渗漏,最终导致药液失效,因此,蜡封瓶口严密与否是成败的关键。

(二)绿色标本的浸制

方法一:将标本在饱和硫酸铜溶液中浸渍 24 h,取出充分冲洗,放入保存液,立即加盖并

用蜡封永久保存。事后 1～2 d 内标本会褪色，以后则慢慢地恢复原来的色泽。

A. 饱和 $CuSO_4$ 溶液：室温下，100 mL H_2O＋(26～27) g $CuSO_4$

B. 保存液(16% H_2SO_3溶液)：11.2 mL 浓 H_2SO_4＋ 25.2 g Na_2SO_3＋ 80 mL H_2O

配制时，先将浓 H_2SO_4 慢慢地加入水中，最后加 Na_2SO_3 粉末。

此法也适用于保存有色素体显色的黄色或红色标本。

方法二：将材料在饱和硫酸铜溶液中浸 10～20 d，取出洗净后放入 4%福尔马林溶液中保存。

参考文献

[1] 李扬汉. 植物学. 上海：上海科技出版社，1984.

[2] 陈惠萍. 植物学实验. 北京：中国农业大学出版社，2006.

[3] 陆自强. 植物学实验指导. 北京：中国农业大学出版社，2012.

[4] 中国科学院植物研究所. 中国植物志(电子版)，2005. http://foc.lseb.cn/dzb.asp.

[5] 广东省植物研究所. 海南省植物志(4 册). 北京：科学出版社，1964—1977.

[6] 李扬汉. 植物学. 3 版. 上海：上海科技出版社， 2006.

[7] 中国科学院植物所. 中国高等植物图签(1～5 册，补编 1～2 册). 北京：科学出版社，1972—1989.

[8] 张宪省. 植物学. 2 版. 北京：中国农业出版社，2014.

[9] 汪矛. 植物生物学实验教程. 北京：科学出版社，2003.

彩图 4-1　含笑(木兰科),示花枝

彩图 4-2　荷花玉兰(木兰科),示果实

彩图 4-3　红毛榴梿(番荔枝科),示花枝

彩图 4-4　油梨(樟科),示果枝

彩图 4-5　阴香(樟科),示花枝

彩图 4-6　阴香(樟科),示果枝

彩图 4-7　胡椒(胡椒科),示花枝

彩图 4-8　马齿苋(马齿苋科),示植株及花

彩图 5-1　珊瑚藤(蓼科),示植株及花

彩图 5-2　银花苋(苋科),示植株及花

彩图 5-3　千日红(苋科),示植株及花

彩图 5-4　大花紫薇(千屈菜科),示花

彩图 5-5　小花紫薇(千屈菜科),示花

彩图 5-6　宝巾(紫茉莉科)，示植株及花

彩图 5-7　宝巾(紫茉莉科)，示植株及花

彩图 5-8　宝巾(紫茉莉科)，示花

彩图 5-9　西番莲(西番莲科)，示花

彩图 5-10　龙珠果(西番莲科)，示花

彩图 5-11　番木瓜(番木瓜科)，示番木瓜雄株及雄花

彩图 5-12　番木瓜(番木瓜科)，示番木瓜雌株及雌花

彩图 6-1　金蒲桃
(桃金娘科),示花枝

彩图 6-2　番石榴
(桃金娘科),示果枝

彩图 6-3　红果仔(桃金娘科),
示植株及果

彩图 6-4　山稔(桃金娘科),
示植株及花枝和果枝

彩图 6-5　野牡丹(野牡丹科),示花枝

彩图 6-6　巴西野牡丹
(野牡丹科),示花枝

彩图 6-7　假苹婆(梧桐科),示果

彩图 6-8　可可(梧桐科),示果

彩图 6-9　大红花(锦葵科),示花蕾

彩图 6-10　大红花(锦葵科),示花枝

彩图 6-11　磨盘草(锦葵科),示植株及花、果

彩图 6-12　橡胶树(大戟科),示植株及花、果

彩图 6-13　一品红(大戟科),示花序

彩图 6-14　琴叶珊瑚(大戟科),示植株及花

彩图 6-15　五月茶(大戟科),示果枝

彩图 7-1　含羞草(含羞草科),
示植株及头状花序

彩图 7-2　朱樱花(含羞草科),
示植株及头状花序

彩图 7-3　洋金凤
(苏木科),示花枝

彩图 7-4　红花羊蹄甲(苏木科),
示花枝

彩图 7-5　黄槐(苏木科),
示花枝

彩图 7-6　凤凰木(苏木科),
示植株及花

彩图 7-7　猪屎豆
(蝶形花科),示花

彩图 7-8　鸡冠刺桐
(蝶形花科),示花枝

彩图 7-9　菠萝蜜(桑科),示雄花序及雌花序

彩图 7-10　菠萝蜜(桑科),示果实

彩图 7-11　木果榕(桑科),示果枝

彩图 7-12　桑(桑科),示果枝

彩图 7-13　九里香(芸香科),示花

彩图 7-14　柚子(芸香科),示花枝

彩图 8-1　荔枝(无患子科),示剥去花萼和花瓣后雌雄蕊及花盘的纵剖面

彩图 8-2　芒果(漆树科),示雌雄花的正面观

彩图 8-3　鹅掌柴(五加科),示掌状复叶

彩图 8-4　长春花(夹竹桃科),示花枝

彩图 8-5　黄蝉(夹竹桃科),示花枝

彩图 8-6　鸡蛋花(夹竹桃科),示花枝

彩图 8-7　海芒果(夹竹桃科),示花枝及果枝

彩图 8-8　沙漠玫瑰(夹竹桃科),示花枝

彩图 8-9　海南龙船花(茜草科),示花

彩图 8-10　玉叶金花(茜草科),示花枝

彩图 8-11　咖啡(茜草科),示果枝

彩图 9-1　蟛蜞菊(菊科),示头状花序

彩图 9-2　白花鬼针草(菊科),示头状花序

彩图 9-3　少花龙葵(茄科),示花枝及果

彩图 9-4　鸳鸯茉莉(茄科),示花枝

彩图 9-5　五爪金龙(旋花科),示花

彩图 9-6　紫心牵牛(旋花科),示花

彩图 9-7　马樱丹(马鞭草科),示花

彩图 9-8　假连翘(马鞭草科),示花枝

彩图 9-9　罗勒(唇形科),示花枝

彩图 9-10　五彩苏(唇形科),示花枝

彩图 9-11　狗肝菜(爵床科),示花枝

彩图 9-12　硬枝老鸦嘴（爵床科），示花

彩图 9-13　翠芦莉（爵床科），示花枝

彩图 10-1　鸭跖草（鸭跖草科），示花枝

彩图 10-2　香蕉（芭蕉科），示部分植株及果实

彩图 10-3　黄苞蝎尾蕉（芭蕉科），示花

彩图 10-4　蝎尾蕉（芭蕉科），示部分植株及花

彩图 10-5　瓷玫瑰（姜科），示部分植株及花（1）

彩图 10-6　瓷玫瑰（姜科），示部分植株及花（2）

彩图 10-7　花叶艳山姜(姜科),示部分植株及花

彩图 10-8　花叶艳山姜(姜科),示花

彩图 10-9　水鬼蕉(石蒜科),示部分植株及花

彩图 10-10　水鬼蕉(石蒜科),示果

彩图 10-11　凤梨(凤梨科),示部分花序

彩图 10-12　水塔凤梨(凤梨科),示部分植株及花

彩图 11-1　海芋(天南星科)，示部分植株及肉穗花序

彩图 11-2　海芋(天南星科)，示果

彩图 11-3　剑麻(龙舌兰科)，示植株

彩图 11-4　椰子(棕榈科)，示部分植株及花

彩图 11-5　椰子(棕榈科)，示部分植株及果

彩图 11-6　海枣(棕榈科)，示部分植株及果

彩图 11-7　粉单竹(禾本科)，示部分植株

彩图 11-8　水稻(禾本科)，示正在开花的小穗

彩图 11-9　水稻(禾本科)，示植株及稻穗

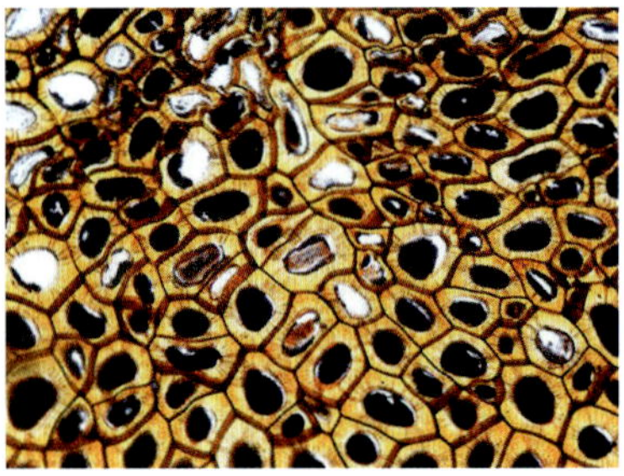

彩图 12-1　柿胚乳细胞永久制片,示胞间连丝

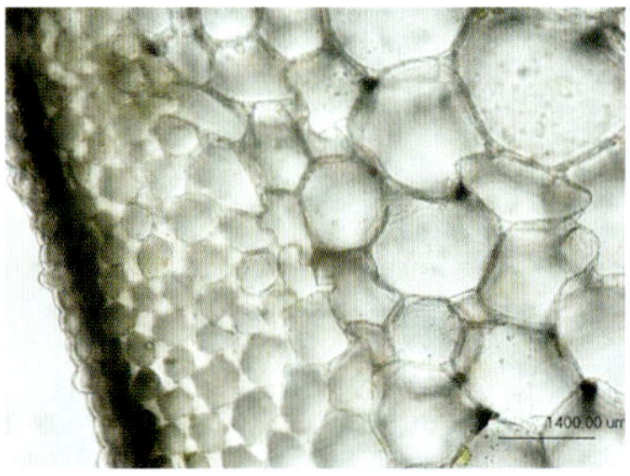

彩图 14-1　番薯叶柄横切面临时制片,示厚角组织

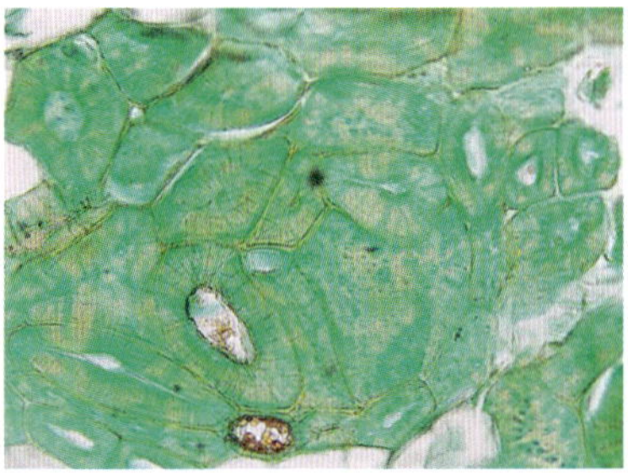

彩图 14-2　橡胶树皮横切面永久制片,示石细胞

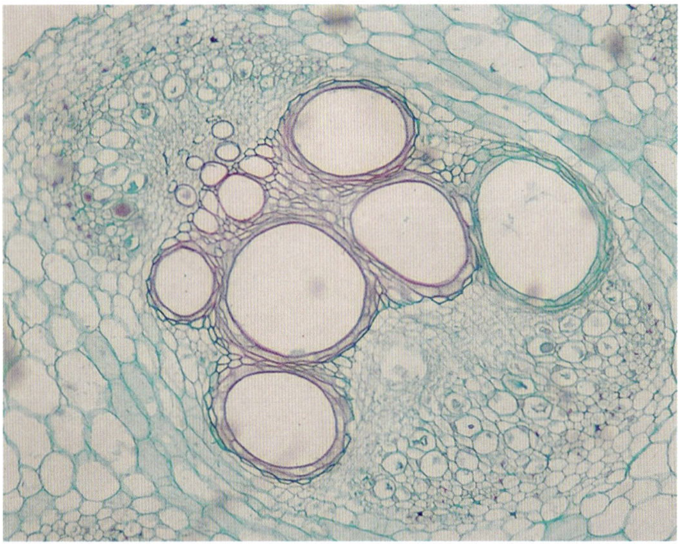

彩图 15-1　南瓜茎横切面永久制片一部分,示一个维管束

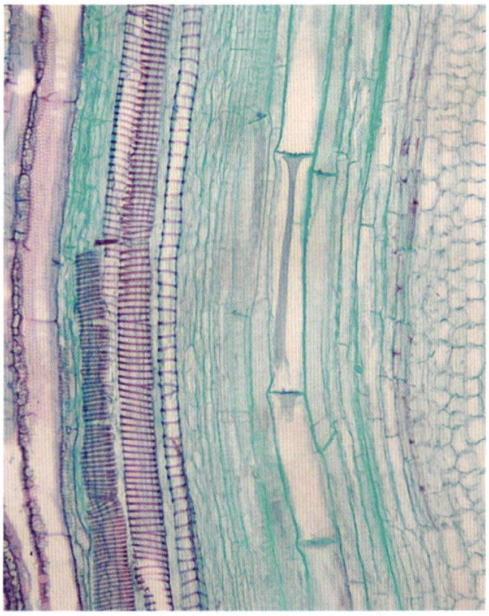

彩图 15-2　南瓜茎纵切面永久制片一部分放大,示导管及筛管

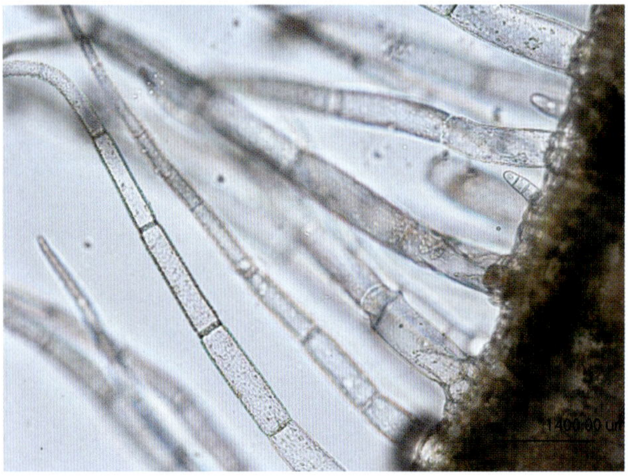

彩图 15-3　丁香罗勒幼茎横切面临时制片,示表皮毛

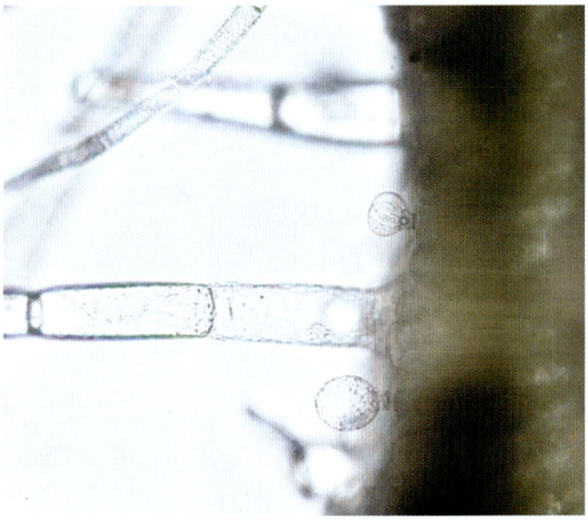

彩图 15-4　丁香罗勒幼茎横切面临时制片,示腺毛

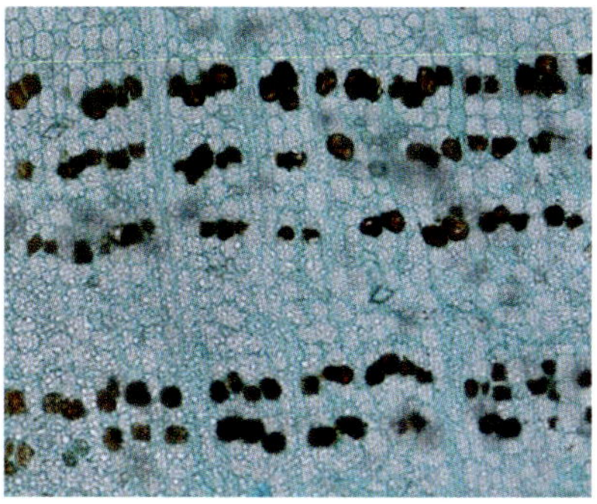

彩图 15-5　橡胶树皮横切面永久制片，示同心圆排列的乳管

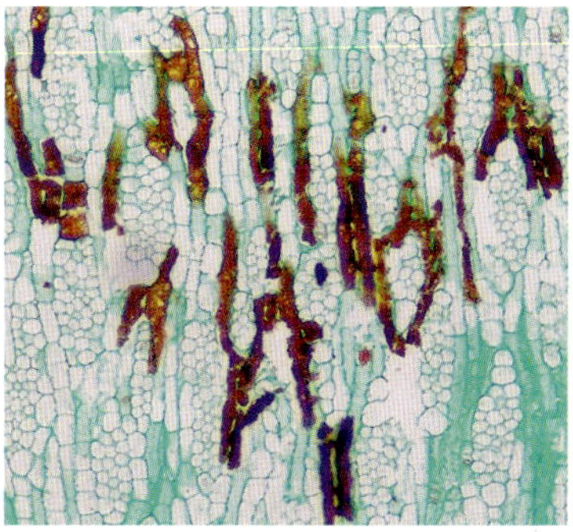

彩图 15-6　橡胶树皮切向切面永久制片，示网状排列的乳管

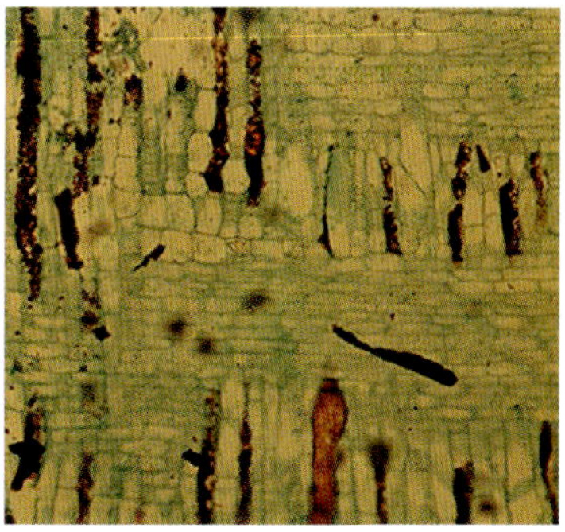

彩图 15-7　橡胶树皮径向切面永久制片，示平行排列的乳管

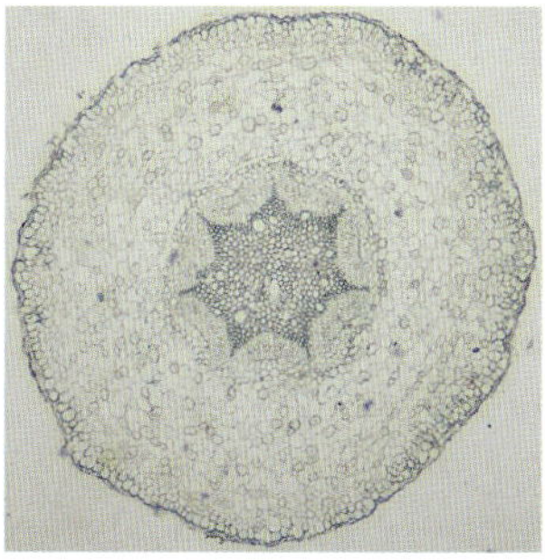

彩图 16-1　橡胶树初生根横切面永久制片，示初生结构

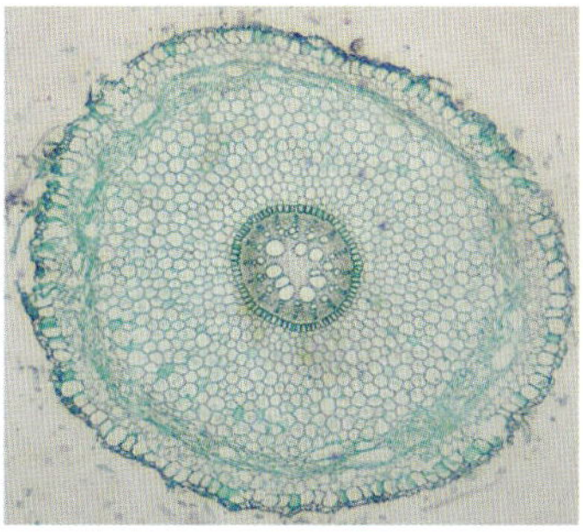

彩图 16-2　鸢尾根横切面永久制片，示初生结构

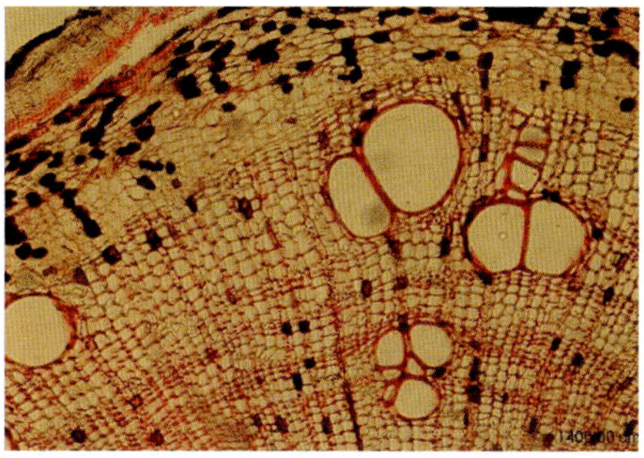

彩图 16-3　橡胶树次生根横切面永久制片一部分放大，示次生结构

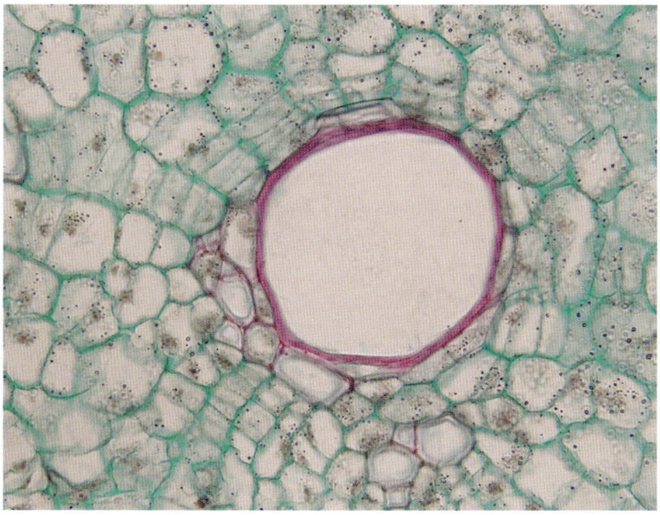

彩图 16-4　番薯块根横切面永久制片一部分放大，示三生结构

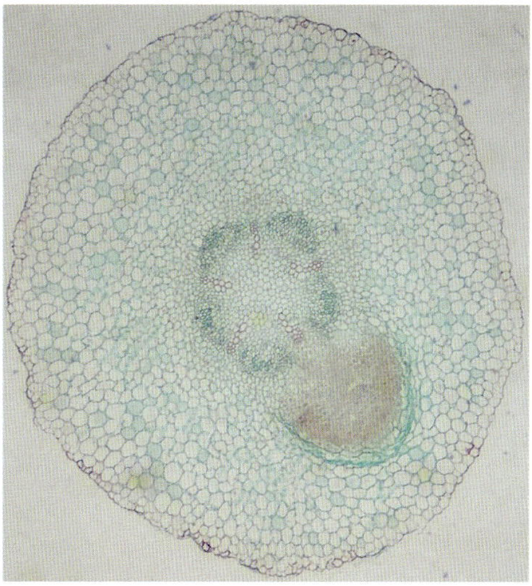

彩图 16-5　蚕豆根横切面永久制片，示侧根的发生

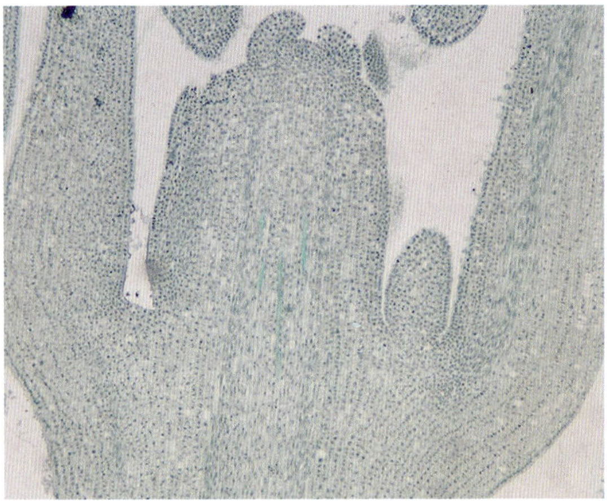

彩图 17-1　叶芽纵切面永久制片一部分放大，示茎尖结构

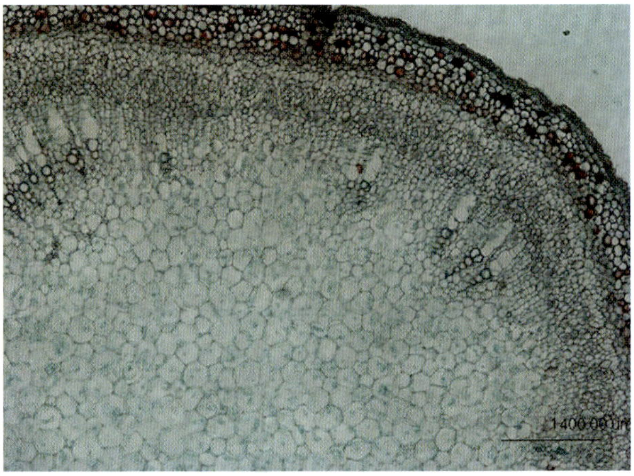

彩图 17-2　橡胶树初生茎横切面永久制片一部分放大，示初生结构

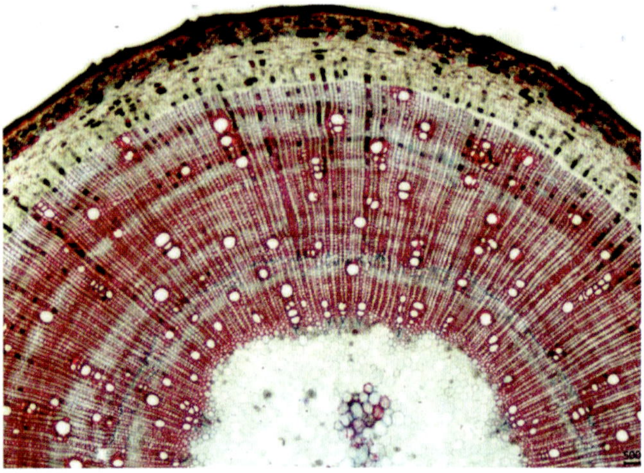

彩图 17-3　橡胶树次生茎横切面永久制片一部分放大，示次生结构

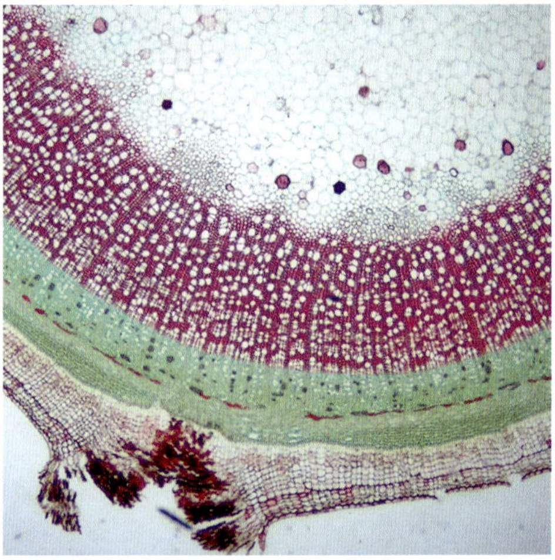

彩图 17-4　接骨木横切面永久制片一部分放大，示周皮的结构

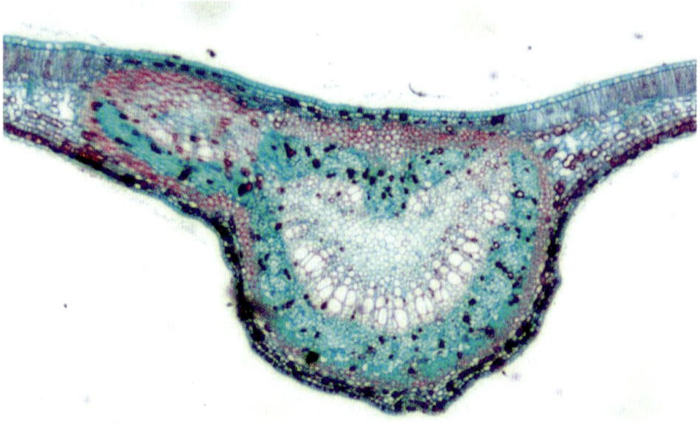

彩图 18-1　橡胶树叶片横切面永久制片，示叶片的结构

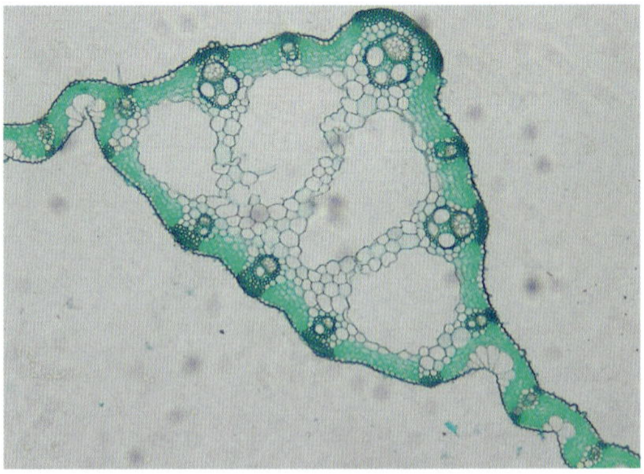

彩图 18-2　水稻叶片横切面永久制片，示 C_3 叶片的结构

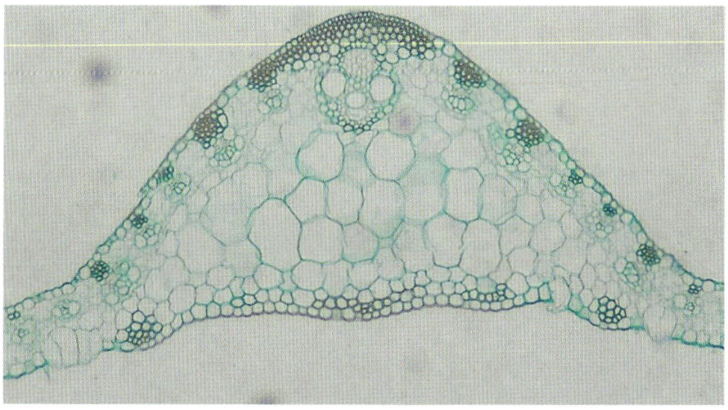

彩图 18-3　玉米叶片横切面永久制片，
示 C_4 叶片的结构

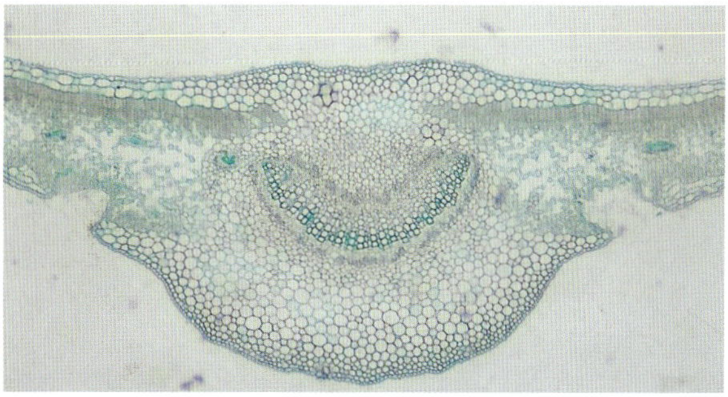

彩图 18-4　夹竹桃叶片横切面永久制片，
示旱生叶片的结构

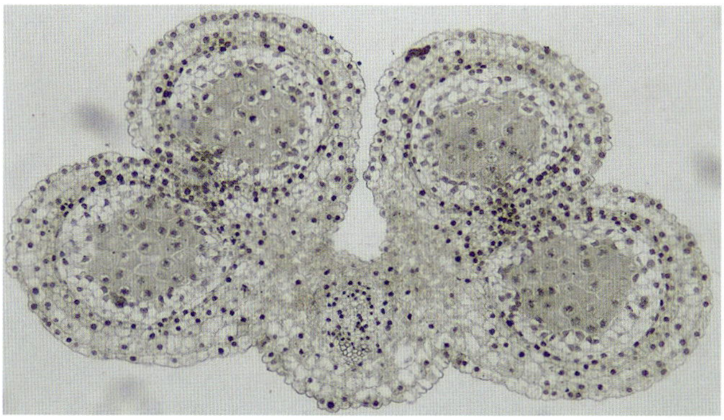

彩图 19-1　百合幼嫩花药横切面
永久制片，示幼嫩花药的结构

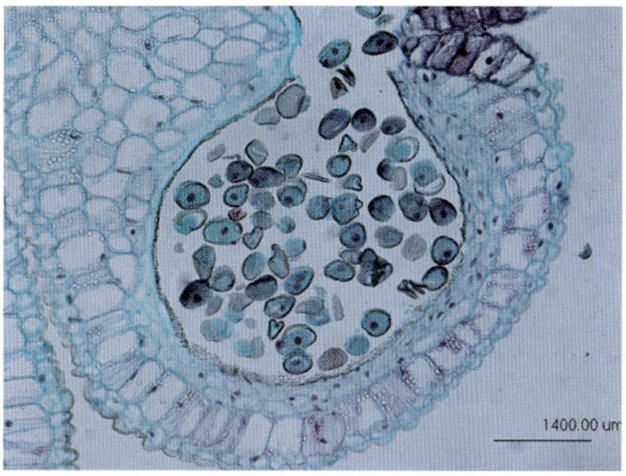

彩图 19-2　百合成熟花药横切面永久
制片一部分放大，示成熟花粉囊结构

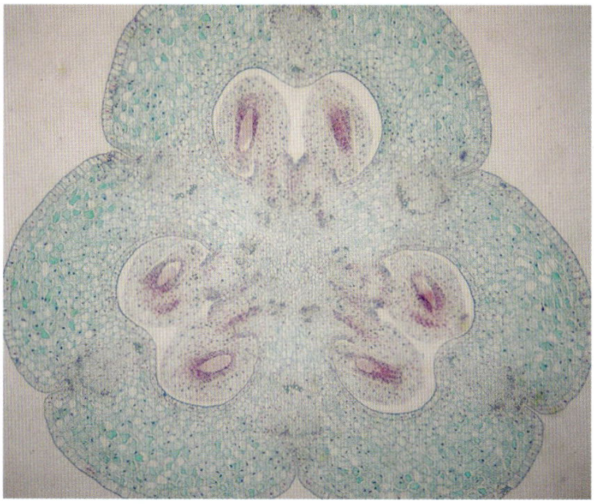

彩图 19-3　百合子房横切面
永久制片，示子房结构

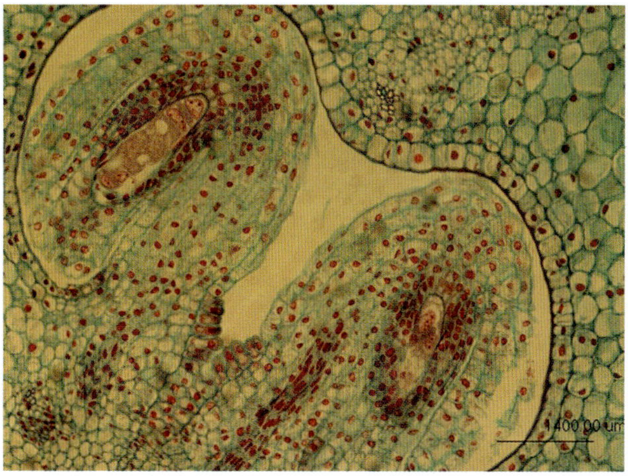

彩图 19-4　百合子房横切面永久制片
一部分放大，示倒生胚珠的结构

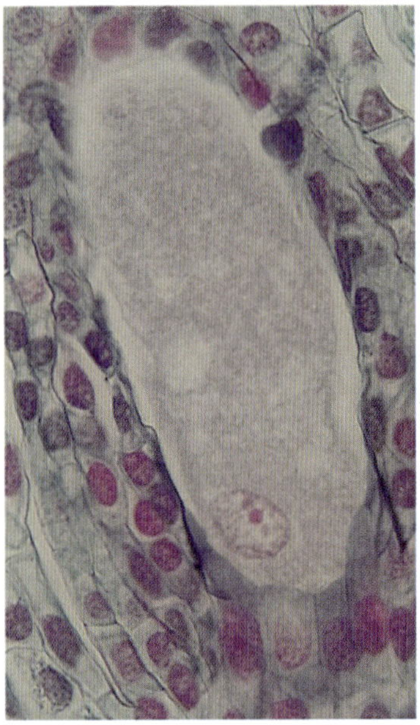

彩图 19-5　百合子房横切面永久制片一部分放大，示单核胚囊

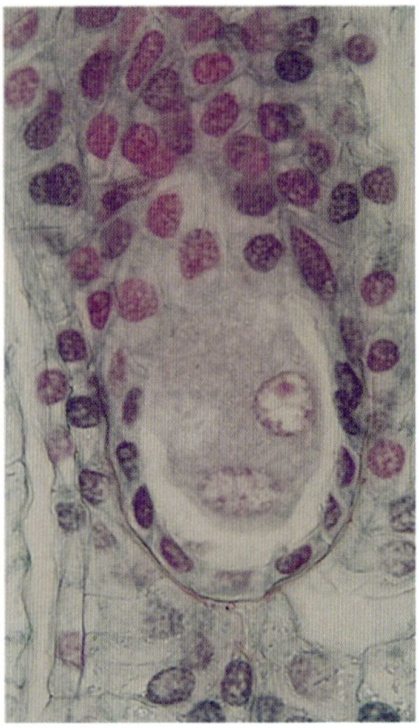

彩图 19-6　百合子房横切面永久制片一部分放大，示二核胚囊

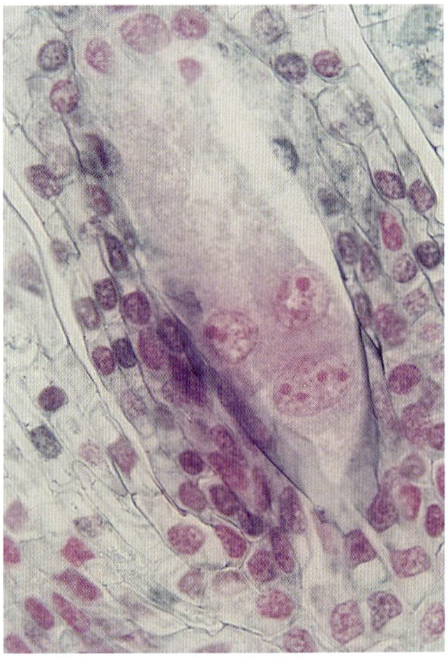

彩图 19-7　百合子房横切面永久制片一部分放大，示四核胚囊

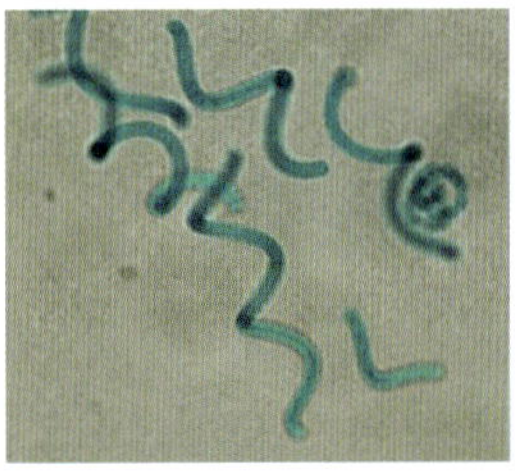

彩图 20-1　螺旋藻属（蓝藻门）永久制片

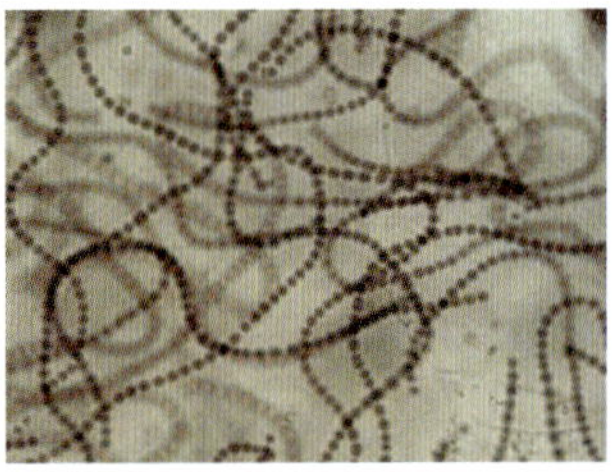

彩图 20-2　念珠藻属（蓝藻门）永久制片

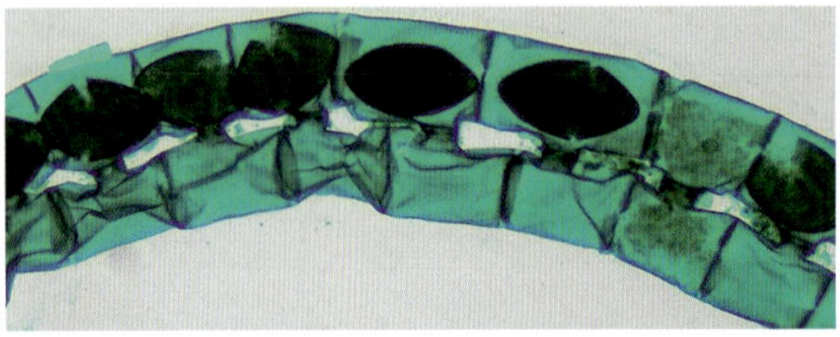

彩图 20-3　水绵接合生殖永久制片，示接合生殖

彩图 20-4　轮藻短枝永久制片，示卵囊

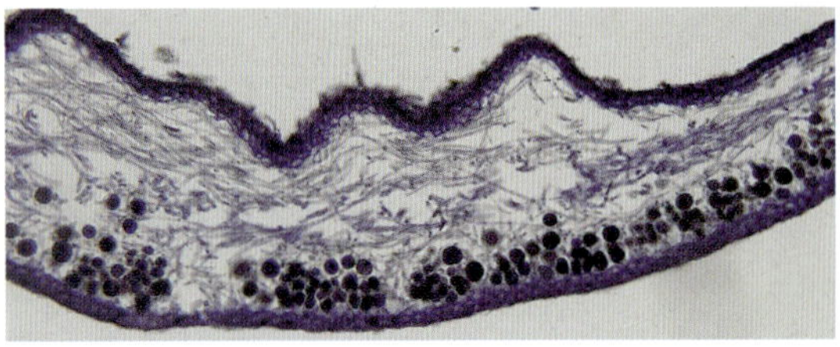

彩图 20-5　叶状地衣永久切片

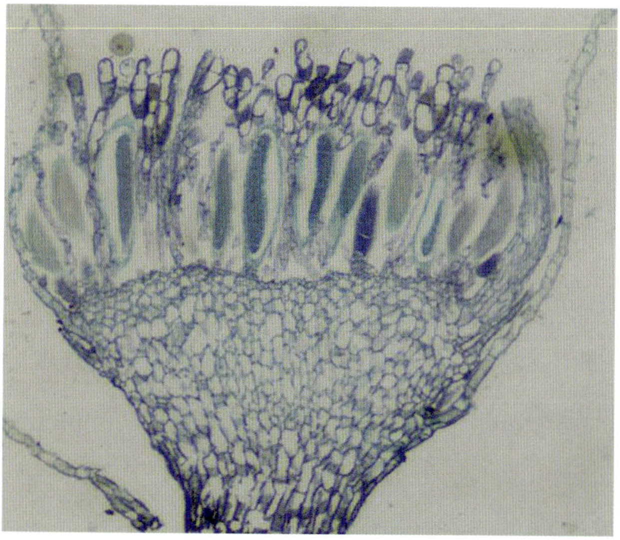

彩图 21-1　葫芦藓永久制片，示精子器

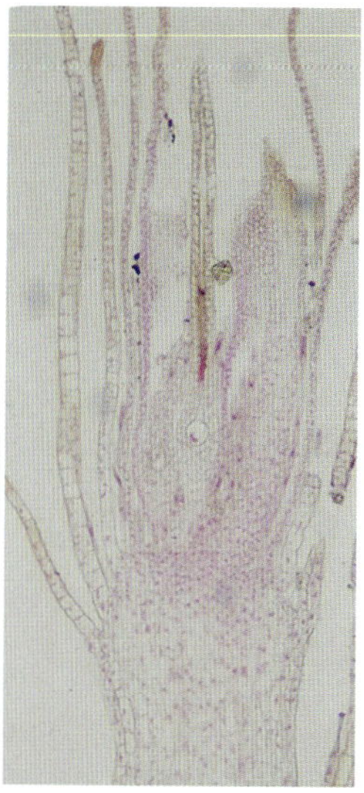

彩图 21-2　葫芦藓永久制片，示颈卵器(1)

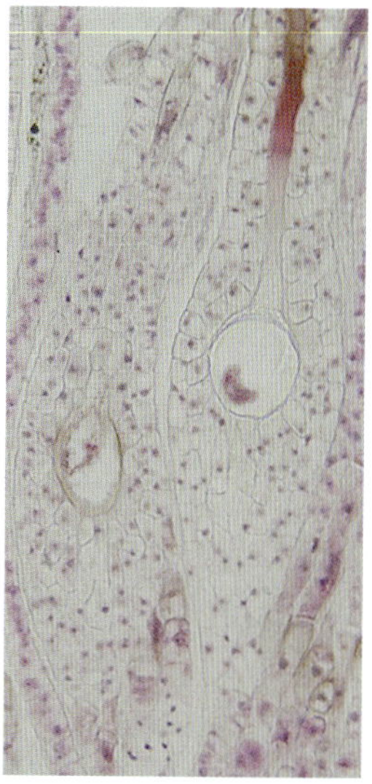

彩图 21-3　葫芦藓永久制片，示颈卵器(2)

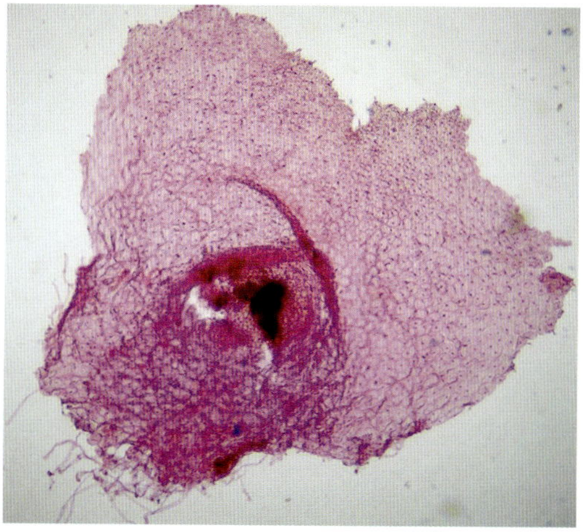

彩图 21-4　蕨类原叶体永久制片

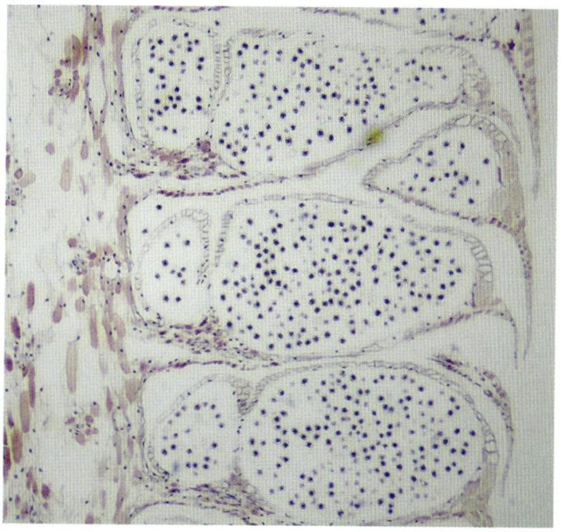

彩图 21-5　松小孢子叶球横切面永久制片

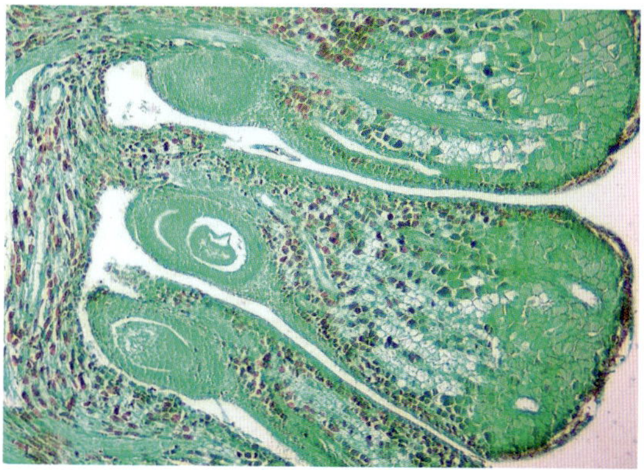

彩图 21-6　松大孢子叶球横切面永久制片

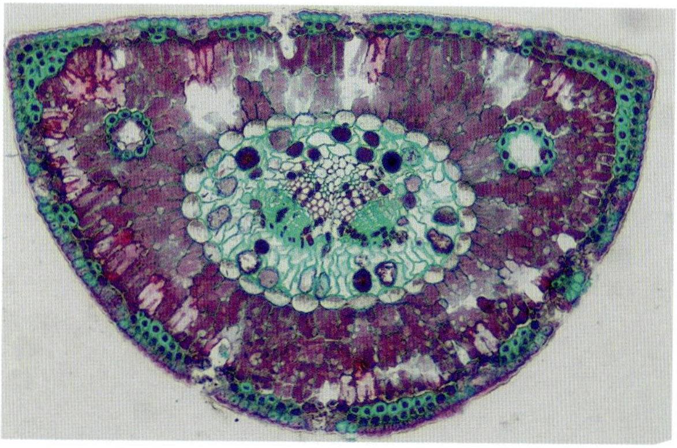

彩图 21-7　松叶横切面永久制片，示叶片结构